ROHRBRUNNEN

VON

DR.-ING. ERICH BIESKE

DIREKTOR DER

E. BIESKE AKTIENGESELLSCHAFT, KÖNIGSBERG I. PR.

MIT 170 ABBILDUNGEN

MÜNCHEN UND BERLIN 1929
VERLAG VON R. OLDENBOURG

DRUCK VON OSCAR BRANDSTETTER IN LEIPZIG

MEINEM VATER

HERRN STADTÄLTESTEN EMIL BIESKE

IN DANKBARKEIT GEWIDMET

Vorwort.

Der Bau von Brunnen ist im deutschen technischen Schrifttum seit längerem sehr vernachlässigt worden, wenn man von der Veröffentlichung einiger hydrologischer Werke und von Zeitschriftenaufsätzen absieht. Diese Erscheinung ist wohl in dem Umstande begründet, daß mit der Zunahme und dem Ausbau der großen zentralen Wasserversorgungen ein gegenüber früherer Zeit verhältnismäßig kleiner Kreis von Personen sich mit der Herstellung, der Vergebung und dem Betrieb von Brunnenanlagen zu beschäftigen hat. Es kommt hinzu, daß der Brunnenbau ein Grenzgebiet ist, das teils dem Bauwesen angehört, das aber bei der Entwickelung, die die Brunnenherstellung durch die Einführung maschineller Bohrverfahren und durch die Ausbildung der Rohrbrunnenfilter in der Neuzeit genommen hat, mehr und mehr sich mit dem Gebiete der Metallbearbeitung und des Maschinenbaues vereinigt. Und Grenzgebiete sind immer wenig gepflegt! Der Brunnenbau ist auch bisher an keiner deutschen technischen Unterrichtsanstalt Lehrgegenstand geworden, obwohl seit Jahren Bestrebungen in dieser Richtung sich geltend gemacht haben.

Diese Umstände haben dazu beigetragen, daß in den Kreisen, die sich mit Brunnen irgendwie zu befassen haben, und zwar auch der Ingenieure, Architekten, Betriebsleiter usw., eine weitgehende Unkenntnis über grundsätzliche Zusammenhänge und Gegebenheiten im Brunnenbau herrscht.

Es erscheint daher notwendig, ausführlicher einmal das Gebiet der Anlegung und Unterhaltung von Brunnen unter Hervorhebung des Grundsätzlichen darzustellen. Die Erörterungen sollen sich indes auf den heute allein Interesse besitzenden Brunnen, den Rohrbrunnen, beschränken.

Sie wenden sich in erster Linie an diejenigen Kreise, die Rohrbrunnenarbeiten zu vergeben haben und sich über Rohrbrunnen unterrichten wollen, also an die Leiter und Betriebsbeamten städtischer, staatlicher und industrieller Zentralversorgungen, sowie an alle diejenigen, die infolge höheren eigenen Wasserverbrauches oder wegen größerer Entfernung von einem zentralen Leitungsnetz sich eine eigene Wasserversorgung anzulegen gezwungen sind, an die Besitzer und Leiter industrieller und landwirtschaftlicher Betriebe, Landwirte, Leiter von Kuranstalten, Siedlungsgesellschaften, Landhausbesitzer u. a. Nicht zuletzt

soll die Arbeit den Baubeamten der verschiedenen Behörden, der Reichs-
bahn-, Post-, Forst-, Zoll-, Polizei-, Hochbau-, Wasserbau-, Kirchen-,
Schul-, Heeres- und Marinebehörden, die für Dienststellen und Dienstwohnungen Rohrbrunnen herstellen lassen und unterhalten müssen, als
Hilfsmittel für den Entwurf und die Vergebung der Arbeiten dienen.
Vielleicht wird das Buch aber auch dem Geologen, dem Hydrologen, dem
beamteten Arzt, dem Hygieniker und dem Brunnenbauer selbst Interesse
bieten.

Bei der Abfassung der Arbeit standen mir als Leiter eines größeren
ostdeutschen Brunnenbau-Unternehmens Erfahrungen aus einem Zeitraum von über 45 Jahren zur Verfügung, deren Auswertung um so
ergiebiger war, als mein Unternehmen vom ersten Tage seines Be-
stehens an planmäßig über jeden Brunnen und jede Brunnenarbeit
eine genaue Statistik geführt hat. Der Osten Deutschlands und die
angrenzenden Gebiete stellen im übrigen trotz ihrer geologischen Zu-
gehörigkeit zur Norddeutschen Tiefebene für den Brunnenbauer eine
besonders harte Schule dar, indem die Untergrundverhältnisse ihn nicht
nur in bohrtechnischer Hinsicht, sondern auch bezüglich der Ausnutzung
wasserführender Schichten zur Wasserentnahme oft vor schwierige Auf-
gaben stellen.

In einer Einzeldarstellung ist das Gebiet des Rohrbrunnens nach
meiner Kenntnis bisher nicht behandelt worden. Ich bin deshalb für
Ergänzungsvorschläge und für jedes Werturteil, das der Sache dient,
dankbar.

Dem Verlage danke ich besonders dafür, daß er meinem Wunsche,
das Buch in reichlichem Maße mit guten Abbildungen auszustatten, so
weitgehend entsprochen hat.

Königsberg Pr., Weihnachten 1928.

Dr.-Ing. Erich Bieske.

Inhaltsverzeichnis.

I. Rohrbrunnen und Kesselbrunnen.

Ein Rohrbrunnen ist eine Wassergewinnungsanlage, die das durch eine lotrechte Bohrung im Untergrunde erschlossene Grundwasser dem Gebrauch zugänglich macht. Der Rohrbrunnen (Röhrenbrunnen) hat seinen Namen von den seine Wandung bildenden Rohren. Er wird häufig seiner Entstehung nach auch Bohrbrunnen genannt. Die vielfach gebrauchten Bezeichnungen artesische Brunnen und Tiefbrunnen haben nur für bestimmte Fälle Geltung und sind in einem späteren Abschnitt (siehe S. 40) erläutert.

Im Gegensatz zu der anderen Brunnenart, dem Kessel- oder Schachtbrunnen, der lediglich einen Behälter zur Gewinnung und Sammlung von Wässern dicht unter der Erdoberfläche liegender Schichten darstellt, sucht der Rohrbrunnen das Wasser eines Grundwasserstromes nutzbar zu machen. Da man bei einem Rohrbrunnen also bis zum Antreffen einer wasserführenden Schicht von bestimmter Mächtigkeit und Beschaffenheit bohren muß, wird dieser in den meisten Fällen eine größere Tiefe haben, als der Kesselbrunnen. Der Durchmesser des Rohrbrunnens wird dagegen ganz wesentlich geringer sein können, weil eine Aufspeicherung des Wassers nicht beabsichtigt und auch nicht nötig ist, da ihm stets eine bestimmte Wassermenge wieder zufließt. In der Abb. 1 sind zum Vergleich die Größenverhältnisse eines 30 m tiefen Rohrbrunnens von 0,15 m Durchmesser und eines 8 m tiefen Kesselbrunnens von 1,25 m Durchmesser in demselben Maßstabe dargestellt. Ganz allgemein sei gesagt, daß man Kesselbrunnen mit Durchmessern von 1,00 bis 2,00 m und darüber und in Tiefen bis zu 10 und 15 m herstellt, während Rohrbrunnen mit lichten Weiten von 0,10 bis 0,80 m und darüber ausgeführt werden. Die Tiefe des Rohrbrunnens richtet sich nach der Tiefenlage der wasserführenden Schicht unter der Erdoberfläche, die oft schon in Kesselbrunnentiefe, vielfach aber wesentlich tiefer, unter Umständen über 100 oder 200 m tief angetroffen wird. Entscheidend wird hierbei sein, ob Menge und Beschaffenheit des zu erschließenden Grundwassers die Aufwendungen für eine größere Tiefbohrung

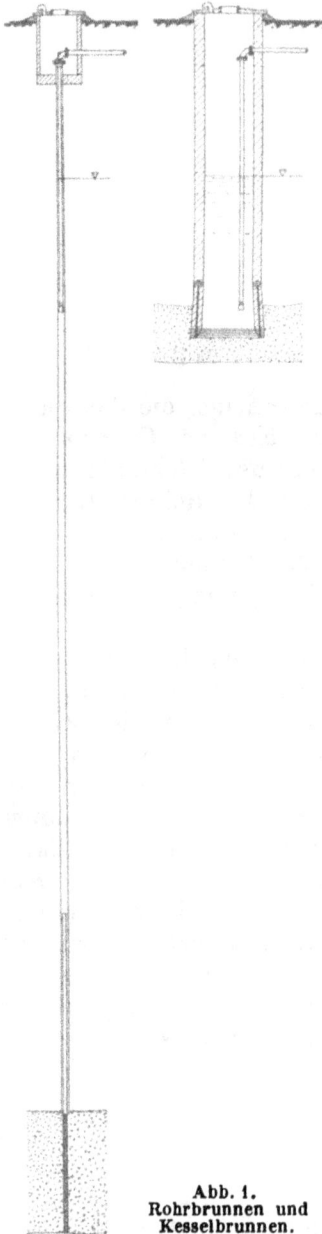

Abb. 1.
Rohrbrunnen und
Kesselbrunnen.

lohnen. Das Ausmaß der zu gewinnenden Wassermenge hängt von der Ergiebigkeit der wasserführenden Schicht ab. Mit dem Rohrbrunnen sind unter sonst gleichen Verhältnissen wesentlich größere Wassermengen zu erschließen, als mit dem Kesselbrunnen, zumal die Anlagekosten eines Kesselbrunnens für die Gewinnung größerer Wassermengen unwirtschaftlich hoch werden. Zu beachten ist auch, daß der Rohrbrunnen die wasserführende Schicht stets vollständig durchbohrt und sie in ihrer vollen Mächtigkeit erschließt, während der Kesselbrunnen fast immer nur in sie hineintaucht, weil die Durchteufung größere Schwierigkeiten und Kosten verursacht. In hygienischer Hinsicht ist der Rohrbrunnen dem Kesselbrunnen unbedingt überlegen, weil der das Wasser spendende Grundwasserträger und der Rohrbrunnen selbst viel wirksamer gegen Verunreinigungen geschützt werden können. Seitdem die hydrologische Forschung erkannt hat, daß die Ergiebigkeit eines Brunnens mit der Vergrößerung seines Durchmessers keineswegs in demselben Verhältnis zunimmt, hat man sich von der Herstellung der Brunnen mit großen Durchmessern, also der Kesselbrunnen, für Zwecke zentraler Wasserversorgungen ganz abgewandt. Dem Kesselbrunnen kommt daher heute nur untergeordnete Bedeutung zu. Seine Anlegung erfolgt, von örtlich begrenzten Verhältnissen abgesehen, im wesentlichen nur auf dem Lande und dort, wo der Besitzer eines Grundstückes sich den Brunnen selbst herstellt.

Der Sammelbrunnen städtischer Wasserwerke hat mit dem Kesselbrunnen nur die äußere Form und die Art der Herstellung gemeinsam. Seine Wandungen und seine Sohle sind jedoch undurchlässig. Er ist keine Wassergewinnungseinrichtung, sondern nur Ausgleichs-, Vorrats- oder Zwischenbehälter und Entnahmeschacht für die Pumpen.

II. Die Verwendungsgebiete des Rohrbrunnens.

Die beiden Hauptverwendungsgebiete des Rohrbrunnens sind die Wasserversorgung und die Grundwasserabsenkung. In beiden Fällen dient der Rohrbrunnen der Erschließung von Grundwasser im Gegensatz zu den Rohrbrunnen, die gelegentlich als Versickerungsbrunnen gebaut werden und die Aufgabe haben, Abwässer zum Zweck der Beseitigung in den Untergrund (siehe S. 7) zu leiten.

Handelt es sich um die Schaffung einer Wasserversorgung, so ist das Ziel beim Bau von Rohrbrunnen die Förderung einer möglichst großen Wassermenge bei tunlichst geringer Spiegelabsenkung. Bei der Grundwasserabsenkung dagegen sucht man, der Gründungstiefe des Bauwerks entsprechend, eine möglichst große Senkung des Wasserspiegels mit geringsten Mitteln, d. h. mit Förderung einer möglichst geringen Wassermenge zu erreichen. Rohrbrunnen für Wasserversorgungszwecke sind Daueranlagen, während Rohrbrunnen für Grundwassersenkungen nur vorübergehend und kurze Zeit, oft nur wenige Wochen, zu arbeiten haben.

1. Der Rohrbrunnen in der Wasserversorgung.

Auf dem Gebiete der Wasserversorgung hat der Rohrbrunnen im Laufe des letzten halben Jahrhunderts erhebliche Bedeutung erlangt für die Gewinnung größerer Grundwassermengen für Zentralversorgungen.

„Es ist eine merkwürdige Wandlung," schreibt G. Thiem [87][1]), „die die Entwickelung der Wasserversorgung durchgemacht hat. Ursprünglich benützte man einzelne Brunnen, die in der Nachbarschaft der Häuser niedergebracht wurden und durch die Grundwasser erschlossen wurde. Bei der zunehmenden Dichtheit der Bevölkerung und der damit verbundenen Verseuchung des Bodens durch Abfallstoffe wurde das Grundwasser erheblich beeinflußt und gesundheitlich unbrauchbar. Man entschloß sich darum, zur einheitlichen oder zentralen Versorgung überzugehen und gründete diese nach dem Vorbild Englands auf die Gewinnung von gefiltertem Flußwasser. Im fließenden Wasser besaß man ja einen unerschöpflichen Vorrat, so daß die Bereitstellung der verlangten Wassermenge niemals in Frage gestellt werden konnte. Man war sich sehr wohl der Nachteile dieser Art der Versorgung,

---

¹) Die Zahlen in eckigen Klammern [ ] verweisen auf die Nummern des Quellenverzeichnisses Seite 199.

besonders in hygienischer Hinsicht, bewußt; aber erst durch die hydrologische Wissenschaft brach sich mehr und mehr die Überzeugung die
Bahn, daß es sehr wohl möglich ist, selbst die größten Gemeinwesen
mit Grundwasser aus einer großen Anzahl von Brunnen, die allerdings
weit entfernt vom Verbrauchsgebiet liegen, reichlich und einwandfrei
zu versorgen.‟

Der Rohrbrunnen gestattet im Gegensatz zu den wagerechten
Grundwasserfassungen, den Sickersträngen usw., das Wasser in belie-
biger Tiefe aufzusuchen und zu entnehmen. Als einfachste und ver-
breitetste Art der Grundwasserfassungen hat er in städtischen Wasserwerken, wo geeignete wasserführende Schichten von ausreichender Ergiebigkeit vorhanden waren, die Oberflächenwasserversorgung aus
Flüssen oder Talsperren verdrängt. Man hat die Vorteile der Versorgung
größerer Gemeindebezirke mit Grundwasser kennen und schätzen
lernen, die darin bestehen, daß Grundwasser in hygienischer Hinsicht
an sich praktisch keimfrei ist und daß die Grundwasserfassungen die
Möglichkeit geben, das Wasser sowohl im Untergrunde, wie während
der Wassergewinnung und Wasserhebung in unbedingt zuverlässiger
Weise gegen schädliche Beeinflussungen vom Untergrund oder von der
Erdoberfläche her zu schützen. In physikalischer Hinsicht ist bemerkenswert, daß das Grundwasser zu allen Jahreszeiten eine verhältnismäßig
niedrige, stets gleichbleibende, beim Wassergenuß erfrischende Temperatur hat. Mit dem Fortschreiten der hydrologischen Erkenntnis hat
man heute auch größere Freiheit in der Platzwahl für die Anlage von
Grundwassergewinnungsanlagen erlangt. Diese Vorzüge haben dem
Grundwasser und dem Rohrbrunnen zum Siege verholfen. So besitzt
heute die Mehrzahl der deutschen städtischen Wasserwerke Grundwassergewinnungsanlagen, die wiederum zu einem sehr großen Teile
ihr Wasser Rohrbrunnen entnehmen.

Auch bei künstlicher Schaffung von Grundwasser, z. B. durch
Berieselung von Sandboden mit Oberflächenwasser, dient der Rohrbrunnen als Entnahmevorrichtung. Gelegentlich hat man den Rohrbrunnen auch für die Versickerung von Oberflächenwasser als Versickerungsbrunnen [4] für Grundwasseranreicherungsanlagen benutzt.
Bei hydrologischen Arbeiten, z. B. bei der Untersuchung von Grund-
wasserträgern auf ihre Brauchbarkeit für Wassergewinnungszwecke
ist der Rohrbrunnen in der vereinfachten Form als Beobachtungsbrunnen mit kleinem Durchmesser in Gebrauch, während man den
Versuchsbrunnen, an welchem der zur Bestimmung der Wasserführung erforderliche Dauerpumpversuch angestellt wird, in der Regel
in denselben Abmessungen und derselben Ausführung anlegen läßt,
wie die später der Wassergewinnung dienenden Rohrbrunnen.

In gleicher Weise wie für städtische Wasserversorgungen hat die
Verwendung des Rohrbrunnens bei Großwasserverbrauchern Eingang

gefunden, die aus Gründen der Wirtschaftlichkeit, der Unabhängigkeit
und Bequemlichkeit oder, weil sie von einem Versorgungsnetz zu weit
entfernt liegen, sich eine eigene Wasserversorgung geschaffen haben,
wie z. B Brauereien, Mineralwasserfabriken, Wäschereien, Färbereien,
Zellstoff- und Papierfabriken, Zuckerfabriken, Eisfabriken, Badean-
stalten, und schließlich alle diejenigen Werke, die eigene Kraft- und
Lichterzeugung mit Dampfkesselbetrieb besitzen. Für viele Industrien
stellt die verhältnismäßig niedrige und stets gleichbleibende Temperatur des Rohrbrunnenwassers einen besonderen Anreiz zur Schaffung
von Rohrbrunnenanlagen für Wassergewinnungszwecke dar.

Der Rohrbrunnen als Einzelbrunnen findet da Verwendung, wo
die Leitungsstränge der Versorgungsnetze der großen Gemeindebezirke
nicht mehr hinreichen. Er spielt die wichtigste Rolle auf dem Lande,
insbesondere in der Landwirtschaft und in den landwirtschaftlichen
Gewerbebetrieben, wie Molkereien, Brennereien, Sägewerken und Ziege-
leien. Eine Molkerei ohne eine Wasserversorgung mit keimfreiem Grundwasser ist heute eine Unmöglichkeit.

Der Einzelrohrbrunnen wird weiter von vielen Behörden und öffent-
lichen Körperschaften als Wassergewinnungsanlage verwendet, z. B.
für Bahnhöfe, Bahnwasserwerke, Bahnwärterhäuser, Landpostanstalten,
Landkrankenhäuser, Kirchen und Schulgrundstücke, Kasernen und
Festungswerke, Förstereigehöfte und für die große Zahl der verschiedenen auf dem Lande vorhandenen Dienststellen, Dienstge-
höfte und Dienstwohnungen, die auf Einzelwasserversorgung angewiesen sind.

Die vereinfachte und mit kleinem Durchmesser ausgeführte Bauart des Rohrbrunnens, der Abessinier, hat seinen Namen von der er-
folgreichen Verwendung derartiger Brunnen im Feldzuge der Eng-
länder gegen Abessinien im Jahre 1868 erhalten. Er ist zuerst von einem
Deutschen Nigge gebaut und schon 1815 in Deutschland benutzt
worden. Nach seiner Verwendung durch Norton Anfang der sechziger
Jahre in Amerika heißt er auch amerikanischer oder Nortonbrunnen.
Die Abessinier haben auch in den letzten Kriegen und im Weltkriege
für die Wasserversorgung der Truppe eine wichtige Rolle gespielt, da
sie bei geeigneter Untergrundbeschaffenheit die einfachste Gewinnungs-
anlage für Grundwasser darstellen. Allerdings tragen Abessinierbrunnen
immer behelfsmäßigen Charakter. In der Friedenswirtschaft sind sie
als Brunnen für kleinere Hauswirtschaften, für Weideplätze, als Brunnen zur Bauwasserversorgung und für Siedlungs- und Wochenend-
häuser in Verwendung. In Ausnahmefällen wird der Abessinier auch
für größere Anlagen benutzt. So berichtet Smreker [58], daß die Stadt
Brooklyn ein Wasserwerk auf Long-Island besitzt, welches ihr Wasser
einer großen Zahl derartiger Brunnen von 50 mm Durchmesser bei
einer Tagesleistung von 84000 cbm entnimmt.

In Küstengegenden gewinnt man aus kleinen flachen Rohrbrunnen
das Dünenwasser, d. h. süßes Grundwasser, welches durch Versickerung der Niederschläge entstanden ist und infolge seines geringeren spezi-
fischen Gewichtes über dem im tieferen Untergrund der Dünen befindlichen salzigen Meerwasser schwimmt. Die Wassergewinnung von Dünenwasser erfolgt nicht allein für Einzelversorgungen, sondern es sind auch
größere Anlagen dieser Art für verschiedene Nordseeorte und hollän-
dische Städte im Betrieb.

2. Der Rohrbrunnen in der Grundwasserabsenkung.

Mit der Einführung des Grundwassersenkungsverfahrens im
Hoch- und Tiefbau hat der Rohrbrunnen als Entnahmevorrichtung von
neuem eine wichtige Bedeutung erlangt.

Bei der bisher in Gebrauch befindlichen offenen Wasserhaltung
bediente man sich einfacher Pumpensümpfe als Wasserentnahmestellen.
Die Absenkung war vielfach so mangelhaft, daß man darauf verzichtete,
mit dem Bauwerk überhaupt unter den Wasserspiegel zu kommen und
andere Gründungsarten, z. B. die Pfahlgründung vorzog. Oft war das
Einschlagen umfangreicher Spundwände nötig, um das Ziel zu erreichen.
In mangelhaftem Baugrund konnte auch bei nicht sehr sorgfältiger
Anlegung der offenen Wasserhaltung der ganze Baugrund „in Bewegung
kommen", was natürlich schwerwiegende Folgen hatte.

In den letzten Jahren des vorigen Jahrhunderts ging man dann auf
Grund der Erkenntnisse, die man bei der Absenkung des Wasserspiegels
an Wasserversorgungsbrunnen gesammelt hatte, daran, Spiegelabsen-
kungen mittels Rohrbrunnen auf Baustellen vorzunehmen. Eine größere
Verbreitung erlangte dieses Verfahren indes erst, als der Bau der Berliner Untergrundbahn der Fachwelt zeigte, welche Vorteile die Grundwasserabsenkung bietet. Heute ist sie ein wichtiges Hilfsmittel der Grün-
dungstechnik geworden und aus dem modernen Bauwesen nicht mehr
wegzudenken.

Das Verfahren der Grundwasserabsenkung besteht darin, daß man
einer Reihe von Rohrbrunnen, die in zweckmäßiger Weise auf der Grundfläche des Bauwerkes verteilt werden, während der Dauer der Bauzeit
Wasser entnimmt und auf diese Weise den Grundwasserspiegel so weit
senkt, daß die Unterkante des Bauwerkes mit Sicherheit im Trockenen
liegt. Der Wasserspiegel stellt sich zwischen den Brunnen in einer nach
oben gekrümmten Kurve ein, deren höchste Stelle noch unter der Bau-
grubensohle verlaufen muß. Bei größerer Tiefe der Bausohle unter dem
Grundwasserspiegel ordnet man zwei oder mehrere Rohrbrunnenreihen
in Form von Treppenstufen in der Weise an, daß auf jeder Stufe eine
Brunnenreihe Platz findet. Der Einbau der tiefer gelegenen Brunnen
und Pumpen geschieht jedesmal unter dem Schutze der oberen
Brunnenreihe. Die Grundwassersenkung ist mit Erfolg anwendbar

für alle wasserführenden Bodenschichten ohne Rücksicht auf deren Korn.

Die Vorzüge der Grundwasserabsenkung mittels Rohrbrunnen bestehen darin, daß man mit ihrer Hilfe eine sehr viel weitergehende und gleichmäßige Spiegelabsenkung über ein größeres Gebiet hin erreichen kann. Dabei kommen die teuren Spundwände in Fortfall oder können wesentlich eingeschränkt oder durch einfache Bohlenabsteifungen ersetzt werden. Die Baugruben kann man auch mit seitlichen Böschungen wie bei dem Bau in trockenem Untergrunde ausführen. Ein sehr wesentlicher Vorteil liegt darin, daß die Verwendung von Schüttbeton unter Wasser wegfällt und daß Stampf- oder Gußbeton Verwendung finden kann. Auch die Verwendung von Eisenbeton ist unmittelbar auf der Sohle der Baugrube möglich. Etwa erforderlich werdende Abdichtungen können im Trockenen einwandfrei hergestellt werden. Schließlich sei noch darauf hingewiesen, daß im Gegensatz zu Druckluftgründungen und zu Gründungen mit offener Wasserhaltung die Baustellen gut zugänglich, übersichtlich und leicht überwachbar sind und für die Arbeiter dieselben gesundheitlichen Verhältnisse bieten, wie auf trockenem Gelände.

Das Verwendungsgebiet dieses Gründungsverfahrens, bei dem man auch in den größten Gründungstiefen vollständig im Trockenen arbeiten kann, vergrößert sich von Jahr zu Jahr. Vor allem findet es beim Bau von Schleusen, Ufermauern, Brückenpfeilern, Dückern, Rohrverlegungen, unterirdischen Bauwerken, sowie bei Gründungen aller Art, Anwendung.

Über die Verfahren der Grundwassersenkung, insbesondere auch über die dabei auftretenden hydrologischen Vorgänge und Zusammenhänge sind verschiedene gute und eingehende Veröffentlichungen erschienen, auf welche an dieser Stelle verwiesen wird [42—47].

Die eingangs erwähnte Beseitigung von Abwässern durch deren Einführung in den Untergrund mittels der als Versickerungsbrunnen (Schluckbrunnen) gebauten Rohrbrunnen geschieht nur selten. Vorbedingung muß natürlich sein die Klärung durch ein Vorfilter [99] und die Abtötung der Keime der zur Versickerung bestimmten Abwässer, um Schädigungen von in der Nähe befindlichen Grundwasserfassungen zu vermeiden. G. Thiem hat über einen interessanten Fall der Entwässerung einer Fabrik mittels Schluckbrunnen [110] berichtet und die bei der Einleitung von Wässern in Rohrbrunnen auftretenden Vorgänge auch hydrologisch untersucht. Über die in Frage kommenden Verhältnisse ist sonst im Schrifttum der Abwässerbeseitigung einiges zu finden. In diesem Buche sind nur Rohrbrunnen für Wassergewinnungs- oder Grundwassersenkungszwecke behandelt.

III. Einiges aus der Hydrologie.

1. Allgemeines.

Die Hydrologie oder Grundwasserkunde sucht die Gesetze, nach denen sich die Bewegungsvorgänge des Wassers im Untergrunde vollziehen, zu ergründen. Als exakte Wissenschaft ist sie bestrebt, die dabei auftretenden Erscheinungen in das Gewand von mathematischen Formeln zu kleiden. In folgendem ist kurz das Wichtigste aus der Hydrologie zusammengestellt, soweit es die hydrologischen Verhältnisse beim Betrieb von Brunnen betrifft und zum Verständnis der weiteren Ausführungen erforderlich ist.

Das Wasser, welches durch Rohrbrunnen erschlossen wird, ist das Grundwasser. Es fällt jedoch keineswegs alles im Untergrunde befindliche Wasser unter den Begriff Grundwasser.

Man unterscheidet nach Smreker [5] die Bergfeuchtigkeit, die Bodenfeuchtigkeit und das eigentliche Grundwasser.

Während man unter Bergfeuchtigkeit das in den kleinsten Hohlräumen oder Poren eines Gesteins oder Minerals vorkommende Wasser, welches gewissermaßen an das Gestein dauernd gebunden ist, versteht, bezeichnet man mit Bodenfeuchtigkeit das in den kapillaren Zwischenräumen des Untergrundes enthaltene und durch kapillare Wirkungen festgehaltene Wasser. Für das Grundwasser gibt Smreker folgende treffende Begriffsbestimmung: „Das in den nichtkapillaren Hohlräumen des Untergrundes befindliche, tropfbar flüssige, der Einwirkung der Schwerkraft gehorchende, den kapillaren Einwirkungen der umgebenden Bodenteilchen entrückte und einen zusammenhängenden Spiegel bildende Wasser wird Grundwasser genannt."

Das Grundwasser bildet in ähnlicher Weise, wie das über Tage befindliche Wasser im Untergrunde kleinere Bäche, Flüsse, Ströme, Seen und Becken von größerer oder geringerer Ausdehnung. Je nach der Fähigkeit, Grundwasser „durchzulassen", unterscheidet man durchlässige und undurchlässige Bodenschichten. Die wasserführenden Schichten, auch Grundwasserträger genannt, können naturgemäß nur durchlässige Schichten sein, also Sande, Kiese oder poröse, klüftige Gesteine. Mehrere Grundwasserträger übereinander, die durch undurchlässige Schichten getrennt sind, nennt man Grundwasserstockwerke. Bei einem Grundwasserstrom nennt man einen Schnitt senk-

recht zur Strömungsrichtung das Grundwasserprofil und einen
Schnitt in der Strömungsrichtung das Längenprofil des Grundwasserstromes. Die Linie des Grundwasserspiegels im Längenprofil bezeichnet man als Grundwasserwelle.

Wenn die auf einer undurchlässigen Schicht auflagernde wasserführende Schicht von einer undurchlässigen Schicht überdeckt wird,
so wird das Grundwasser an
den unteren Stellen der fallenden und steigenden wasserführenden Schicht unter Druck
stehen. Man spricht dann von
artesischem[1]) oder gespanntem Wasser.

Die Oberfläche des in einer
wasserführenden Schicht ohne
Druck befindlichen Wassers
heißt Grundwasserspiegel.
Bei einem stehenden Grundwasserbecken ist der Grundwasserspiegel eine horizontale
Ebene. Befindet sich das
Grundwasser in Bewegung,
d. h. handelt es sich um einen

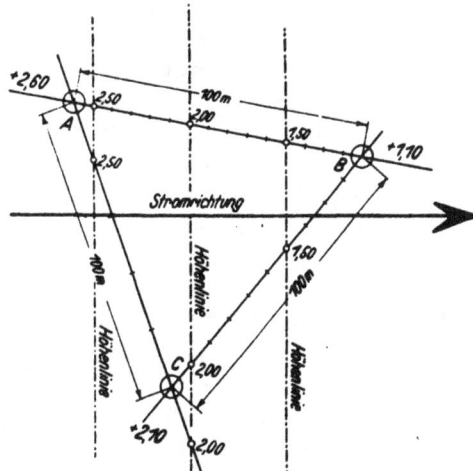

Abb. 2. Feststellung des Gefälles und der Richtung
eines Grundwasserstroms.

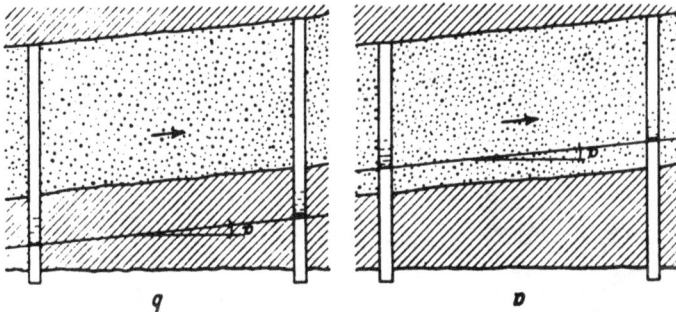

Abb. 3. Schnitt in der Strömungsrichtung eines Grundwasserstroms.
a mit freiem Spiegel, b mit gespanntem Spiegel.

Grundwasserstrom, so ist der Grundwasserspiegel eine geneigte Ebene.
Man kann aus der Messung des Wasserstandes in verschiedenen Bohrlöchern das Gefälle und die Strömungsrichtung eines Grundwasserstroms ermitteln. Da durch drei Punkte eine Ebene festgelegt ist, gebraucht man zur Feststellung der Spiegelfläche drei Bohrlöcher, deren

---

[1]) Nach der Grafschaft Artois genannt, in der diese Feststellung durch Er-
bohrung „artesischen" Wassers angeblich zuerst gemacht wurde.

Wasserstände die Spiegelebene bestimmen (Abb. 2). Auf diese Weise ist man in der Lage, festzustellen, ob man es mit einem Grundwasserstrom oder mit einem Grundwasserbecken zu tun hat.

Beim artesischen Grundwasser ist der Grundwasserspiegel zunächst durch die Form der undurchlässigen Deckschicht gegeben. Bringt man im ganzen Gelände Bohrungen nieder, so wird sich in diesen der Wasserspiegel höher als die Deckschicht einstellen. Man spricht dann von der Steigehöhe des Wassers, der Spannung oder dem artesischen Druck oder Auftrieb, dessen Größe durch die Spiegellage gekennzeichnet wird. Trägt man die Wasserspiegellagen verschiedener Bohrlöcher auf (Abb. 3), so erhält man eine Druckfläche und aus der Gestalt dieser Druckfläche kann man in gleicher Weise, wie in Abb. 2 dargestellt, das Gefälle und die Strömungsrichtung des artesischen Grundwasserstromes bestimmen.

Wichtig ist die Erkenntnis des Verhaltens des Grundwassers bei der Entnahme von Wasser aus einem Brunnen. Die Verhältnisse werden gesondert betrachtet für Brunnen mit freiem und mit gespanntem Grundwasserspiegel.

2. Brunnen im Grundwasser mit freiem Spiegel.

Zu unterscheiden sind hier wiederum die Vorgänge im unbewegten und im bewegten Grundwasser.

a) Im unbewegten Grundwasser.

Im unbewegten Grundwasser, also in einem stehenden Grundwasserbecken, ergibt sich, wie erwähnt, für den nicht abgesenkten Wasserspiegel eine horizontale Ebene. So-

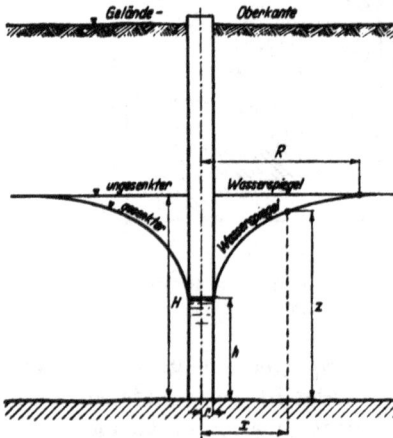

Abb. 4. Brunnen im unbewegten Grundwasser.

bald man dem Brunnen Wasser zu entnehmen beginnt, senkt sich der Wasserspiegel, und zwar nicht nur im Brunnen selbst, sondern auch in der Umgebung des Brunnens. Er nimmt bei weiterem Pumpen allmählich die charakteristische Form eines Trichters an, des sogenannten Absenkungstrichters (Abb. 4). Die Oberfläche des abgesenkten Wasserspiegels nennt man die Absenkungsfläche, ein Schnitt durch die Brunnenachse zeigt die Absenkungskurve. Im unbewegten Grundwasser ist die Absenkungsfläche eine vollkommene Rotationsfläche, deren Achse die Brunnenachse ist. Als Beharrungszustand bezeichnet man den Dauerzustand der Absenkungsfläche, welcher eintritt, sobald dem Brunnen dauernd so viel Wasser entnommen wird, als ihm aus der wasserführenden Schicht zufließt. Für die Absenkungsfläche eines Brunnens im unbewegten Grundwasser gelten die Gleichungen:

$$z^2 - h^2 = \frac{q}{\pi \cdot k} \cdot (\ln x - \ln r)$$

und

$$H^2 - h^2 = \frac{q}{\pi \cdot k} \cdot (\ln R - \ln r).$$

Es bezeichnen darin nach Abb. 4:

H die Entfernung des ungesenkten Grundwasserspiegels von der undurchlässigen Schicht,

h die Höhe des gesenkten Grundwasserspiegels über der undurchlässigen Schicht im Brunnen selbst,

r den Radius des bis zur undurchlässigen Schicht reichenden Brunnens,

x und z die Koordinaten eines beliebigen Punktes des gesenkten Grundwasserspiegels,

k die Durchlässigkeit des Bodens,

q die sekundlich dem Brunnen entnommene Wassermenge,

R den Radius des Kreises, in dem praktisch die Absenkungskurve die Linie des ungesenkten Wasserspiegels berührt.

b) Im bewegten Grundwasser.

Im bewegten Grundwasser, also bei Vorhandensein eines Grundwasserstromes, kann, wie aus Abb. 5 ersichtlich, die Absenkungsfläche keine Rotationsfläche sein. Denn hier spielt bei der Ausbildung der Absenkungsfläche nicht nur die durch die Wasserentnahme entstehende Bewegung in der Richtung zur Brunnenachse eine Rolle,

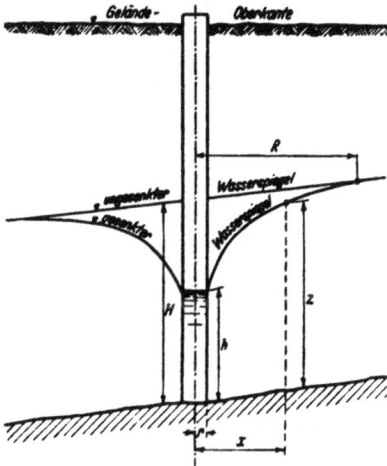

Abb. 5. Brunnen im bewegten Grundwasser.

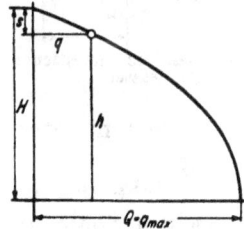

Abb. 6. Ergiebigkeitslinie eines Brunnens
mit freiem Spiegel.

sondern auch die eigene Bewegung in der Fließrichtung des Grundwasserstromes. Es zeigt sich, daß die Absenkungskurve senkrecht zur Stromrichtung identisch ist mit der Absenkungskurve eines Brunnens im unbewegten Grundwasser. Die Absenkungskurve im Längenprofil des Grundwasserstromes liegt jedoch entgegen der Stromrichtung höher und vom Brunnen stromabwärts gesehen tiefer, als die Absenkungskurve im unbewegten Grundwasser. Die Ableitung der entsprechenden Formeln für die Absenkungsfläche ergibt, daß dieselben Gleichungen im bewegten Grundwasser gelten, wie sie für die Verhältnisse im unbewegten Grundwasser (siehe S. 11) angegeben sind.

Die Schaulinie in Abb. 6 stellt die Ergiebigkeit q eines Brunnens mit freiem Grundwasserspiegel in Abhängigkeit von der Absenkung $s = H - h$ dar, wobei die Brunnenwiderstände außer acht gelassen sind. Sie ist eine Parabel.

3. Brunnen im artesischen Grundwasser.

Für Brunnen im artesischen Grundwasser (Abb. 7) besteht die sehr einfache Beziehung, daß die Absenkung des Wasserspiegels immer proportional der entnommenen Wassermenge ist. Die entsprechenden Gleichungen für die Absenkungsfläche sind:

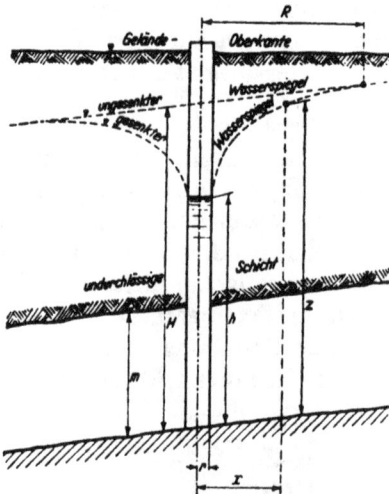

$$z - h = \frac{q}{2\,\pi \cdot m \cdot k} \cdot (\ln x - \ln r)$$

und

$$H - h = \frac{q}{2\,\pi \cdot m \cdot k} \cdot (\ln R - \ln r).$$

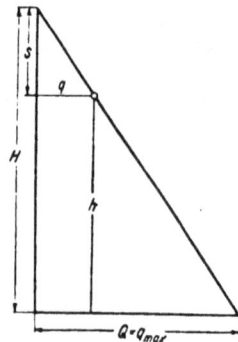

Abb. 7. Brunnen im artesischen Grundwasser.　　Abb. 8. Ergiebigkeitslinie eines Brunnens mit gespanntem Spiegel.

In diesen bedeuten unter Beibehaltung der S. 11 erläuterten früheren Bezeichnungen:

H　　die Höhe des natürlichen Wasserspiegels über der undurchlässigen Sohle und

m　　die Mächtigkeit der artesischen Schicht.

Die Ergiebigkeitslinie, die bei einem Brunnen mit freiem Grundwasserspiegel eine Parabel (Abb. 6) ist, stellt sich beim Brunnen im artesischen Grundwasser als gerade Linie (ohne Berücksichtigung der Brunnenwiderstände) dar (Abb. 8).

4. Verschiedene Beziehungen beim Betrieb von Brunnen.

a) Entnahmegrenze.

Von Bedeutung ist es, die Entnahmegrenze eines Brunnens zu erkennen, d. h. diejenige Grenze, innerhalb deren das Wasser des Grundwasserstromes dem Brunnen zufließt. In der Abb. 9 sind die Höhen-
linien eines Absenkungstrichters und die Wege verschiedener Wasserteilchen im bewegten Grundwasser dargestellt. Es fließt das Wasserteilchen P_1 auf einer bestimmten Bahn dem Brunnen zu. Das Wasserteilchen P_2 wird zwar durch die infolge der Wasserentnahme erzeugte
Bewegung nach dem Brunnen zu abgelenkt, fließt aber nicht mehr
in den Brunnen hinein. Zwischen den beiden Wegen dieser Wasser-

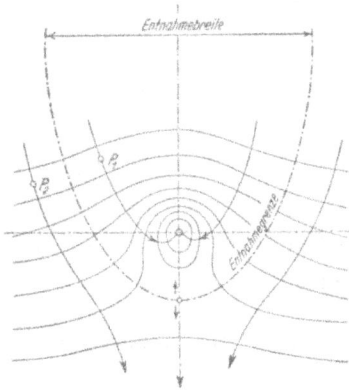

Abb. 9. Entnahmegrenze und Entnahmebreite.

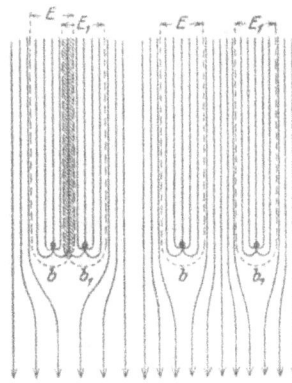

Abb. 10. Zu geringer und zu großer
Brunnenabstand (nach Prinz).

teilchen wird es nun eine Bahn geben, auf der das Wasser weder in den
Brunnen hineinfließt, noch mit dem Strom zusammen abfließt. Diese
Bahn bezeichnet man als die Entnahmegrenze des Brunnens. Aus der
Entnahmegrenze kann man die Breite des Grundwasserprofils entnehmen, die durch den Brunnen entwässert wird. Die Feststellung
dieser Entnahmebreite ist wichtig für die Beurteilung der gegenseitigen
Beeinflussung von Brunnen bzw. für die Bestimmung der Entfernung
der Brunnen untereinander und für die Fernhaltung gesundheitsschäd-
licher Versickerungsstoffe bei flacher ungeschützter Lage des Grundwasserträgers. Die Abb. 10 zeigt links zwei benachbarte Brunnen, die
sich gegenseitig Wasser entziehen. Rechts sind zwei Brunnen dargestellt,
die so weit voneinander liegen, daß zwischen ihnen ungefaßtes Wasser
hindurchfließt.

b) Absenkung und Wasserentnahme.

Die Abb. 11 zeigt (nach Kyrieleis [42]) Absenkungskurven eines
Brunnens bei verschieden großer Wasserentnahme q und wechselnder
Durchlässigkeit k.

Wenn man in die zweite Gleichung S. 11 die Absenkung $s = H - h$ einsetzt, so erhält man

$$q = \pi \cdot k \frac{s(2H - s)}{\ln R - \ln r}.$$

Man kann dann, wenn für einen Brunnen die Absenkung s_1 und die zugehörige Wassermenge q_1 bekannt sind, für eine gewünschte Wasser-

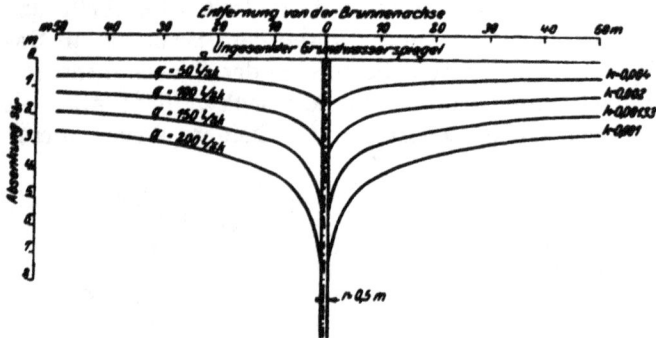

Abb. 11. Absenkungskurven eines Brunnens vom Radius $r = 0,5$ m
für eine Wasserentnahme   bei wechselnder Durchlässigkeit k.
von $q = 50$, 100, 150, 200 l/sk $q = 100$ l/sk; $H = 20$ m; $R = 1000$ m
$H = 20$ m; $k = 0,002$; $R = 1000$ m;
(nach Kyrieleis).

menge q_2 die dabei entstehende Absenkung s_2 berechnen aus der Beziehung:

$$\frac{q_1}{q_2} = \frac{s_1(2H - s_1)}{s_2(2H - s_2)}.$$

c) Absenkung und Mächtigkeit der wasserführenden Schicht.

Die nach $s = H - h$ entwickelte Gleichung S. 11 ergibt

$$s = H - \sqrt{H^2 - \frac{q}{\pi \cdot k}(\ln R - \ln r)}.$$

Hieraus erkennt man, daß die Absenkung s um so größer wird, je kleiner die Mächtigkeit H der wasserführenden Schicht ist. Die Abb. 12 zeigt die entsprechende Schaulinie.

Abb. 12. Absenkung im Brunnen s in Abhängigkeit von der Höhe der wasserführenden Schicht H.
$q = 50$ l/sk; $k = 0,002$; $R = 1000$ m; $r = 1,0$ m.
(nach Kyrieleis.)

d) Brunnendurchmesser und Ergiebigkeit.

Aus der Gleichung

$$H^2 - h^2 = \frac{q}{\pi \cdot k}(\ln R - \ln r)$$

und deren weiterer Entwickelung nach

$$q = \frac{\pi \cdot k \, (H^2 - h^2)}{\ln \dfrac{R}{r}}$$

geht hervor, daß die Ergiebigkeit eines Brunnens mit größer werdendem Brunnendurchmesser nur unwesentlich zunimmt. Von erheblich größerer Bedeutung für die Ergiebigkeit ist dagegen die Mächtigkeit der wasserführenden Schicht.

Die Schaulinie (Abb. 13) nach Prinz [17], welche die Ergiebigkeit von Brunnen verschiedener Durchmesser in v. H. der Ergiebigkeit eines Brunnens von 1,00 m Durchmesser angibt, zeigt sehr deutlich diese Verhältnisse. Man ersieht daraus, daß z. B. ein Brunnen von 0,10 m l. W. bereits 70 v. H. der Ergiebigkeit eines Brunnens von 1,00 m l. W. besitzt.

Es empfiehlt sich daher, von der Anlegung von Brunnen größerer Durchmesser, also der Schachtbrunnen, abzusehen, da die Ergiebigkeit im Vergleich mit kleineren Brunnen in keinem Verhältnis zu den Herstellungskosten stehen würde. Die praktischen Folgerungen aus dieser Erkenntnis sind S. 53 gezogen.

Es sei noch erwähnt, daß die in diesem Abschnitt mitgeteilten Absenkungsformeln kaum zur Berechnung der aus einem Brunnen zu gewinnenden Wassermengen benutzt werden, sondern in erster Linie der Feststellung

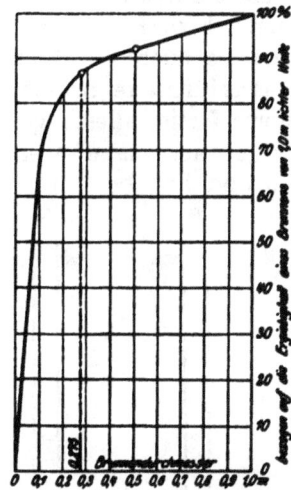

Abb. 13. Brunnendurchmesser und Ergiebigkeit (nach Prinz).

der Durchlässigkeitswerte k der wasserführenden Schicht dienen. Demjenigen, der sich des weiteren über Hydrologie unterrichten will, sei das Handbuch der Hydrologie von E. Prinz [17] empfohlen.

Die Hydrologie ist eine verhältnismäßig junge Wissenschaft, mit deren Entwicklung in Deutschland Namen wie A. Thiem, O. Smreker, Lueger, Forchheimer, Piefke, Prinz, G. Thiem u. a. eng verknüpft sind. Sie hat bereits bedeutende Erfolge zu verzeichnen gehabt, indem vielfach eine gute Übereinstimmung zwischen Beobachtung und Berechnung erzielt wurde. Man muß sich aber darüber im klaren sein, daß die Natur so vielgestaltig ist, daß auch die hydrologischen Formeln nicht immer unbeschränkte Geltung haben können. In der praktischen Arbeit wird man sich daher oft mit einer einigermaßen genauen Annäherung an die tatsächlichen Verhältnisse bescheiden müssen.

IV. Die Herstellung des Rohrbrunnens.

1. Die Herstellung des Rohrbrunnens ohne Filter.

Der Rohrbrunnen wird in der Weise hergestellt, daß man eine Bohrung lotrecht in den Erdboden niederbringt (Abb. 14) und diese zum Schutz gegen das Zusammenfallen des Bodens mit einem Rohr, dem Mantelrohr, Schutzrohr oder Futterrohr, versieht. Wird das Mantelrohr zugleich zur Bohrung benutzt, wie es meistens der Fall ist, so bezeichnet man es auch als Bohrrohr. Erreicht man mit diesem Bohrrohr eine wasserführende Schicht, so ist der Rohrbrunnen in seiner einfachsten Form fertig, allerdings unter der Voraussetzung, daß der Grundwasserträger aus standfestem Gestein, z. B. klüftigem Kalkstein (Abb. 14, 1a und 1b), besteht.

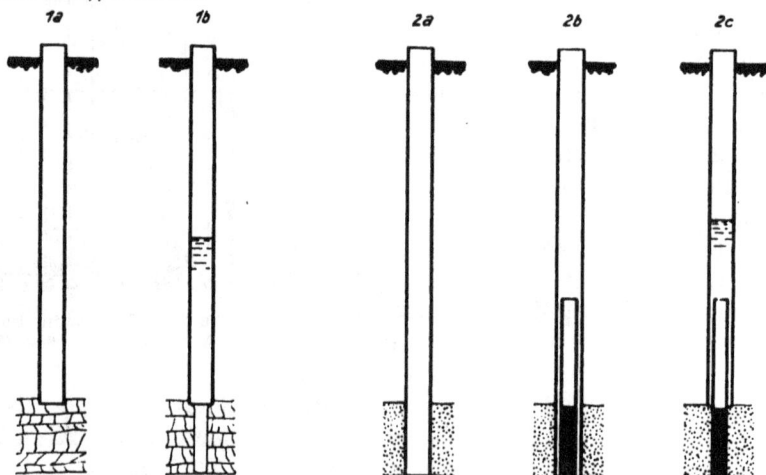

Abb. 14. Die Herstellung des Rohrbrunnens, 1a—1b ohne Filter, 2a—2c mit Filter.

2. Die Herstellung des Rohrbrunnens mit Filter.

Ist die wasserführende Schicht eine Sand- oder Kiesschicht, so muß eine Einrichtung geschaffen werden, die das Wasser sandfrei zu gewinnen gestattet. Man treibt zu diesem Zweck das Bohrrohr durch die Kiesschicht hindurch (Abb. 14, 2a) und setzt in diese einen sogenannten Filter ein, der in der Regel mit einem Filteraufsatzrohr versehen wird (Abb. 14, 2b). Der Filter muß natürlich einen kleineren Durchmesser, als das Bohrrohr haben. Sodann zieht man das Bohrrohr um die Länge des Filters empor (Abb. 14, 2c), so daß nunmehr das Wasser an der ganzen Oberfläche des Filters aus der wasserführenden Schicht in den Brunnen eintreten kann.

Der Rohrbrunnen setzt also das Vorhandensein einer wasserführenden Schicht voraus und besteht, wenn man von den verschiedenen Ausbildungen des Brunnenkopfes an der Erdoberfläche absieht, aus dem Mantelrohr und dem Filter mit Aufsatzrohr.

3. Die Bohrverfahren, Bohreinrichtungen und Geräte.

Die Bohrverfahren sowie die Bohreinrichtungen und Geräte bei der Abteufung von Rohrbrunnen sind dieselben, die in der Tiefbohrtechnik üblich sind.

Abb. 15. Brunnenbohrung mit Handbohrgerät, Einsetzen des Filters. (Wasserwerk Marienwerder, Westpr.)

Die Bohrung wird man in der Regel mit einem Handbohrgerät beginnen (Abb. 15). Bei diesem werden je nach der Beschaffenheit der zu durchteufenden Schichten Bohrer verschiedener Bauart am Seil oder am Gestänge stoßend oder drehend betätigt. Der Boden wird entweder durch den Bohrer selbst oder durch den Ventilbohrer zutage gefördert. Zum Hinablassen von Geräten, Filtern und Rohren dienen das Seil und das Gestänge. Mit dem Gestänge lassen sich bis zu einem gewissen Grade Druckwirkungen ausüben, während dieses beim Seil nicht möglich ist. Das Seil bietet im übrigen den großen Vorteil der schnelleren Förderung beim Hineinlassen und Heraufholen. In geringerer Tiefe benutzt man hierzu eine Winde mit einem Dreibock, in größeren Tiefen einen Vierbock oder einen Bohrturm mit maschineller Fördereinrichtung. Die Höhe des Bohrgerüstes ist für die rasche Förderung des Gestänges und somit für den Bohrfortschritt von großer Bedeutung.

Wenn es die Beschaffenheit der Schichten zuläßt, geht man zu maschinellem Betrieb über. Es gibt hierfür eine Anzahl verschiedener Meißel-Stoßbohrverfahren, bei denen der Boden durch schwere Bohrmeißel, deren Bewegung und Nachlaß durch maschinelle Bohrapparate erfolgt, zertrümmert (Abb. 16) und das feingestampfte Bohrgut durch einen Spülstrom zutage gefördert wird. Grundsätzlich verschieden von dem Stoßbohrverfahren ist das Rotationsbohrverfahren mit der Krone. Hierbei wird ein zylindrischer Hohlkörper, die Bohrkrone (Abb. 17), der

Abb. 16. Brunnenbohrung mit maschinellem Stoßbohrapparat und Wasserspülung. (Versuchsbohrung in Flehe bei Düsseldorf.)

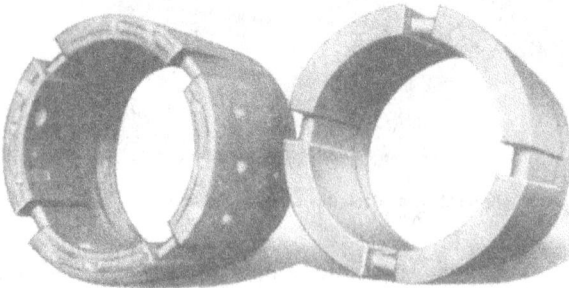

Abb. 17. Diamant-Bohrkronen, links abgenutzte Krone, rechts Kronenkörper vor dem Besetzen mit Diamanten.

an seinem unteren Rande mit Diamanten oder Stahlspitzen (Volomit) besetzt ist, in Drehung versetzt (Abb. 18). Die Diamanten oder Stahlspitzen mahlen sich in den Boden hinein, und das bei diesem Vorgang entstehende Bohrmehl wird durch Wasserspülung als Bohrschmand zutage geleitet. Beim Bohren nach dem Rotationsbohrverfahren mit der Krone bleibt im Innern derselben ein zylindrisches Gesteinsstück, der

Abb. 18. Brunnenbohrung mit maschinellem Rotationsbohrapparat. (Baltische Zellulosefabrik Schlock bei Riga.)

Bohrkern, stehen, der durch eine besondere Vorrichtung in der Krone, den Kernfangring, abgeknickt und gehoben werden kann. Diese Bohrkerne (Abb. 19) liefern die besten Proben für die geologische Forschung, da sie eine Prüfung des Gesteins in seiner ursprünglichen Lagerung gestatten.

Der Abessinier oder Rammbrunnen wird, wie der Name sagt, öfters auch eingerammt. Dazu dient ein Rammbock, wie er in Abb. 20 dargestellt ist. Will man mit Sicherheit vermeiden, daß beim Durchrammen lehmiger oder toniger Schichten das Filtergewebe verstopft

2*

oder beschädigt wird, so ist es besser, mit einem Bohrrohr vorzubohren
und den Abessinier wie einen Filter einzusetzen, was nicht viel teurer ist,
als das Einrammen. Wird
der Abessinier bei hydrologischen Arbeiten als Beobachtungsbrunnen benutzt,
so sollte man ihn nur in sandigen und lockeren Schichten einrammen, in allen anderen Fällen aber einbohren,
da eine auch nur teilweise
Verstopfung des Filterge-
webes leicht Beobachtungs-
fehler hervorrufen kann.

Abb. 19. Bohrkronen und Bohrkerne einer größeren
Brunnenbohrung.

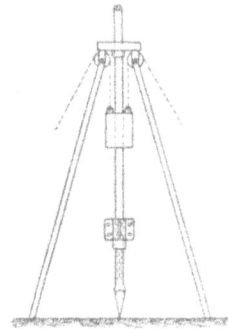

Abb. 20. Rammbock zur Herstellung von Abessiniern.

Bezüglich ausführlicherer Darstellung der Bohrverfahren sei auf das
vorhandene Schrifttum [21—30] verwiesen.

4. Die bohrtechnische Beschaffenheit der Bodenschichten.

Zur Beurteilung der Schwierigkeiten einer Bohrung wollen wir kurz
uns über die Beschaffenheit der Schichten Klarheit verschaffen. Diese
können hier nicht nach ihrer geologischen, sondern nur nach ihrer bohrtechnischen Beschaffenheit unterschieden werden, d. h. nach dem Ge-
sichtspunkt, ob ihre Durchteufung mehr oder weniger große Schwierigkeiten verursacht. Bei dieser Unterscheidung ist nicht allein maßgebend,
ob das Gebirge mild, locker oder fest ist und dem Eindringen der Bohrer
mehr oder weniger großen Widerstand entgegensetzt, sondern es kommt
auch darauf an, ob das Gefüge des Gebirges durchweg gleichartig ist
oder ob sich besonders im milden Gebirge Geschiebe oder Gerölle befinden, ob festere Gesteine mit harten Bänken oder Knollenbildungen

durchsetzt sind. In festem Gebirge sind außerdem die Lagerungsverhältnisse (wagerechte oder steil einfallende Schichtenstellung) von Einfluß auf die Größe der Bohrleistung. Ferner ist es wichtig zu wissen, ob das zu durchteufende Gebirge zu Nachfall neigt und daher die Rohrfahrt stets unmittelbar dem Bohrer nachgetrieben werden muß und schließlich, ob die Beschaffenheit des Gebirges dem Niederbringen der Bohrrohre Schwierigkeiten bereitet. Auch das Vorhandensein oder Nichtvorhandensein von Wasser im Bohrloch beeinflußt in einzelnen Fällen, namentlich im milden Gebirge, die Bohrleistung.

In bohrtechnischer Hinsicht unterscheidet man demnach:

1. Sandiges Gebirge, d. h. lose, durch kein Bindemittel verbundene Geröllmassen wie Sand, Kies, Gerölle, Schutt. Sie bohren sich besonders, wenn sie wasserführend sind, sehr gut; weniger gut, wenn sie trocken sind, und schwerer nur, wenn sie größere Geröllstücke führen. Unverrohrt fallen sie sehr stark nach, gestatten aber ein leichtes Bewegen der Bohrrohre.

2. Schwimmendes Gebirge, d. h. sehr feinkörnige, wasserhaltige Sande in einem breiartigen, fließenden Zustande bis zu einer Art von Tonschlamm. Diese bieten der eigentlichen Bohrarbeit keine besonderen Schwierigkeiten, erschweren jedoch, insbesondere wenn sie artesischen Auftrieb haben, oft ganz ungewöhnlich das Niederbringen der Bohrrohre. Infolge ihres fast flüssigen Zustandes stehen sie im Bohrloche überhaupt nicht.

3. Toniges Gebirge, wie Lehm, Löß, Ton, Mergel und jüngere Kohlenlager, in trockenem Zustande milde, erdig und zerreiblich, bei Zutritt von Wasser im Bohrloch plastisch und zum Aufquellen geneigt. Toniges Gebirge bohrt sich gut und steht auch trocken gut. Nachfall zeigt sich in geringerem Grade bei Vorhandensein von Wasser. Härtere Tonschichten und besonders solche mit Geschieben sind schwieriger, oftmals sehr schwer zu durchteufen. Das Vortreiben der Rohre geht nicht so leicht von statten, wie in sandigem Gebirge.

4. Festes Gebirge. Es gibt hier eine Reihe von verschiedenen Härtegraden, wie sie z. B. Tecklenburg [21] aufführt, wie Kreide, Sandstein, Steinsalz, Steinkohle, Tonschiefer, bis hinauf zu Gneis und Feuerstein. Im allgemeinen hängt hier die Bohrleistung von der Härte des Gesteins ab, in hohem Grade jedoch auch davon, ob das Gestein von gleichmäßigem Gefüge ist oder ob härtere Bänke oder Knollen eingelagert sind, ob es klüftig ist usw. Man bohrt hier vielfach ohne Verrohrung und setzt die Bohrrohre erforderlichen Falles nach.

5. Die Verrohrung.

Die Verrohrung wird durch die Rohrfahrten (Rohrtouren) gebildet. Hierunter versteht man einen im Bohrloch befindlichen Strang zusammengeschraubter Rohre. Jede Rohrfahrt erhält an ihrem unteren

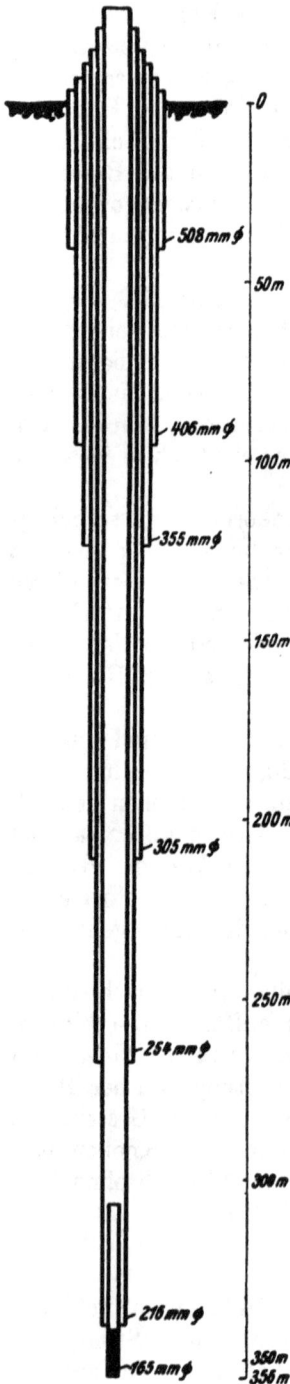

Abb. 21. Fernrohr-Verrohrung eines tieferen Rohrbrunnens.
(Wasserwerk Altenwerder bei Hamburg.)

Ende zum Schutz gegen Steine und äußere Beschädigungen einen kräftigen Schneidering (Rohrschuh), der infolge seines größeren Durchmessers, wie der Name andeutet, die Aufgabe hat, vorzuschneiden.

Das Bohrloch wird, wenn eine größere Tiefe in Frage kommt, fernrohrartig verrohrt (Abb. 21), d. h. man bohrt zunächst mit großen Bohrrohren, soweit man mit diesen herunterkommt, setzt dann Bohrrohre von kleinerem Durchmesser ein und bohrt mit diesen weiter. Wenn mit dieser Rohrfahrt ebenfalls nicht mehr weiterzukommen ist, wird wieder eine andere engere Rohrfahrt eingesetzt und so fort, bis die erforderliche Tiefe mit der sogenannten „Endverrohrung" erreicht ist. Die Arbeitsrohrfahrten, die lediglich zum Vorbohren dienten, werden nach Fertigstellung des Rohrbrunnens herausgezogen. Die Abb. 21 zeigt die Fernrohr-Verrohrung eines 356 m tiefen Rohrbrunnens.

Sind die Bodenverhältnisse und die endgültige Tiefenlage der wasserführenden Schicht bekannt, so legt man zunächst die Endverrohrung fest und macht sich einen Verrohrungsplan, indem man die Durchmesser und Längen der übrigen Rohrfahrten bestimmt. Das Maß der Bohrtiefe einer Rohrfahrt hängt von der Bodenbeschaffenheit, aber auch von der Erfahrung und Geschicklichkeit des Bohrmeisters ab.

Eine Rohrfahrt, die man zur Rohrersparnis oder aus anderen Gründen unter Tage abschneidet, so daß sie nicht mehr bis zur Erdoberfläche reicht, nennt man „verlorene Verrohrung" (Abb. 22), weil sie in der Regel verloren, d. h. nicht wiederzugewinnen, ist.

Die Bewegung der Rohre, und zwar nicht nur das Hineintreiben der Rohre während des Bohrens, sondern auch das Herausziehen, macht oft große Schwierigkeiten. Man muß vielfach die Rohre über Tage belasten bzw. sie mit hydraulischen Winden hineindrücken oder herausziehen. Sein Hauptaugenmerk hat deshalb der Bohrmeister während des

Bohrens darauf zu richten, daß die Rohre nicht fest werden, da sonst auch die beste maschinelle Bohreinrichtung keinen Fortschritt bringen kann. Nur wenn die Bohrrohre lose gehalten werden, wird der Bohrfortschritt angemessen sein.

Gelegentlich kann es vorkommen, daß man Grundwasserträger, die unbrauchbares Wasser führen, absperren will. Bei den Erdölbohrungen sind hierfür eine Reihe von Verfahren ausgebildet worden, wie sie z. B. Iscu [27] und Schweiger [30] beschreiben, auf deren Veröffentlichungen hingewiesen sei.

Von großer Wichtigkeit ist das sorgfältige Messen der in den Boden gesetzten Bohrrohre und auch des Bohrgestänges. Jedes Bohrrohr wird beim Einbauen in zusammengeschraubtem Zustande in Gegenwart des Bestellers oder eines für diesen Zweck Beauftragten gemessen und seine Länge vermerkt. Man ermöglicht hierdurch eine genaue Nachprüfung der Bohrtiefe. Für den Filtereinbau ist natürlich die Kenntnis der Längen der Bohrrohre und des Bohrgestänges unerläßlich, da es nur dann möglich ist, den Filter genau in diejenige Schicht zu setzen, für die er bestimmt ist.

Schwierigkeiten entstehen, wie schon angedeutet, auch bei der Durchteufung schwimmender Schichten, besonders wenn diese artesischen Auftrieb haben. Infolge ihrer fast flüssigen Beschaffenheit steigen sie in dem Augenblick, in dem der Bohrer mit Bohrgut emporgeht, im Bohrloch wieder bis zur bisherigen Höhe an. Der Bohrmeister sagt, sie „treiben ein“. Abgesehen von dem geringen Bohrfortschritt besteht hierbei die Gefahr, daß man beim Bohren bedeutend mehr Boden zutage fördert, als dem Rauminhalt des Bohrrohres entspricht. Es können daher leicht Aushöhlungen entstehen, die die Standfestigkeit baulicher Anlagen über Tage in gefahrbringendem Maße vermindern. Schwimmende Schichten können nur in der Weise durchbohrt werden, daß die Bohrrohre mit allen Mitteln so rasch als möglich durch die Schichten unter gleichzeitiger Entnahme des Bohrgutes hindurchgepreßt werden.

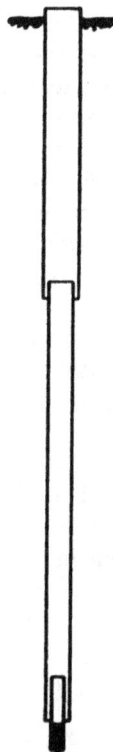

Abb. 22.
Rohrbrunnen
mit verlorener
Verrohrung.

6. Die Beseitigung der Bohrhindernisse.

Steine, Mauerreste und ähnliche Bohrhindernisse werden, soweit sie nicht durch den Meißelschlag zertrümmert werden können, durch Sprengung beseitigt. Eine Sprengung stellt natürlich einen gewissen Aufenthalt bei der Bohrung dar, zumal auch die Bohrrohre zum Schutze vor den Wirkungen des Sprengschusses ein Stück (je nach der Ladung etwa 5 bis 10 m) emporgezogen werden müssen. Dennoch kommt man mit der Sprengung fast immer schneller vorwärts, als mit der Meißelarbeit. Sprengungen dürfen nicht vorgenommen werden in flachen Bohrlöchern, (etwa in weniger als 20 m Tiefe) und in Bohrlöchern, die sich in der Nähe von Baulichkeiten befinden. In geringer Tiefe ist dann ein Versetzen des Bohrloches oft billiger, als längeres Arbeiten mit dem Bohrmeißel. Vielfach bestehen für Sprengungen ortspolizeiliche Bestimmungen, auf deren genaue Befolgung auch der Auftraggeber dringen sollte. Nicht durch Sprengung beseitigen kann man metallische Bohrhindernisse, die durch Hineinfallen oder Abreißen von Bohrgeräteteilen entstehen. Diese Hindernisse müssen mit Fanggeräten, die der Brunnenbauer in verschiedener Form besitzt oder für den einzelnen Fall anfertigt, gefaßt und herausgehoben werden. Auch in größerer Tiefe unter dem Wasserspiegel (etwa über 100 m) kommt eine Sprengung nicht mehr in Frage, weil der dann sehr hohe Wasserdruck (100 m Wassersäule entsprechen einem Druck von 10 Atm.) die Sprengpatrone zerdrückt, so daß sie naß und unbrauchbar wird.

7. Brunnenunglücke.

Die Schwierigkeiten bei der Herstellung von Brunnenbohrungen werden beleuchtet durch Bohrunfälle und Brunnenunglücke, wie sie gelegentlich vorgekommen sind. Diese sind zum Teil zurückzuführen

Abb. 23. Schneidemühler Brunnenunglück. Kl. Kirchenstraße mit dem Brunnen von Osten.
8. Juni 1893.

auf unrichtige Maßnahmen des Brunnenbauunternehmers, zum Teil auf Naturereignisse oder Ereignisse, deren Eintreten nicht vorauszusehen war. Es sei hier erinnert an das große Schneidemühler Brunnenunglück aus dem Jahre 1893, bei dem infolge eines ungewöhnlich großen Sandauswurfes einer artesischen Brunnenbohrung eine Anzahl Häuser zum Einsturz kamen und im ganzen 22 Hausgrundstücke durch Beschädi-

Abb. 24. Schneidemühler Brunnenunglück. Kl. Kirchenstraße mit dem Brunnen von Westen (vgl. Abb. 23). 21. Juni 1893.

gungen der Grundmauern in Mitleidenschaft gezogen wurden. Die Abb. 23 bis 26 zeigen Bilder dieser Aufsehen erregenden Katastrophe und einen Lageplan, der den Umfang der Verheerungen erkennen läßt.

Gelegentlich trifft der Brunnenbauer gerade bei artesischen Bohrungen Verhältnisse an, deren er trotz Aufbietung aller zur Verfügung stehenden Mittel nicht Herr werden kann. In der Abb. 27 sind die Sandmassen zu erkennen, die bei einer Brunnenbohrung in Lamgarben Ostpr. aus einem 100 mm weiten Rohrbrunnen von etwa 100 m Tiefe herausgeworfen

Abb. 25. Schneidemühler Brunnenunglück. Haus Gr. Kirchenstraße 20 nach dem Einsturz.
24. Juni 1893.

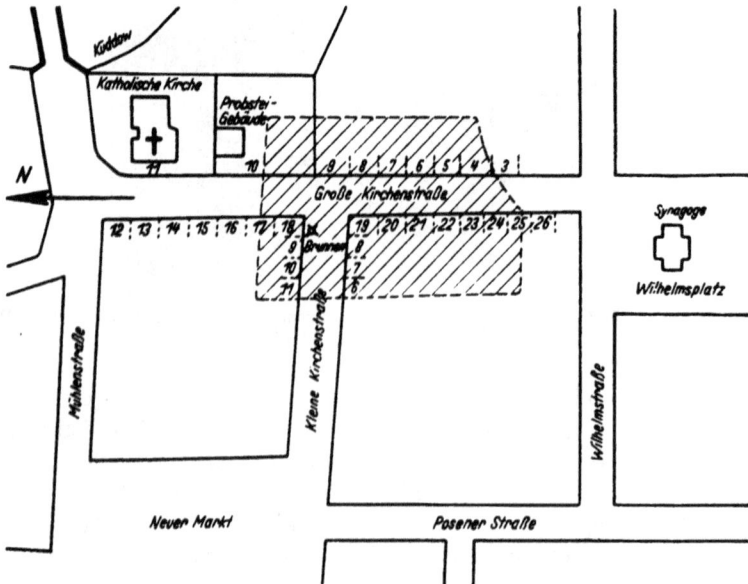

Abb. 26. Lageplan zum Schneidemühler Brunnenunglück. (Die schraffierte Fläche bezeichnet
das unterspülte Gelände.)

wurden. Es handelte sich hier um eine mit fingerdicken Sandeinlagerungen durchsetzte Tonschicht, die unter einem ungewöhnlich starken artesischen Druck stand. Der Brunnen warf ständig ein tonschlammartiges Material heraus, bei dem eine Trennung des Sandes vom Wasser nicht möglich war. In derartigen Verhältnissen muß von einer erhöhten Arbeitsbühne mit hoch über Tage emporgezogenen Bohrrohren gearbeitet werden, um den artesischen Überlauf so klein als möglich zu halten.

Abb. 27. Sandmassen, die durch einen artesischen Brunnen ausgeworfen wurden. (Lamgarben, Ostpr.)

Erwähnt sei noch der Erdgasausbruch einer Brunnenbohrung in Neuengamme bei Bergedorf im Jahre 1911, der durch die ungeheuren Mengen der herausgeschleuderten Gase, durch den sehr bedeutenden Druck, unter dem diese Gase standen, sowie durch die Verwüstungen, die die brennende riesige Gasflamme an der Bohrstelle anrichtete, bemerkenswert ist. Erdgasausströmungen sind an sich nichts Seltenes und bei Brunnenbohrungen hier und da zu beobachten.

8. Der Einbau des Filters.

Der Einbau des Filters vollzieht sich in der Weise, daß die einzelnen Filterstücke über Tage mit dem Aufsatzrohr verschraubt, am Bohrgestänge in den Brunnen hineingelassen werden. Das obere Ende des Aufsatzrohres wird zu diesem Zwecke mit einem lose eingeschraubten Gewindestück, dem Schwanzstück, versehen, welches am Bohrgestänge befestigt ist. Sobald der Filter in der richtigen Tiefe steht, wird mit dem Ziehen der Bohrrohre begonnen. Hierbei ist darauf zu achten, daß der Filter nicht mit emporgehoben wird. Erst nachdem der Filter freigezogen ist, wird mit dem Bohrgestänge das Schwanzstück herausgeschraubt und heraufgeholt.

Sehr schwierig gestaltet sich der Einbau des Filters in artesischen Sandschichten mit starkem Eintrieb. Man kann hier nur mit Wasserbelastung arbeiten oder von einer so hohen Arbeitsbühne, daß der Auslauf über Tage stark gemindert ist.

Bei den Kiesschüttungsfiltern erfolgt das Schütten des Kieses zugleich mit dem Ziehen der Bohrrohre in kurzen Absätzen. Es werden dabei die Schüttrohre entsprechend der eingebrachten Schüttung emporgezogen.

Nach dem Einbau des Filters wird der Rohrbrunnen klargepumpt oder entsandet. Hierüber sowie über den Pumpversuch ist ausführliches im Abschnitt X. Der Pumpversuch (siehe S. 127) gesagt.

9. Die Entnahme von Bodenproben.

Es liegt im Interesse des Auftraggebers, auch darauf zu achten, daß sorgfältig Bodenproben (Bohrproben) von allen durchteuften Schichten entnommen werden und daß an der Bohrstelle eine genaue Schichtendarstellung vom Bohrmeister laufend geführt wird. Denn zu wichtigen Entscheidungen des Auftraggebers, wenn z. B. über die Weiterführung oder Einstellung der Arbeiten beschlossen werden muß, ist die Kenntnis der durchbohrten Schichten unbedingt erforderlich.

Die Anweisung zur Entnahme von Bodenproben und zur Anfertigung des Bohrregisters im Anhang S. 186 enthält alles, was bei der Entnahme, Aufbewahrung und Versendung der Bodenproben zu beachten ist. Im Interesse der geologischen Forschung sollte man sich die kleine Mühe nicht verdrießen lassen und die erbohrten Proben der zuständigen Geologischen Landesanstalt zur Verfügung stellen. Ein Verzeichnis der deutschen Geologischen Landesanstalten befindet sich S. 189. Größere Brunnenbau- und Bohrunternehmen überlassen laufend ihr oft sehr umfangreiches Probenmaterial den Geologischen Landesanstalten und wissenschaftlichen Instituten zu Forschungszwecken. Wissen sie doch den Rat der Geologen zu schätzen, die gerade in Wasserversorgungsfragen ihr Urteil und ihren Einfluß oft in erfolgbringender Weise geltend gemacht haben.

10. Das Bohrregister.

Die Darstellung der Schichten, die an der Bohrstelle von dem Bohrmeister gezeichnet wird, läßt sich leicht zu dem Bohrregister ausgestalten, welches der Verfasser bereits für andere Zwecke [33] angegeben hat. Das Bohrregister (Abb. 28) ist keine Darstellung des fertigen Brunnens, sondern gewissermaßen der Betriebsbericht des Bohrmeisters von der Bohrstelle, der über alle geleisteten Arbeiten und über die unter und über Tage herrschenden Betriebsverhältnisse Aufschluß

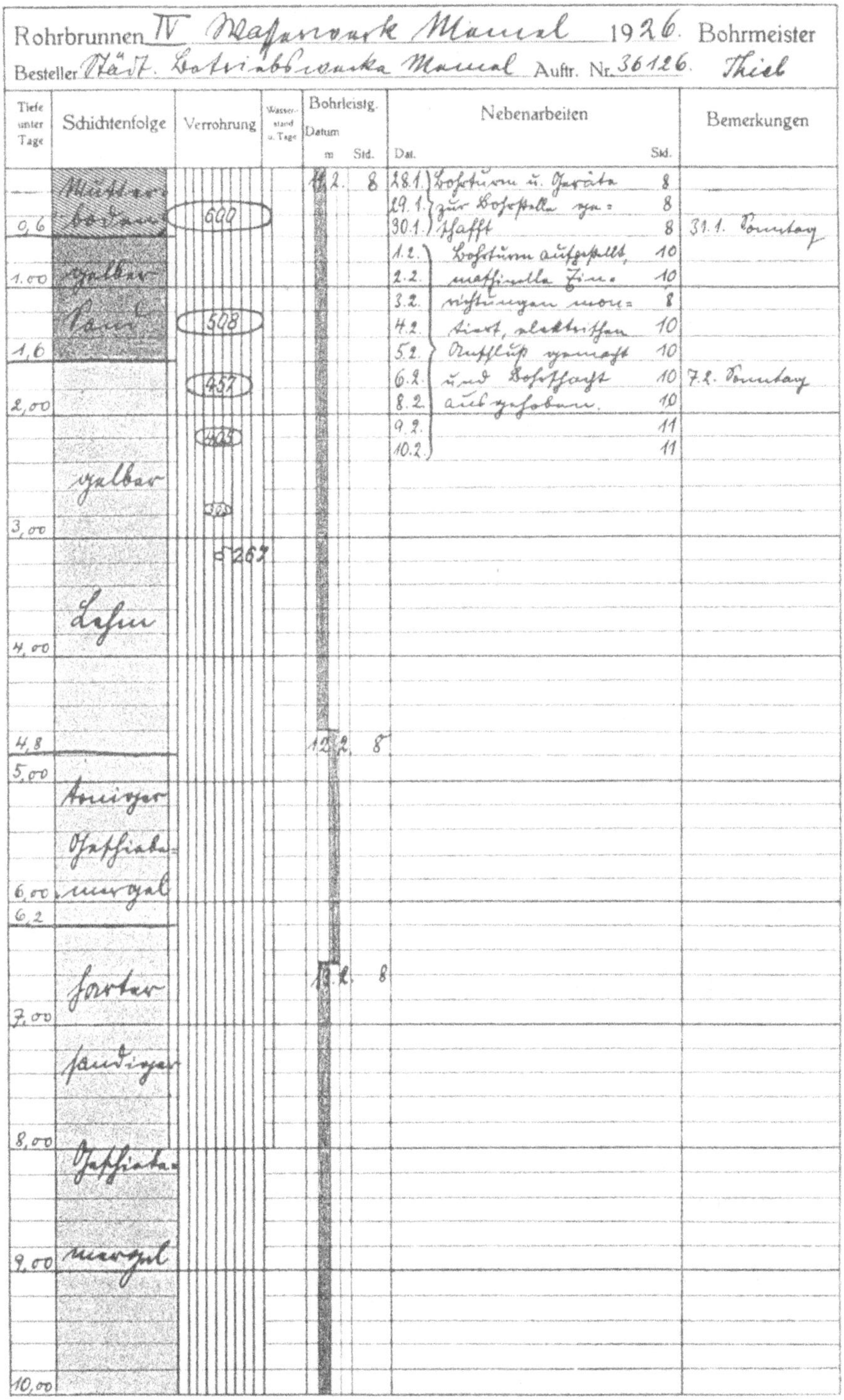

Rohrbrunnen _IV_ *Mafurvark Maral* 1926. Bohrmeister
Besteller *Hät. Latrinbbrauka Maral* Auftr. Nr. 36126. *Thiel*

Tiefe unter Tage	Schichtenfolge	Verrohrung	Wasserstand u. Tage	Bohrleistg. Datum		Nebenarbeiten			Bemerkungen
				m	Std.	Dat.		Std.	
	Mutter-			11.2.	8	28.1.	*Lohrturm u. Geräte*	8	
0,6	*boden*	600				29.1.	*zur Lofapella ge=*	8	
						30.1.	*Hafft*	8	31.1. Sonntag
1.00						1.2.	*Lohrturm aufgestellt,*	10	
	Paul	508				2.2.	*maffinella Ein=*	10	
1,6						3.2.	*richtungen vor=*	8	
						4.2.	*fiart, elektrifchen*	10	
2,00		457				5.2.	*Anfchluß gemacht*	10	
						6.2.	*und Lohrfahrt*	10	7.2. Sonntag
	gelber					8.2.	*aufgehoben.*	10	
3,00						9.2.		11	
		267				10.2.		11	
	Lehm								
4,00									
4,8				12.2.	8				
5,00									
	Aniger								
	Ghffuhr=								
6,00	*mergal*								
6,2									
	forter			13.2.	8				
7,00									
	fandiger								
8,00									
	Ghffuhr=								
9,00	*mergel*								
10,00									

Abb. 28 a. Bohrregister.

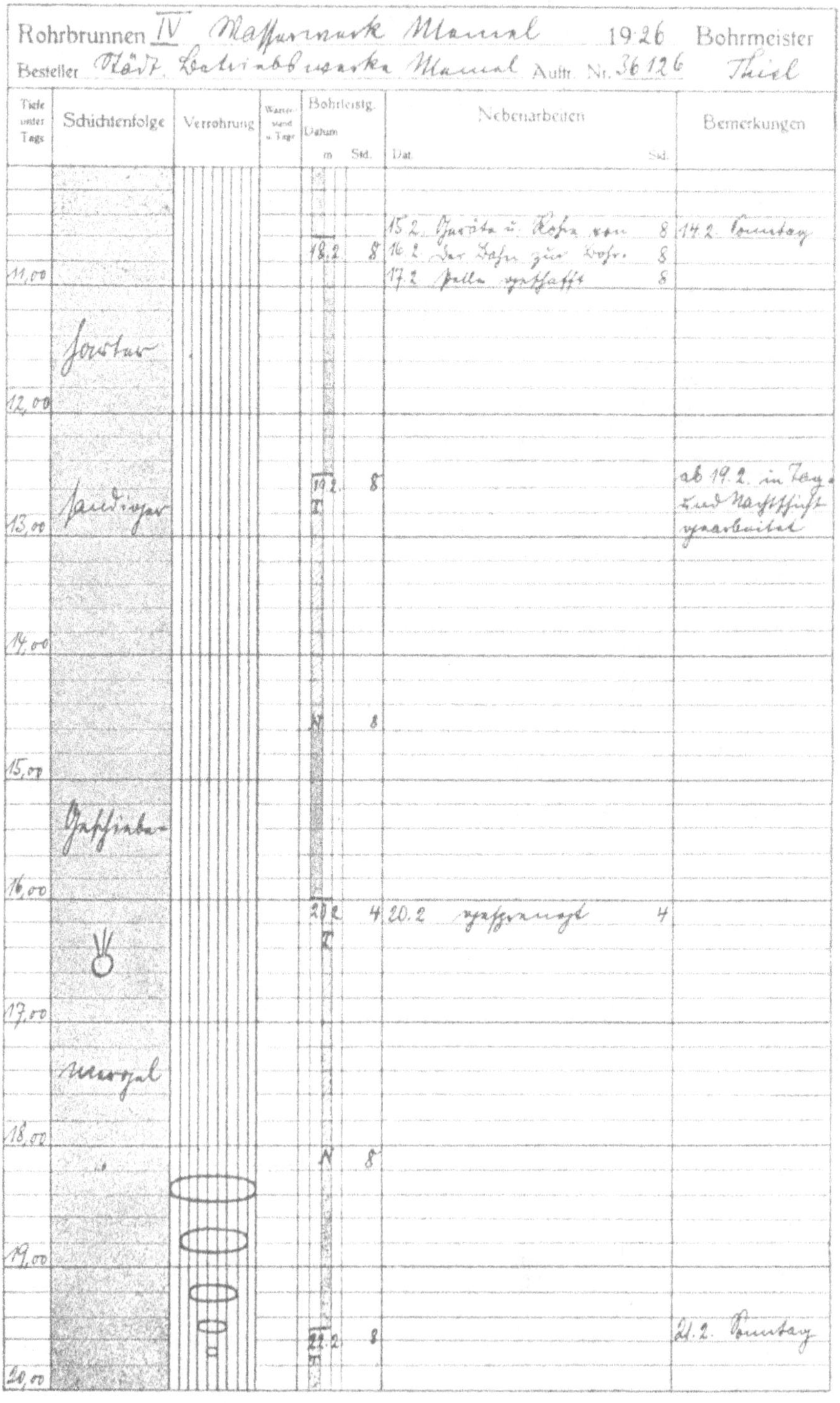

Tiefe unter Tage	Schichtenfolge	Verrohrung	Wasser- stand n. Tage	Bohrleistg.		Nebenarbeiten		Bemerkungen
				Datum		Dat.	Std.	
				m	Std.			

Rohrbrunnen *IV* ... 1926 Bohrmeister *Thiel*
Besteller ... Auftr. Nr. *36126*

(Handschriftlich ausgefüllter Bohrregister-Vordruck mit Tiefenangaben 11,00 bis 20,00 m und verschiedenen handschriftlichen Eintragungen.)

Abb. 28 b. Bohrregister.

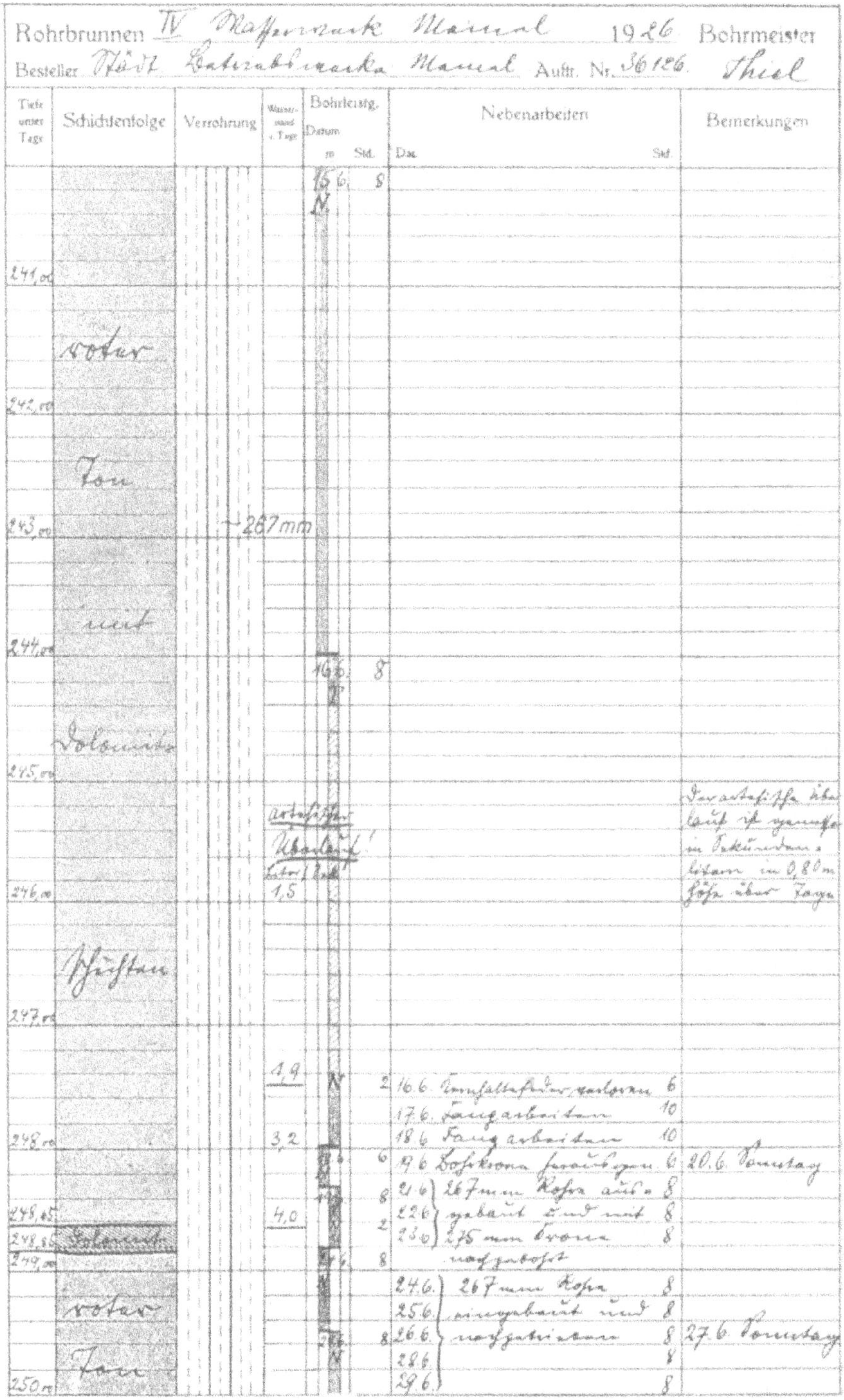

Tiefe unter Tage	Schichtenfolge	Verrohrung	Wasser- stand i. Tage	Bohrleistg.		Nebenarbeiten		Bemerkungen
				Datum				
				m	Std.	Dat.	Std.	

Rohrbrunnen _IV_ _Wasserwerk_ _Manual_ 1926 Bohrmeister

Besteller _Stadt_ _Laboratoriewerke_ _Manual_ Auftr. Nr. _36126._ _Thiel_

Abb. 28 c. Bohrregister.

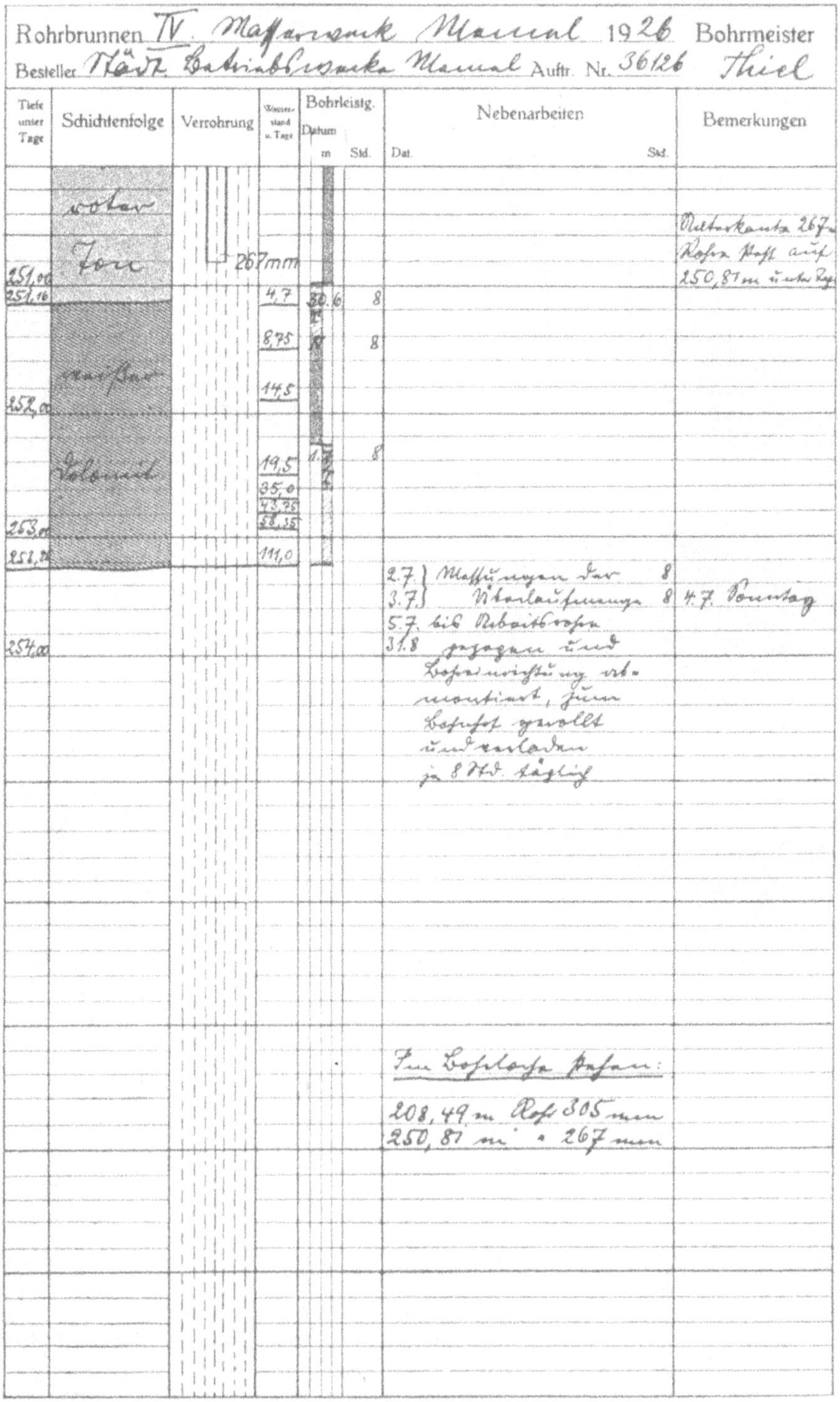

Rohrbrunnen *IV. Maßarsack Mannal* 1926 Bohrmeister

Besteller *Kärt. Betriebstruvarka Mannal* Auftr. Nr. *36126* *Thiel*

Tiefe unter Tage	Schichtenfolge	Verrohrung	Wasserstand u. Tage	Bohrleistg. Datum		Nebenarbeiten		Bemerkungen
				m	Std.	Dat.	Std.	
	oder							*Unterkante 267 =*
	Ton	267 mm						*Rohr Paß auf*
251,00								*250,87 m unter Tage*
251,16				4,7	30,6	8		
				8,75	8	8		
	weißer			14,8				
252,00								
	Dolomit			19,5	d. 17. 7	8		
				35,0				
253,00				73,78				
				88,38				
253,7				111,0				
						2.7 *Maßnagen der*	8	
						3.7 *Überlaufmenge*	8	*4.7. Sonntag*
254,00						5.7 *bis Arbeitbrofen*		
						31.8 *gezogen und*		
						Lohrrichtung er		
						montiert, zum		
						Lohrfof gewollt		
						und entladen		
						zu 8 Std. täglich		
						Zur Lohrlohr Rohr:		
						208,49 m Rohr 305 mm		
						250,81 m · 267 mm		

Abb. 28 d. Bohrregister.

gibt. Der Kopf des Vordruckes enthält die Bezeichnung des Rohrbrunnens, den Namen des Auftraggebers und des Bohrmeisters und sieht folgende Spalten vor:

1. Tiefe unter Tage,
2. Schichtenfolge,
3. Verrohrung,
4. Wasserstand unter Tage,
5. Bohrleistung (geleistete Meter in wieviel Stunden),
6. Nebenarbeiten (Tag und Anzahl der Stunden),
7. Bemerkungen.

Die beigefügten Abbildungen eines ausgefüllten Bohrregisters (Abb. 28 a—d) und die erwähnte Anweisung im Anhang S. 186 geben weiteren Aufschluß über die Benutzung des Vordruckes.

Man ersieht aus einem richtig geführten Bohrregister deutlich, daß bei der Herstellung von Rohrbrunnen verhältnismäßig viel Zeit auf Nebenarbeiten entfällt, die in ungünstigen Verhältnissen sogar die Zeit der eigentlichen Bohrarbeiten übertreffen kann. Selbstverständlich muß es das Ziel des Brunnenbauers sein, die Bohrzeit, wie auch die Zeit für die Nebenarbeiten so kurz wie möglich zu halten. Wenn man die Arbeit des Brunnenbauers beurteilen will, ist es nötig, sich über diese Dinge Klarheit zu verschaffen.

Man kann bei der Herstellung eines Rohrbrunnens 5 Arbeitsgruppen unterscheiden:

1. Aufstellung des Bohrgerätes:	Die Einrichtungsarbeiten,
2. Abteufung des Bohrloches:	Die Bohrarbeiten,
3. Ausbau des Bohrloches zum Brunnen (Filtereinbau):	Die Brunnenarbeiten,
4. Klarpumpen des Brunnens:	Das Entsanden,
5. Herausziehen der Arbeitsrohrfahrten und Abrüstung des Bohrgerätes:	Die Fertigstellungsarbeiten.

11. Das Bohrdiagramm.

In klarer Weise wird der Arbeitsvorgang der Herstellung eines Rohrbrunnens durch eine Schaulinie (Abb. 29) veranschaulicht, welche die Arbeitsleistung im Verhältnis zu der darauf verwendeten Arbeitszeit darstellt. Als Maßstab für die Arbeitsleistung dient die Bohrleistung, d. h. die Anzahl der in der Zeiteinheit (etwa je Tag) erbohrten fallenden Meter. In dieser Schaulinie, dem Bohrdiagramm, ergibt sich eine klare Scheidung der Bohrarbeiten und der Nebenarbeiten und gleichzeitig auch die Bestimmung des Begriffs Nebenarbeiten: Nebenarbeiten sind alle zur Herstellung eines Rohrbrunnens erforderlichen Arbeiten, bei denen kein Bohrfortschritt erzielt wird. Es sind also keineswegs nebensächliche Arbeiten. Im Bohrdiagramm stellen die mehr oder weniger geneigten Teile der Schaulinie die Bohrarbeiten und die wagerecht verlaufenden die Nebenarbeiten dar. Der Neigungswinkel der Schaulinie ist zugleich ein Maß für die Bohrleistung.

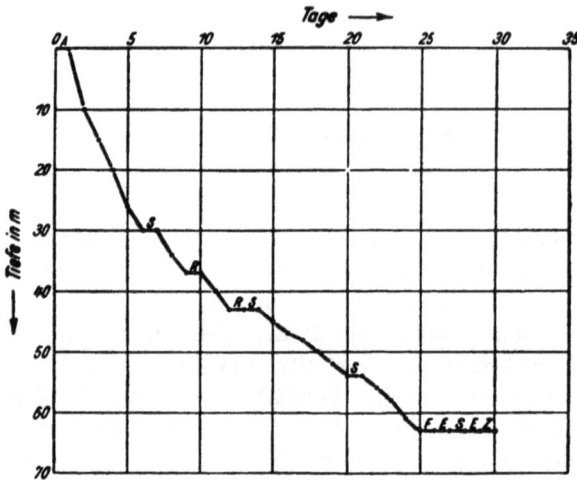

Das Bohrdiagramm gibt also ein klares Bild des Arbeitsfortschrittes und der Arbeitsweise des Bohrmeisters. Die Übersicht wird beträchtlich erhöht, wenn man in das Bohrdiagramm die Verrohrung in demselben Tiefenmaßstab einzeichnet (Abb. 166 u. 167).

Eine Anzahl Bohrdiagramme ausgeführter Brunnenbohrungen sind in dem letzten Abschnitt über die Vergebung von Rohrbrunnen als Beispiele enthalten. Dort befindet sich auch die Erklärung der Zeichen, die erforderlich sind, um die Nebenarbeiten zu kennzeichnen (siehe S. 172).

Abb. 29. Bohrdiagramm des Rohrbrunnens Lumienen.

V. Die wichtigsten Rohrbrunnen-Ausführungen.

Nach dem Verwendungszweck, der verlangten Leistung, der Bodenbeschaffenheit und der Tiefenlage der wasserführenden Schicht ist eine
größere Zahl von Rohrbrunnenausführungen entwickelt worden, deren
wichtigste unter Hinweis auf die schematische Darstellung in Abb. 30
in folgendem erörtert werden sollen:

1. Der Rohrbrunnen ohne Filter.

Diese Ausführung (Abb. 30, Nr. 1) ist nur da möglich, wo der Grundwasserträger aus standfestem Gestein besteht. Der Rohrbrunnen ohne
Filter kann als Idealfall bezeichnet werden, eben weil er keinen Filter
benötigt und hierdurch eine Reihe von Schwierigkeiten, die der Einbau und
die Verwendung eines Filters bedingen, von vornherein ausschließt. Eine
große Anzahl artesischer Brunnen, die ihr Wasser anstehendem Gebirge
entnehmen, ist in dieser Weise ausgeführt. Eine etwa auftretende Ver-

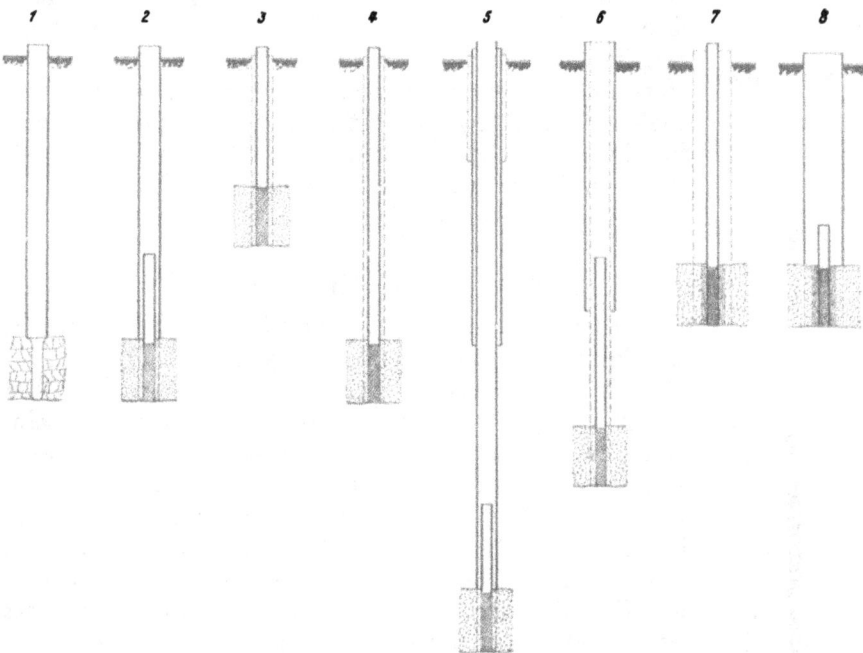

Abb. 30. Die wichtigsten Rohrbrunnenausführungen.

schlammung des Grundwasserträgers kann man in vielen Fällen leicht durch verstärktes Pumpen beseitigen.

2. Der gewöhnliche Rohrbrunnen mit Filter.

Die Herstellung dieser Ausführung (Abb. 30, Nr. 2) ist bereits beschrieben worden (siehe S. 16). Sie ist die am häufigsten vorkommende Art des Rohrbrunnens und es ist gerechtfertigt, hier von dem gewöhnlichen Rohrbrunnen zu sprechen. Der Filter kann, wenn man ihn reinigen will, herausgezogen und nach dem Reinigen wieder eingesetzt werden.

3. Der kleine Rohrbrunnen mit verlängertem Aufsatzrohr.

Bei diesem Brunnen (Abb. 30, Nr. 3) ist das Filteraufsatzrohr bis zur Erdoberfläche verlängert und das Mantelrohr nach dem Einsetzen des Filters ganz herausgezogen worden. Der Brunnen hat den Vorzug, daß er nicht viel kostet, weil das Mantelrohr in Fortfall kommt und das Aufsatzrohr, welches hier das Mantelrohr zugleich ersetzt, infolge seines geringeren Durchmessers billiger ist, als das Mantelrohr. Er hat jedoch den Nachteil, daß, wenn man den Filter zum Zwecke des Reinigens herausziehen will, der ganze Brunnen herausgezogen und von neuem abgeteuft werden muß. Diese Ausführungsart hat daher nur dann ihre Berechtigung, wenn die Tiefe des Brunnens so gering ist, daß die Neubohrung weniger kostet, als das Herausziehen und Wiedereinsetzen des Filters, also für Tiefen bis etwa 15 bis höchstens 25 m. Der Brunnen wird für behelfsmäßige Anlagen viel verwendet, z. B. als Brunnen für Grundwassersenkungen oder als Beobachtungsbrunnen bei hydrologischen Arbeiten.

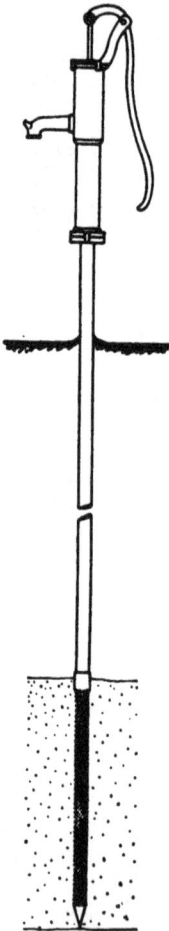

4. Der Abessinier.

Verkleinert man den Durchmesser der unter 3. erwähnten Ausführung auf etwa 80 bis 40 mm, so entsteht der Abessinier (Abb. 31), der, wenn der Filter unten mit einer kräftigen Spitze versehen ist, eingerammt werden kann (Rammbrunnen), was aber zweckmäßig nur in lockeren Bodenschichten erfolgen sollte. Die Herstellung des Abessiniers ist S. 19 beschrieben. Beim Abessinier ist das Brunnenrohr (Mantelrohr, Verlängerungsrohr) zugleich das Saugerohr der Pumpe. Man ordnet deshalb über dem Filter des Abessiniers, der auch Rammspitze heißt, gern ein Rückschlagventil (Fußventil) an.

Abb. 31. Abessinier.

5. Der Rohrbrunnen mit verlängertem Aufsatzrohr.

Wenn man auf die Möglichkeit, den Filter zu Reinigungszwecken herauszuziehen, keinen Wert legt, baut man den unter 3. genannten Rohrbrunnen auch für größere Durchmesser und Tiefen (Abb. 30, Nr. 4). Dieses ist z. B. der Fall bei der Verwendung gußeiserner Filter, die in der Regel auch mit gußeisernen Aufsatzrohren (die hier als Mantelrohre dienen) ausgestattet werden (z. B. bei den Thiembrunnen siehe S. 90 u. 104).

6. Der Rohrbrunnen für größere Tiefen.

Dieser Brunnen (Abb. 30, Nr. 5) wird wegen der großen Tiefenlage des Grundwasserträgers mit fernrohrartiger Verrohrung niedergebracht. Der Filter wird in der gleichen Weise eingesetzt, wie bei den bisherigen Brunnen. Die zum Vorbohren verwendeten Rohrfahrten zieht man nach Fertigstellung des Brunnens ganz oder teilweise aus dem Erdreiche heraus. Es empfiehlt sich in vielen Fällen, außer dem eigentlichen Mantelrohr noch eine zweite Rohrfahrt als Schutzrohr im Boden zu belassen, und zwar besonders bei tiefen Brunnen oder dann, wenn das Wasser der oberen Schichten angreifende Eigenschaften besitzt, so daß die Gefahr besteht, daß das Mantelrohr durchfressen werden kann. Auch bei überlaufenden Rohrbrunnen oder Brunnen mit starkem Wasserauftrieb läßt man gern eine zweite oder auch eine dritte Rohrfahrt im Boden, um zu verhüten, daß das aufsteigende Wasser hinter den Mantelrohren empordringt, hinter denen bei einem Herausziehen der größeren Rohrfahrten Hohlräume entstehen, die schlecht verfüllbar sind. Schließlich erreicht man durch Belassen einer Schutzrohrfahrt im Boden noch, daß die oft sehr schwierige Arbeit des Filterziehens wesentlich erleichtert wird (siehe S. 156).

7. Der Rohrbrunnen mit loser Rohrfahrt.

Es handelt sich hier (Abb. 30, Nr. 6) um eine Sonderbauart, die dann am Platze ist, wenn man auf Grund der Bodenbeschaffenheit oder der Wasserbeschaffenheit damit rechnen muß, des öfteren den Filter herauszuziehen und zu reinigen. Man bohrt hierbei zunächst mit großem Durchmesser vor, setzt dann eine kleinere Rohrfahrt (die „lose" Rohrfahrt) ein und durchbohrt mit dieser die wasserführende Schicht. Nachdem man den Filter mit einem besonders langen Aufsatzrohr versehen hat, zieht man die zuletzt genannte „lose" Rohrfahrt vollständig heraus, so daß die zum Vorbohren benutzte Rohrfahrt als Mantelrohr im Brunnen verbleibt. Will man den Filter herausheben, so braucht man nicht die große Rohrfahrt zum Herunterbohren in Bewegung zu bringen, was sehr schwierig ist sondern kann mit der losen Rohrfahrt die wasserführende Schicht durchbohren, den Filter einsetzen und diese Rohrfahrt wieder herausziehen (siehe S. 158).

Die bisherigen Rohrbrunnenausführungen waren mit Gewebefiltern ausgerüstet. Es sind nunmehr noch die Rohrbrunnen mit Kiesfiltern zu nennen.

8. Der Rohrbrunnen mit Kiesfilter.

Bei diesem Brunnen ist das Mantelrohr herausgezogen und das Aufsatzrohr bis zur Erdoberfläche verlängert (Abb. 30, Nr. 7). Alle Rohrbrunnen mit Kiesfiltern erfordern wegen der Unterbringung der Kiesschüttung einen wesentlich größeren Mantelrohrdurchmesser, als die Gewebefilterbrunnen und sind daher kostspieliger als diese. Die hier erwähnte Bauart mit herausgezogenem Mantelrohr ist die billigere Ausführung, die jedoch ein Ziehen des Filters nur in Ausnahmefällen gestattet.

9. Der Rohrbrunnen mit Kiesfilter und Mantelrohr.

Im Gegensatz zu dem unter 8. genannten Rohrbrunnen verbleibt hier das Bohrrohr im Erdreich (Abb. 30, Nr. 8). Dieses ist die bessere, aber auch kostspieligere Ausführung, bei der es fast immer möglich sein wird, den Filter herauszuziehen und die Kiesschüttung zu erneuern.

Die wichtigsten Rohrbrunnenausführungen sind hiermit dargestellt worden. Es werden naturgemäß auch Ausführungen gebaut, die aus einer Vereinigung zweier oder mehrerer der genannten Bauarten entstanden sind, deren ausführliche Besprechung aber hier zu weit führen würde.

Zwei Sonderausführungen seien noch erwähnt:

10. Der Rohrbrunnen zur Erschließung von Grundwasserstockwerken.

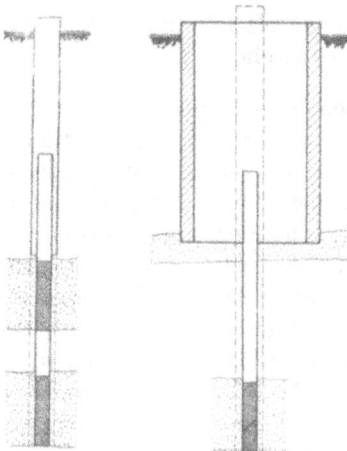

Diese Ausführung erschließt Wasser zweier oder mehrerer Grundwasserstockwerke mittels übereinandergesetzter Filter (Abb. 32). Sie ist ein Notbehelf bei geringer Ergiebigkeit der wasserführenden Schicht und nur dann begründet, wenn die Stockwerke Wässer von derselben Spiegellage und ungefähr derselben Ergiebigkeit führen. In allen anderen Fällen ist von dieser Bauart abzuraten, da bei ungleichartigen hydrologischen Verhältnissen das Wasser der einen Schicht in die andere eintreten und darin verschwinden kann. Auch die Wasserbeschaffenheit hat bei der Entscheidung, ob Grundwasserstockwerke mit Filtern auszubauen sind, mitzusprechen, weil man ein brauchbares Wasser durch

Abb. 32.
Rohrbrunnen,
der zwei
Grundwasser-
stockwerke
erschließt.

Abb. 33.
Vereinigter Kessel-
und Rohrbrunnen.

ein Wasser einer anderen Schicht natürlich verschlechtern kann. Unklare Verhältnisse entstehen in jedem Falle, wenn Grundwasserstockwerke für die Wassergewinnung in demselben Rohrbrunnen benutzt werden.

11. Der vereinigte Kessel- und Rohrbrunnen.

Als weitere Sonderbauart ist noch der vereinigte Kessel- und Rohrbrunnen (Abb. 33) zu erwähnen. Er wird kaum von vornherein in dieser Ausführung angelegt werden, weil verschiedene Vorzüge des Rohrbrunnens namentlich in hygienischer Hinsicht dabei verloren gehen. Er kommt fast immer nur dann zur Ausführung, wenn bei der Herstellung eines neuen Kesselbrunnens dieser wegen ungewöhnlich schwieriger Bodenverhältnisse nicht bis zu der erforderlichen Tiefe niedergebracht werden kann oder wenn bei einem bestehenden Kesselbrunnen sich das Wasser nach Menge oder Beschaffenheit als ungenügend erweist. Man bringt in diesen Fällen auf der Sohle des Kesselbrunnens eine Bohrung nieder und baut diese mit Filter in der bekannten Weise als Rohrbrunnen aus. Der Wassereintritt kann dann stattfinden durch die Sohle des Kesselbrunnens und durch den Filter des Rohrbrunnens. Wenn die schlechte Beschaffenheit des Wassers der Anlaß zur Abteufung der Bohrung im Kesselbrunnen war, so kann man leicht dieses unbrauchbare Wasser durch Einbringen einer Betonsohle absperren. In jedem Falle ist der vorhandene Brunnenkessel zugleich als Vorrats- und Ausgleichsbehälter erwünscht. Seinem Wesen nach ist der vereinigte Kessel- und Rohrbrunnen nur für Einzelwasserversorgungen von geringer Leistung bestimmt.

VI. Flachbrunnen, Tiefbrunnen und überlaufende Brunnen.

Im vorigen Abschnitt sind die wichtigsten Ausführungen des Rohrbrunnens dargestellt worden, deren bauliche Gestaltung je nach Verwendungszweck, Leistung, Beschaffenheit und Tiefenlage des Grundwasserträgers verschieden war. Es sind nun noch drei sehr wichtige
Unterscheidungen des Rohrbrunnens zu besprechen, die auf die weitere
Ausgestaltung ·der gesamten Wassergewinnungsanlage von erheblichem
Einfluß sind. Diese beziehen sich auf die größeren oder geringeren
Schwierigkeiten bei der Wasserförderung aus dem Brunnen. Ausschlaggebend für die Unterscheidung ist die Tiefenlage des Wasserspiegels im Brunnen, und zwar bei der Wasserentnahme, also im abgesenkten Zustande. Die begrenzte Saugehöhe der gewöhnlichen Wasser-
hebemaschine, der Pumpe, dient hierbei als Maßstab.

Wie bekannt, ist die Saugehöhe der Pumpe gleich dem Luftdruck
der atmosphärischen Luft, d. h. gleich dem Druck einer 10,33 m hohen
Wassersäule. Man kann also mit einer gewöhnlichen Pumpe nur aus
einer Tiefe von theoretisch 10,33 m und bei Berücksichtigung aller
Verluste aus einer Tiefe von höchstens etwa 7 bis 8 m Wasser ansaugen.
Dieses Maß ist die Saugehöhe der Kolbenpumpe; bei einer Kreiselpumpe darf man nur mit etwa 5 bis 6 m Saugehöhe rechnen. Will man
Wasser aus größerer Tiefe fördern, so muß man den Pumpenzylinder
oder die ganze Pumpe entsprechend tiefer in den Brunnen einbauen,
und zwar so tief, daß die Saugehöhe der Pumpe nicht überschritten wird.
Dabei ergeben sich verschiedene Erschwerungen und Beschränkungen,
die in folgendem erörtert sind.

Man unterscheidet deshalb je nach der Tiefenlage des abgesenkten
Wasserspiegels Flachbrunnen (Flachspiegelbrunnen), Tiefbrunnen
(Tiefspiegelbrunnen) und überlaufende Brunnen (Abb. 34). Es kann
nun jede der im vorigen Abschnitt erwähnten Rohrbrunnenausführungen
sich als Flachbrunnen, als Tiefbrunnen oder als überlaufender Brunnen
darstellen, je nachdem der Wasserspiegel des betreffenden Rohrbrunnens
sich in mehr oder weniger großer Tiefe unter Tage einstellt oder über
die Erdoberfläche emporsteigt, so daß das Wasser über Tage unter natürlichem Druck austritt.

1. Flachbrunnen.

Wenn der Wasserspiegel des Rohrbrunnens sich bei der Entnahme
der verlangten Wassermenge nur soweit unter Tage absenkt, daß eine
gewöhnliche Pumpe (Kolben- oder Kreiselpumpe) zur Wasserförderung

benutzt werden kann (also höchstens bis 8 m unter der Erdoberfläche),
hat man es mit einem Flachbrunnen (Abb. 34, Nr. 1) zu tun.

2. Tiefbrunnen.

Sinkt der Wasserspie-
gel bei der Entnahme
der gewünschten Wasser-
menge tiefer als in vor-
stehendem angegeben,
so bezeichnet man den
Brunnen als Tiefbrun-
nen (Abb. 34, Nr. 2). Zur
Wasserentnahme müssen
in diesem Falle beson-
dere Tiefbrunnenpumpen
verwendet werden. Sie
werden in den bekannten
Ausführungen als Tief-
brunnen-Kolbenpumpen
(Abb. 35), Tiefbrunnen-
Kreiselpumpen mit lot-
rechter Welle (Abb. 36),
Druckluftpumpen (Mam-
mutpumpen), (Abb. 37)
und in anderen[1]) Ausführungen gebaut. Es ist auch
nur in Ausnahmefällen
(siehe S. 46) möglich, das
Wasser von Tiefbrunnen

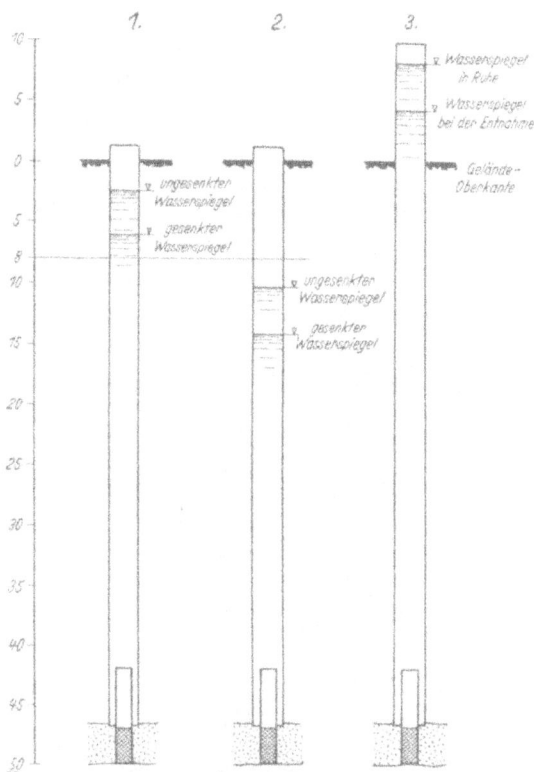

Abb. 34. 1. Flachbrunnen, 2. Tiefbrunnen, 3. Überlaufender
Brunnen.

durch Heberleitungen einem Sammelbrunnen zuzuführen, weil der Scheitel-
punkt einer Heberleitung höchstens 8 m über dem abgesenkten Spiegel
liegen darf (Abb. 38) und bei tiefen Spiegeln die Verlegungsarbeiten der
Heberleitungen unwirtschaftlich teuer oder unmöglich werden würden.

3. Überlaufende Brunnen[2]).

Bei diesem Brunnen tritt das Wasser unter dem natürlichen artesischen Druck über Tage aus (Abb. 34, Nr. 3). Es erübrigt sich hier in
der Regel die Aufstellung einer besonderen Pumpe.

---

[1]) Handpumpen siehe S. 124 u. f.

[2]) Es ist üblich, diese Brunnen als „artesische Brunnen" zu bezeichnen, obwohl
diese Bezeichnung hydrologisch nicht richtig ist. Denn der Begriff „artesisch gespanntes Wasser" besagt nicht, daß das Wasser über Tage austritt, sondern nur,
daß es unter Druck steht. Übrigens hat die Mehrzahl aller Rohrbrunnen in Deutschland
artesisch gespanntes und nur ein kleiner Teil überlaufendes Wasser. Rohrbrunnen
mit freiem Wasserspiegel sind seltener.

Es muß betont werden, daß bei diesen Unterscheidungen die Tiefe
des Brunnens keine Rolle spielt (wenn auch Tiefbrunnen und überlaufende

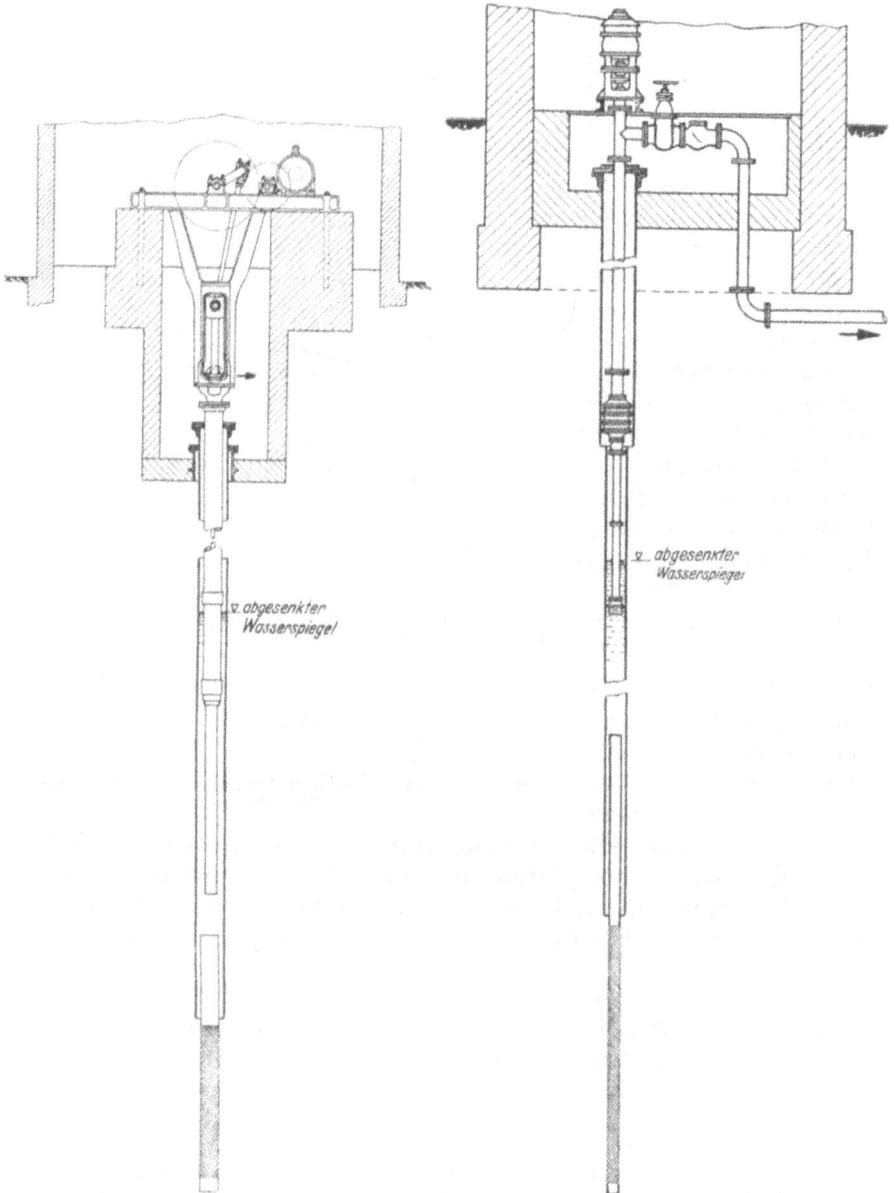

Abb. 35. Tiefbrunnen-Kolbenpumpe.   Abb. 36. Tiefbrunnen-Kreiselpumpe.

Brunnen vielfach eine größere Tiefe besitzen, als Flachbrunnen), sondern
lediglich die Tiefenlage des Wasserspiegels, und zwar, das sei nochmals

hervorgehoben, bei der Wasserentnahme, also im abgesenkten Zustande. Man wird z. B. einen Rohrbrunnen mit einem Wasserspiegel,
der sich in Ruhelage auf 4 m unter Tage einstellt, der sich aber weit
unter 8 m absenkt, sobald man dem Brunnen geringe Wassermengen
entnimmt, nur als Tiefbrunnen bezeichnen können. Auch der Fall ist

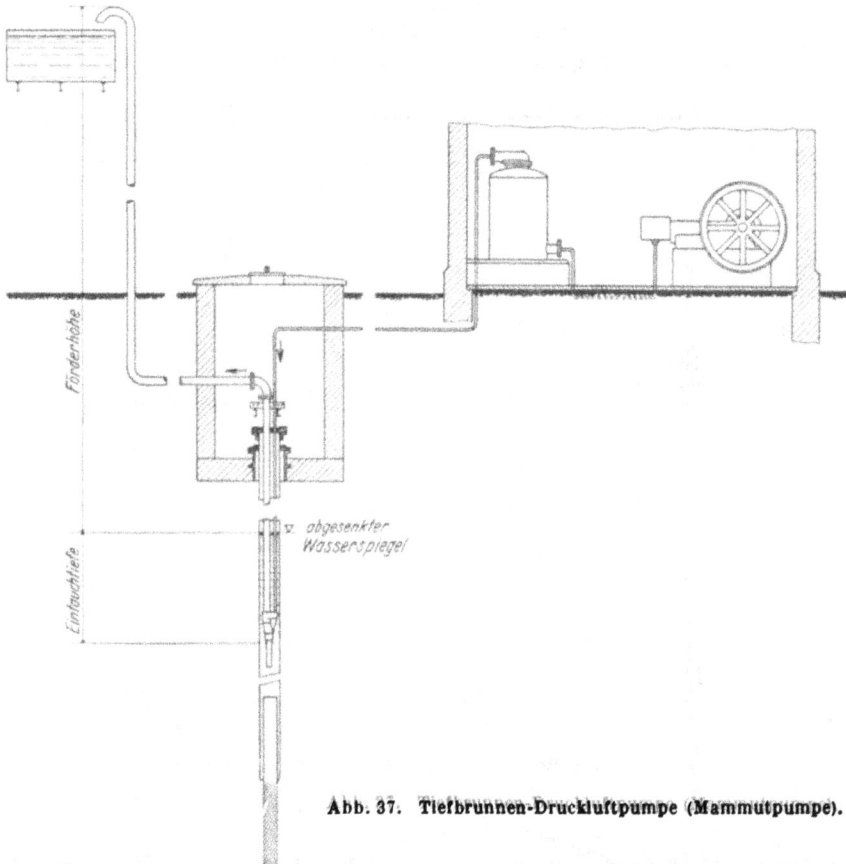

Abb. 37. Tiefbrunnen-Druckluftpumpe (Mammutpumpe).

nicht selten, daß sogar ein überlaufender Brunnen sich als Tiefbrunnen
charakterisiert, weil der Wasserstand bei geringer Wasserentnahme sich
entsprechend tief unter Tage absenkt. Eine gewisse Unsicherheit liegt
darin, daß die Bezeichnung eines Brunnens als Tiefbrunnen oder Flachbrunnen von der entnommenen Wassermenge abhängig ist. Ein Brunnen,
der z. B. bei einer Entnahme von 10 cbm/Std. ein Flachbrunnen ist, wird
bei einer Förderung von 20 cbm/Std. als Tiefbrunnen gelten müssen,
wenn sich sein Wasserspiegel bei der erhöhten Wasserentnahme tiefer
als 8 m unter Erdoberfläche senkt. Angesichts der großen praktischen
Bedeutung, die die erwähnten Unterscheidungen haben, wird man sich
mit dieser Unsicherheit abfinden müssen.

4. Die Bedeutung der Unterscheidung Flachbrunnen, Tiefbrunnen und überlaufende Brunnen.

Die Notwendigkeit und der Wert der Unterscheidung in Flachbrunnen, Tiefbrunnen und überlaufende Brunnen wird deutlich, wenn man sich folgendes vergegenwärtigt:

Ein Tiefbrunnen erfordert stets eine Pumpe in einer besonderen Ausführung, die Tiefbrunnenpumpe, und diese kann infolge ihrer Bauart

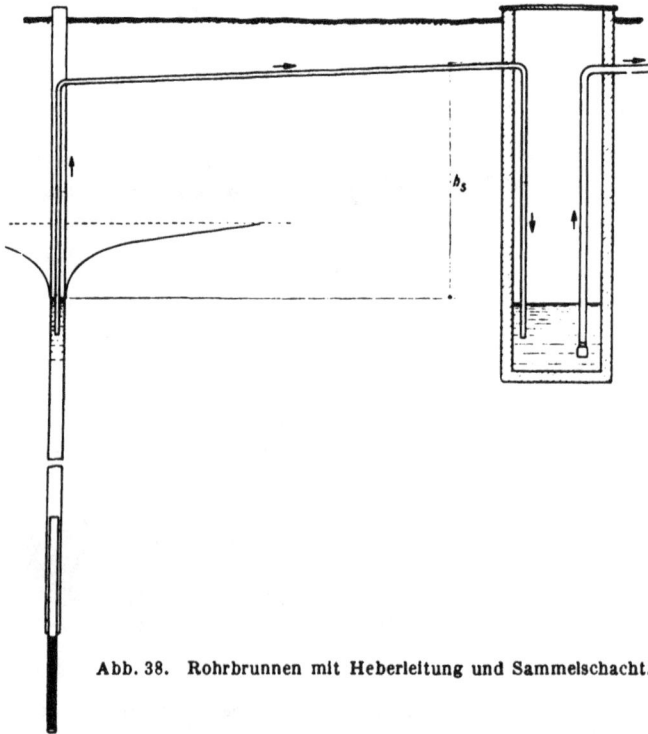

Abb. 38. Rohrbrunnen mit Heberleitung und Sammelschacht.

nur über und in dem Brunnen selbst Aufstellung finden. Außerdem ist für jeden Tiefbrunnen je eine besondere Tiefbrunnenpumpe erforderlich, für die ein besonderes Pumpenhäuschen gebaut werden muß. Die Rücksicht auf die Einbaumöglichkeit einer solchen Pumpe zwingt ferner dazu, den Durchmesser des Rohrbrunnens nach dem Maß des Außendurchmessers der im Brunnen unterzubringenden Pumpenteile zu bemessen. Es wird jetzt auch klar, daß ein Abessinier nur Flachbrunnen sein kann, da in ihm ein Tiefpumpenzylinder nicht unterzubringen ist, und daß Abessinier nur dort angelegt werden können, wo der Grundwasserspiegel nicht tiefer als 7 bis 8 m unter der Erdoberfläche liegt. Die Eigenschaft eines Brunnens als Tiefbrunnen erhöht also nicht unbeträchtlich die Anlagekosten, zumal Tiefbrunnenpumpen in der Regel höhere Anschaffungskosten erfordern, als gewöhnliche Pumpen. Eine Ausnahme bilden die Kreiselpumpen mit Tiefsaugevorrichtung (Abb. 39), die jedoch nur für kleine Leistungen (bis zu 3 cbm/Std. und bis 25 m Wasserspiegeltiefe) bestimmt sind und einen verhältnismäßig hohen Kraftbedarf haben.

Man ist bei der Feststellung einer größeren Absenkung des Wasser-

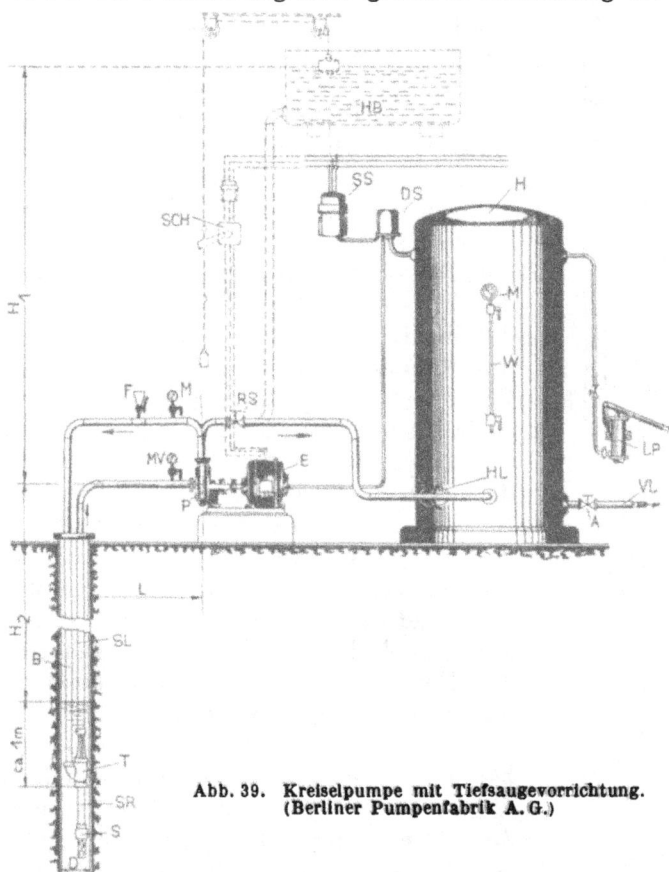

Abb. 39. Kreiselpumpe mit Tiefsaugevorrichtung.
(Berliner Pumpenfabrik A. G.)

spiegels zunächst geneigt, die begrenzte Saugehöhe der Pumpe dadurch wettzumachen, daß man die Pumpe in einen entsprechend tiefen Schacht setzt (Abb. 40). Abgesehen von den hohen Schachtkosten, leidet eine derartige Anordnung unter der Unzugänglichkeit und unzureichenden Bedienungsmöglichkeit der Pumpe. Auch dürfte diese häufig der Gefahr des Überflutetwerdens durch den ansteigenden Spiegel ausgesetzt sein. In jedem Falle ist eine solche Ausführung zu verwerfen, weil es besondere Pumpen, die erwähnten Tiefbrunnenpumpen in erprobten Ausführungen gibt, die von der Erdoberfläche aus bedient werden und leicht zugänglich sind.

Handelt es sich um Flachbrunnen, so kann eine einzige Pumpe die Wasserförderung aus einer ganzen Reihe von Rohrbrunnen, die durch eine gemeinsame Saugeleitung verbunden sind, übernehmen. Ferner ist es möglich, die Pumpe in bestimmten Grenzen beliebig weit vom Brunnen aufzustellen und bei dem Vorhandensein mehrerer Pumpen (z. B. von Reserve-pumpen), diese in einem gemeinsamen Pumpenhause unterzubringen.

Der überlaufende Brunnen erfordert in der Regel keine Pumpe. Es sind Fälle bekannt, wo über-laufende Rohrbrunnen ihr Wasser unter natürlichem Druck in genügender Menge bis zum Hochbehälter oder zu einer Reinigungsanlage emporwerfen.

Bei der Vergebung von Wasserversorgungsanlagen wird oft der Fehler gemacht, daß in Unkenntnis der hier geschilderten Zusammenhänge schon vor der Fertigstellung der Brunnen und der Anstellung des Pumpversuchs die Bauart und die Größe der Pumpen festgelegt, häufig auch die Pumpen gleich in Auftrag gegeben werden. Große Enttäuschung ist die Folge, wenn das Ergebnis des Pumpversuchs dazu nötigt, die bereits beschafften Pumpen zu ver-werfen. Wenn die Grundwasserverhältnisse nicht genau bekannt sind, so kann der Gang der Dinge nur der sein, daß zunächst der Brunnen fertigge-stellt und der Pumpversuch vorgenommen wird. Erst auf Grund der Ergebnisse des Pumpversuchs darf die Pumpe nach Bauart und Leistung bestimmt und in Auftrag gegeben werden.

Bei nicht zu großer Spiegelsenkung unter 8 m herunter sind Grenzfälle denkbar, wo die Tieferlegung des Maschinenflures im Pumpenhause die Verwen-dung gewöhnlicher Pumpen ermöglicht oder wo die Brunnen durch eine Heberleitung an einen Sammel-brunnen angeschlossen werden. In letzterem Falle sind für die Verlegung der Heberleitungen unter Umständen tiefere Ausschachtungsarbeiten zu leisten, und es ist zu prüfen, ob diese größere Aufwendungen erfordern, als die Beschaffung von Tiefbrunnen-pumpen.

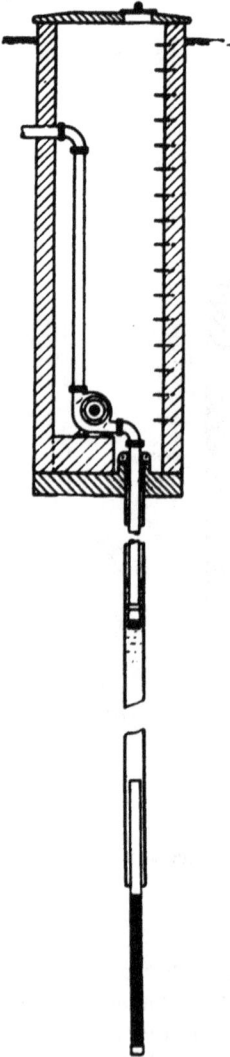

Abb. 40. Unzweck-mäßige Pumpenan-lage für einen Tief-brunnen.

VII. Die Bestimmung des Bohrpunktes von Rohrbrunnen.

Die Bestimmung des Bohrpunktes, d. h. derjenigen Stelle, an der die Brunnenbohrung anzusetzen ist, erfolgt bei der Anlegung einer größeren Anzahl von Rohrbrunnen für eine Zentralwasserversorgung oder auch für eine Grundwasserabsenkung naturgemäß in anderer Weise, als bei einem einzelnen Rohrbrunnen.

1. Die Bestimmung des Bohrpunktes bei Zentralwasserversorgungen.

Der Anlegung einer größeren Grundwassergewinnungsanlage geht eine genaue geologische und hydrologische Untersuchung des für die Zwecke der Wassergewinnung zur Verfügung stehenden Geländes voraus. Zweck dieser Untersuchung ist die Feststellung derjenigen Wassermenge, die im Dauerbetriebe aus dem Untergrunde gewonnen werden kann. Der Gang dieser als hydrologische Vorarbeiten bezeichneten Untersuchungsarbeiten ist in der Regel folgender.

Es werden zunächst auf dem ganzen Gelände in bestimmten Abständen Versuchsbohrungen abgeteuft, die ein Bild der Zusammensetzung der Bodenschichten geben und zugleich Bodenproben, insbesondere Proben der durchbohrten wasserführenden Sand- und Kiesschichten, liefern. Hat man auf diese Weise festgestellt, ob und in welcher Ausdehnung ausbauwürdige Grundwasserträger im Untergrunde vorhanden sind, so geben Messungen der Wasserspiegellagen in den einzelnen Versuchsbohrungen Kenntnis von dem Auftrieb des Grundwassers, von dem Gefälle und der Richtung des Grundwasserstromes, soweit Störungen im Schichtenaufbau, wie sie z. B. im Diluvium des norddeutschen Flachlandes häufig sind, derartige Feststellungen überhaupt gestatten. Man legt sodann einen Rohrbrunnen als Versuchsbrunnen an und macht einige in der Nähe befindliche Versuchsbohrungen, deren Bohrrohre man zweckmäßigerweise im Erdboden belassen hat, zu Beobachtungsbrunnen, indem man in diese einfache Filter, wie sie für Abessinierbrunnen in Gebrauch sind, als Beobachtungsfilter einsetzt.

Falls erforderlich, vervollständigt man das Netz der Versuchsbohrungen durch Herstellung weiterer Beobachtungsbrunnen in der unmittelbaren Nähe des Versuchsbrunnens und legt hierbei einige der Beobachtungsbohrlöcher auch in der Fließrichtung des Grundwasserstromes an. Nachdem man auf diese Weise den Grundwasserträger an einer größeren Anzahl von Stellen zu Beobachtungszwecken erschlossen hat, schreitet man zu den Pumpversuchen. Es werden an dem als Versuchsbrunnen

erbauten Rohrbrunnen längere Pumpversuche mit verschiedenen Förderleistungen angestellt. Durch die Messung der Tiefenlagen des Wasserspiegels im Brunnen und in den Beobachtungsbohrlöchern gewinnt man
Bilder der den einzelnen Pumpenleistungen entsprechenden Absenkungstrichter. Verschiedene in der Hydrologie [1 — 20] durchgebildete
Untersuchungsverfahren ermöglichen es sodann dem Hydrologen auf
Grund der Ergebnisse der Pumpversuche, die Wasserführung des Grundwasserträgers als Schlußfeststellung zu ermitteln.

Die Bohrpunkte für die einzelnen Rohrbrunnen, die später im Dauer-
betrieb die nötige Wassermenge liefern sollen, lassen sich dann leicht
bestimmen. Man legt vielfach Rohrbrunnen in einer Geraden senkrecht
zur Fließrichtung des Grundwasserstromes an (Abb. 41). Die Entnahmebreite (vgl. Abb. 9) des einzelnen Rohrbrunnens, die sich beim Betrieb
des Versuchsbrunnens ermitteln läßt, ist ein Maß für den Abstand der
Brunnen (s. Seite 13) voneinander. Wie Smreker [5] zeigt, ist es
jedoch keineswegs unbedingt erforderlich, daß die Brunnen senkrecht
zur Fließrichtung des Grundwasser-
stromes liegen. Es besteht auch
die Möglichkeit, sie in der Stromrichtung (Abb. 42) anzuordnen. Na-

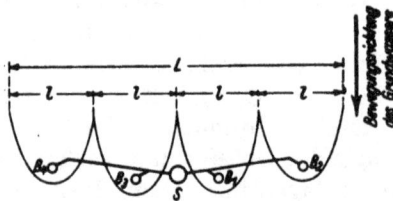

Abb. 41. Festlegung der Bohrpunkte senkrecht
zur Fließrichtung des Grundwasserstromes

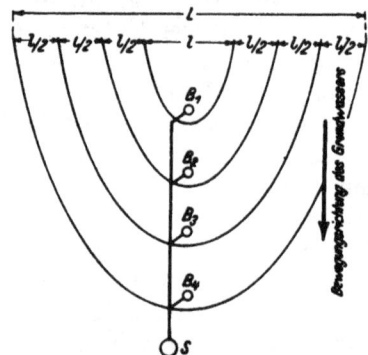

Abb. 42. Festlegung der Bohrpunkte in der
Fließrichtung des Grundwasserstromes

(Aus: Handb. d. Ingenieurwissenschaften, III. Teil, 3. Band, Smreker 1914.)

turgemäß ergeben sich zwischen diesen beiden Grenzfällen noch eine
größere Zahl von Zwischenlösungen. Welcher man im einzelnen Falle
den Vorzug gibt, wird von Fall zu Fall entschieden werden müssen.
Voraussetzung für die Bestimmung des richtigen Abstandes der Brunnen
voneinander ist die genaue Kenntnis der Form des Absenkungstrichters
und zugleich des Maßes der Entnahmebreite des in Frage kommenden
Grundwasserprofils.

2. Die Bestimmung des Bohrpunktes bei Grundwasserabsenkungen.

Auch bei der Anlegung von Grundwasserabsenkungen wird der für
die Gründung des Bauwerkes in Frage kommende Baugrund zunächst
durch Versuchsbohrungen erschlossen werden, so daß der Schichtenaufbau vollständig bekannt ist. Man wird auch hier auf genaue Messungen

der Wasserspiegellagen zu achten haben. Leider aber entschließt man sich nur in seltenen Fällen dazu, vor der Inbetriebnahme der Grundwassersenkung einen Pumpversuch anzustellen. Die Folge davon ist, daß man bezüglich der Anzahl und der Platzwahl der einzelnen Rohrbrunnen auf Schätzung angewiesen ist. Man darf nie vergessen, daß gerade die Schätzung von Grundwassermengen, die einem bestimmten Untergrund zu entnehmen sind, eine ungewöhnlich schwierige Aufgabe ist. Man sollte den sich daraus ergebenden Faktor der Unsicherheit wenigstens dadurch zu beseitigen suchen, daß man auf kürzere Zeit probeweise einen Teil der Anlage mit wenigen Brunnen in Betrieb nimmt. Man wird dabei die anderen Rohrbrunnen als Beobachtungsbrunnen benutzen und sich ein Bild von der Reichweite der Grundwassersenkung machen können. Die Bestimmung der Bohrpunkte für die Rohrbrunnen einer Grundwassersenkungsanlage erfolgt grundsätzlich in anderer Weise als bei einer Wasserversorgung. Während man bei dieser darauf sehen muß, daß die Entnahmebreiten des entwässerten Profils sich nicht überdecken (sonst würde eine gegenseitige Beeinflussung der Brunnen stattfinden), ist es bei der Grundwassersenkung gerade erwünscht, die Rohrbrunnen so dicht aneinander zu legen, daß die Entnahmebreiten und somit die Absenkungstrichter sich überschneiden, weil das Ziel einer Grundwassersenkung die Senkung des Wasserspiegels, und zwar nicht nur an einzelnen Punkten, sondern über eine größere Fläche hin ist. Die erhöhten Kosten, der beschränkte Arbeitsraum und unter Umständen die bauliche Ausgestaltung einzelner Teile des Bauwerkes verhindern die Wahl eines allzu engen Abstandes der Rohrbrunnen voneinander.

3. Die Bestimmung des Bohrpunktes bei Einzelwasserversorgungen und bei Einzelbrunnen.

Schwieriger ist die Bestimmung des Bohrpunktes für Rohrbrunnen einer Einzelwasserversorgung oder überhaupt für einen einzelnen Rohrbrunnen. Die Platzwahl in diesem Falle muß unter zwei Gesichtspunkten erfolgen:

Der Rohrbrunnen soll an der Stelle angelegt werden, die a) die größtmögliche Wasserergiebigkeit im Untergrunde erwarten läßt und b) in hygienischer, wirtschaftlicher, pumpen- und herstellungstechnischer Hinsicht günstig liegt.

a) Die Platzwahl mit Rücksicht auf größte Wasserergiebigkeit.

In der Regel wird bei der Abteufung eines einzelnen Brunnens das zur Verfügung stehende Gelände verhältnismäßig klein sein, und es werden sich ohne die Abteufung einer Versuchsbohrung, die bei einem Einzelbrunnen fast niemals in Frage kommt, schwer Feststellungen machen lassen, wo die größte Ergiebigkeit zu erwarten ist.

Die Oberflächengestaltung eines Geländes wird nur in seltenen Fällen einen Anhalt für die Aussichten der Grundwassererschließung geben können. Die Urstromtäler z. B. liefern Fingerzeige für die Gewinnung von Grundwasser. Ihre Uferränder (Flußterrassen) und Talsohlen führen bedeutende Kiesschichten mit großen Wassermengen.

Aussichtsreicher ist es, sich nach natürlichen oder künstlichen Grundwasseraufschlüssen umzusehen. Quellaustritte, sprindige Stellen weisen natürlich auf Grundwasservorkommen hin. Von Wichtigkeit ist die Nachforschung nach in der Nähe befindlichen Brunnen. Wenn man in der Lage ist, die Tiefen, die Wasserspiegellagen und Leistungen benachbarter Brunnen festzustellen, so hat man hiermit wichtige Hinweise für die Aussichten der Bohrung gefunden.

Die heute bekannten Verfahren zur Feststellung von Grundwasser, die Arbeit des Geologen, das Aufsuchen von Grundwasser mit der Wünschelrute und die neuen geophysikalischen Untersuchungsverfahren sind ausführlicher S. 167 behandelt, so daß an dieser Stelle darauf verwiesen werden kann.

Ältere und planmäßig arbeitende Brunnenbauunternehmen legen die bei jeder Brunnenbohrung festgestellten geologischen und hydrologischen Ergebnisse aktenmäßig fest. Am besten eignet sich hierzu das Bohrregister (Abb. 28). Sie gewinnen auf diese Weise im Laufe der Jahrzehnte für ihr oft umfangreiches Arbeitsgebiet eine Kenntnis der Untergrundbeschaffenheit, wie sie kaum sonst eine geologische Stelle besitzt. Aus diesem Grunde werden bei gut geleiteten Brunnenbauunternehmungen, die auf eine langjährige Erfahrung zurückblicken können, Fehlbohrungen immer zu den Seltenheiten gehören.

Im ganzen muß aber gesagt werden, daß die Bestimmung des Bohrpunktes bei einem Einzelbrunnen in unbekannten Bodenverhältnissen, soweit es sich um die Aufsuchung der Stelle der größten Ergiebigkeit handelt, auf unsicheren Grundlagen ruht.

Auf eine durch mißverständlichen Sprachgebrauch entstandene, viel verbreitete falsche Vorstellung sei aufmerksam gemacht. Wenn es sich um die Aufsuchung von Grundwasser handelt, so heißt es vielfach, man habe eine „Wasserader" gefunden. Dieser Ausdruck ist fast immer unrichtig. Wasseradern gibt es nur in verschwindend geringen Fällen. Als solche kann man in bestimmten Gesteinen eingesprengte schlauchähnliche Hohlräume, die mit Wasser gefüllt sind, bezeichnen. Fast immer ist das Wasser in durchlässigen Sand- oder Kiesschichten oder in klüftigen Gesteinschichten enthalten. Diese Schichten besitzen auch quer zur Fließrichtung des Grundwasserstromes eine oft nicht unbeträchtliche Breitenerstreckung, so daß der Ausdruck „Wasserader" nicht zutreffend ist. Er erweckt überdies den falschen Eindruck, als ob im Untergrunde das Grundwasser nur an einer schmalen Stelle, gewissermaßen auf einer Linie vorhanden sei. Man sollte deshalb den Ausdruck „Wasserader" über-

haupt meiden und von einer wasserführenden Schicht oder einem Grundwasserträger sprechen.

b) Weitere Gesichtspunkte für die Platzwahl von Einzelbrunnen.

Wie bereits erwähnt, beeinflussen eine Reihe anderer Rücksichten
außerdem die Platzwahl beim Bau eines Einzelbrunnens.

Als selbstverständlich muß die hygienische Forderung gelten, daß
man einen Brunnen nicht in der Nähe von Schmutzstätten (Aborten,
Dunghaufen, Ställen usw.) anlegen soll. Ein Rohrbrunnen läßt sich zwar,
wie mehrfach dargelegt, besser als ein Kesselbrunnen gegen Verunrei-
gungen schützen. Dennoch wird es, wenn der Brunnen in der Nähe einer
Schmutzstätte liegt, nicht zu verhindern sein, daß durch das Schuhwerk
der dort arbeitenden Personen Schmutzstoffe auf die Brunnenabdeckung
gelangen, die beim Zusammentreffen verschiedener unglücklicher Zu-
fälle auch in das Innere des Brunnens geraten können.

Bei der Bestimmung des Bohrpunktes ist ferner zu beachten, ob gewerbliche Abwässer auch von Nachbargrundstücken im Untergrunde
versickern und eine Schädigung der wasserführenden Schicht durch diese
zu befürchten ist.

Des Zusammenhanges wegen erwähnt sei die Forderung, daß der Rohrbrunnen in wirtschaftlicher Hinsicht an günstiger Stelle liegen muß.
Die Lage des Rohrbrunnens darf keine unnötig langen Leitungen, keine
unnütze Förderhöhe bedingen und auch sonst keine Mehraufwendungen
gegenüber günstiger gelegenen Stellen verursachen.

In pumpentechnischer Hinsicht ist folgendes zu beachten: Im Abschnitt VI ist der Begriff Tiefbrunnen erläutert und ausgeführt worden,
daß die Pumpe eines Tiefbrunnens stets über dem Brunnen selbst Aufstellung finden müsse. Die Erfahrung zeigt, daß man gut daran tut,
bei der Anlegung eines Einzelbrunnens von vornherein die Möglichkeit,
daß der Rohrbrunnen ein Tiefbrunnen wird, in Betracht zu ziehen und
daraus bezüglich des Aufstellungsortes der Pumpe die notwendigen Folgerungen zu ziehen. Ein Beispiel möge dieses erläutern:

Im Kriege wurden für Infanteriewerke einer Festung Rohrbrunnen
abgeteuft. Entgegen dem Rat des Brunnenbauunternehmers wurden die
Rohrbrunnen in einiger Entfernung, etwa 30 m von den in massivem
Beton errichteten Werken angelegt, indem man meinte, daß die Lage
des Bohrpunktes keine Rolle spiele und man durch Pumpen, die in den
Infanteriewerken Aufstellung finden könnten, das Wasser ansaugen
könne. Der Zufall wollte es, daß einige der Rohrbrunnen einen sehr tief
liegenden Wasserspiegel hatten, so daß sie mit Tiefbrunnenpumpen, die
vollkommen ungeschützt waren, versehen werden mußten. Man mußte
nun mit erheblichen Kosten zum Schutz dieser Tiefbrunnenpumpen
besondere Betonwerke darüber errichten. Es entstanden somit vermehrte
Ausgaben für Bauarbeiten und eine Erschwerung der Bedienung der

Pumpen, die man hätte vermeiden können, wenn man die Rohrbrunnen dicht an den Werken angelegt hätte.

Vielfach ist man gezwungen, bei der Bestimmung des Bohrpunktes auf den Antrieb der späteren Pumpe Rücksicht zu nehmen. Dieses gilt vor allem dann, wenn die Pumpe von einer vorhandenen Transmission betrieben werden soll und wenn die Pumpe über dem Brunnen selbst Platz finden muß.

Schließlich wird man bei der Wahl des Bohrpunktes Rücksicht auf rasche Herstellungsmöglichkeit des Rohrbrunnens zu nehmen haben.

Man wird den Rohrbrunnen nicht in bedeckten Räumen, in Kellern, in Fabrikgebäuden anlegen lassen, sondern stets außerhalb der Baulichkeiten. Das Maß des Arbeitsfortschrittes ist davon abhängig, daß man mit einem möglichst hohen Bohrgerüst und mit einem ausreichend langen Bohrgestänge arbeiten kann. Man wird im allgemeinen eine Höhe von mindestens 10 m über Erdoberfläche für die Anlegung eines Rohrbrunnens gebrauchen. Zu beachten ist, daß der Rohrbrunnen nach seiner Fertigstellung von oben her stets zugänglich sein muß, damit man in der Lage ist erforderlichenfalls den Filter herauszuziehen. Wenn man, wie z. B. bei einer Tiefbrunnenpumpe, gezwungen ist, über dem Brunnen ein kleines Pumpenhaus zu errichten, so wird man, falls man nicht das Dach dieses Pumpenhäuschens bei Instandsetzungsarbeiten des Brunnens in einfacher Weise abheben kann, im Dach eine abnehmbare Luke anordnen, durch die man Gestänge und Rohre hindurchführen kann. Man stellt dann das Bohrgerüst (den Dreibock) über das Pumpenhäuschen.

Es ist ferner wichtig, den Brunnen nicht allzu dicht an einem Gebäude anzulegen. Zur glatten Durchführung der Bohrarbeiten ist ein gewisser Platz erforderlich. Z. B. müssen die Bohrrohre mit Hebebäumen gedreht und bewegt werden können. Der geringste Abstand eines Rohrbrunnens von einer Gebäudewand soll im allgemeinen drei Meter nicht unterschreiten. Ist man gezwungen, näher heranzugehen, so muß man damit rechnen, daß die Bohrarbeiten wesentlich langsamer von statten gehen und daß bei Vereinbarung fester Meterpreise höhere Sätze verlangt werden. Wenn man in der Nähe eines Gebäudes einen Rohrbrunnen anlegen läßt, so muß man ferner sich darüber klar sein, daß man dem ausführenden Brunnenbauer durch diese Art der Festlegung des Bohrpunktes ein sehr wichtiges Hilfsmittel der Tiefbohrtechnik, die Sprengung von Hindernissen mit Sprengstoff, überhaupt nimmt, da Sprengungen in unmittelbarer Nähe von Baulichkeiten nicht ausgeführt werden dürfen. Eine wichtige Rolle spielt die Sprengung bekanntlich in den geschiebeführenden Schichten des norddeutschen Flachlandes.

VIII. Die Hauptabmessungen des Rohrbrunnens.

Die Hauptabmessungen des Rohrbrunnens sind der Durchmesser des Brunnens und des Filters, die Filterlänge und die Brunnentiefe.

1. Der Brunnendurchmesser und der Filterdurchmesser.

Der Brunnendurchmesser ist gewöhnlich der Durchmesser des Mantelrohres (Bohrrohres), in das der Filter eingesetzt ist, der sogenannten Endverrohrung. Mantelrohr-, Bohrrohr- und Brunnendurchmesser fallen also hierbei zusammen (Abb. 30, Nr. 2 und 8). Der Filter- und Aufsatzrohrdurchmesser ist kleiner als der Brunnendurchmesser.

In den Fällen, wo das Aufsatzrohr des Filters bis zutage reicht, und das Bohrrohr nach dem Einsetzen des Filters ganz herausgezogen ist, bildet das Aufsatzrohr die Wandung des Rohrbrunnens, und es haben hierbei Aufsatzrohr-, Filter-, Brunnen- und Mantelrohrdurchmesser dieselbe Größe (Abb. 30, Nr. 4 und 7). Der Bohrrohrdurchmesser ist also größer, als der Brunnendurchmesser.

Die Begrenzung des Rohrbrunnendurchmessers nach unten hin ist durch bohrtechnische Gesichtspunkte bestimmt. Er ist nicht kleiner als etwa 100 mm zu wählen. Der einzubauende Filter würde dabei etwa 80 mm Durchmesser besitzen. Bei einem Bohrdurchmesser von 100 mm ist man nämlich noch in der Lage, mit einigermaßen großen Bohrern zu arbeiten und es können bei dieser Weite auch noch kleinere Steinhindernisse durch Heraufholen mit dem Bohrgerät beseitigt werden. Mit kleinerem Bohrdurchmesser im Rohrbrunnenbau zu arbeiten, ist unwirtschaftlich.

Eine Begrenzung des Durchmessers des Rohrbrunnens nach oben hin ist in gewissem Maße durch hydrologische Erwägungen gegeben. Es sei in diesem Zusammenhange an folgendes erinnert:

In dem hydrologischen Abschnitt (siehe S. 15) wurde der Einfluß des Brunnendurchmessers auf die Ergiebigkeit erörtert und festgestellt, daß diesem nicht die Bedeutung zukommt, die man zunächst anzunehmen geneigt ist. Zur Erläuterung sei angenommen, daß unter sonst gleichen Verhältnissen mehrere Brunnen abgeteuft seien, von denen der eine stets einen größeren Durchmesser habe, als der vorhergehende. Es werden dann die Leistungen der Brunnen keineswegs in demselben Verhältnis zunehmen, wie die Durchmesser vergrößert sind, sondern die Zunahme wird zuerst allmählich und dann stärker zurückbleiben. Andererseits wachsen mit größer werdendem Durchmesser die Herstellungskosten eines Rohrbrunnens (Abb. 153) stärker, als im geradlinigen Verhältnis. Man kann daher von einem wirtschaftlich günstigsten Brunnendurchmesser sprechen, der bei geringsten Herstellungskosten die größte Ergiebigkeit besitzt. Der wirtschaftlich günstigste Durchmesser ist im einzelnen Falle natürlich keine absolute Größe, sondern hängt ab von der Bohrtiefe des ganzen Brunnens, von der Beschaffenheit der zu durchteufenden Schichten, von der Feinkörnigkeit des Grundwasserträgers, von der Filterbauart und den Kosten des Rohrmaterials. Im Mittel dürfte er etwa 250 bis 300 mm betragen.

Zu beachten ist dabei, daß, wenn in hydrologischem Sinne vom Brunnendurchmesser die Rede ist, darunter im Brunnenbau stets der Filterrohrdurchmesser zu verstehen ist. Der sehr erhebliche Unterschied wird insbesondere bei der Betrachtung eines Rohrbrunnens mit Kiesfilter (Abb. 59) deutlich, bei dem der Brunnendurchmesser denjenigen des Filterrohres um ein bedeutendes Maß übersteigt.

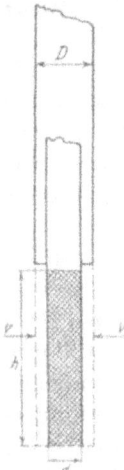

Für die Wahl des Filterdurchmessers ist die Eintrittsgeschwindigkeit, mit der das Wasser aus dem Grundwasserträger in den Filter hineinfließt, maßgebend. Es leuchtet ein, daß diese Geschwindigkeit in feinsandigen Schichten geringer sein muß, weil andernfalls die feinen Sande mit in den Filter hineingerissen werden würden. Für die Abhängigkeit der Filter-Eintrittsgeschwindigkeit von der Korngröße des Sandes gibt Groß [63] Werte an, die eine gute Grundlage für die Festlegung des Filterdurchmessers ergeben.

Wenn die geforderte Leistung des Brunnens mit Q, die Eintrittsgeschwindigkeit mit v, der Filterdurchmesser mit d und die Filterlänge mit h bezeichnet wird, so ergeben sich folgende Beziehungen (Abb. 43)

$$d \cdot \pi \cdot h \cdot v = Q \quad \text{und} \quad d = \frac{Q}{\pi \cdot h \cdot v}.$$

Abb. 43.
Filterdurchmesser und Eintrittsgeschwindigkeit.

Groß gibt v für drei Korngrößen an. Besitzen 60 v.H. des Sandes eine Korngröße über 1 mm, so darf v nicht größer als 0,002 m/Sek. sein. Besitzen 40 v. H. des Sandes eine Korngröße unter 0,5 mm, so soll v höchstens 0,001 m/Sek. sein und bei Sandteilchen unter 0,25 mm Durchmesser nur 0,0005 m/Sek.

Es ergeben sich für den Filterdurchmesser d folgende Werte:

Korngröße	Einheitsgeschwindigkeit v	Filterdurchmesser d
sind 40 v.H. kleiner als 1 mm	0,002 m/Sek.	$d = \dfrac{Q}{0,006 \cdot h}$
„　40 v.H.　„　„ 0,5 mm	0,001 m/Sek.	$d = \dfrac{Q}{0,003 \cdot h}$
„　40 v.H.　„　„ 0,25 mm	0,0005 m/Sek.	$d = \dfrac{Q}{0,0015 \cdot h}$

Die Korngröße des erbohrten wasserführenden Sandes wird durch Siebungen (siehe S. 81) bestimmt. Es sei in diesem Zusammenhange daran erinnert, daß bei Kiesfiltern der Filterdurchmesser d die Größe des Bohrdurchmessers D besitzt und daß mit Rücksicht auf die Unterbringung genügend mächtiger Kiesschüttungen der Bohrdurchmesser hier wesentlich größer sein muß, als beim Gewebefilter, bei dem der Filterdurchmesser d stets kleiner als der Bohrdurchmesser D ist.

In vielen Fällen wird der Brunnendurchmesser durch die Rücksicht auf die Einbaumöglichkeit einer Pumpe von einer gewissen Leistung bestimmt. Bei Tiefbrunnenpumpen müssen z. B. Teile dieser Pumpen (Steigerohre, Zylinder, Saugerohre der Tiefbrunnenkolbenpumpen) oder

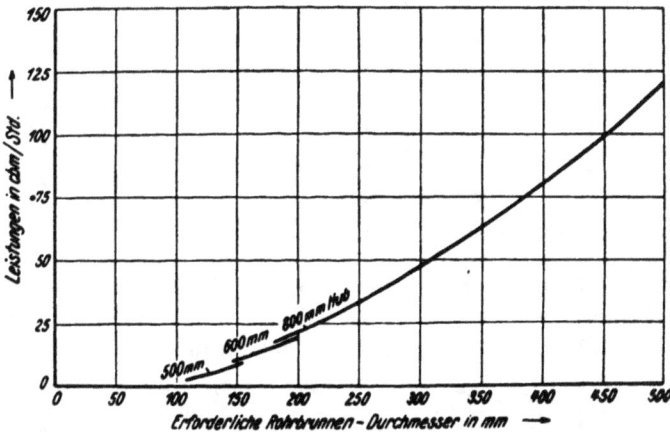

Abb. 44. Leistungen und Rohrbrunnendurchmesser für Tiefbrunnen-Kolbenpumpen.

die ganze Pumpe (Tiefbrunnenkreiselpumpen) oft auch mit dem Antriebmotor (Tauchmotorpumpen) in den Rohrbrunnen in der Tiefenlage des Wasserspiegels eingebaut werden. Falls die Verwendung derartiger Pumpen erforderlich ist oder erforderlich werden kann, ist hierauf bei der Bemessung des Mantelrohrdurchmessers Rücksicht zu nehmen. Zu beachten ist dabei, daß die lichte Weite des Rohrbrunnens an den Verbindungsstellen (Gewinden) des Mantelrohres oft nicht unerheblich geringer ist, als im glatten Rohr. Bei der Bestimmung der lichten Rohrbrunnenweite ist zu dem Außendurchmesser der Pumpenteile ein gewisser Sicherheitszuschlag zu machen mit Rücksicht darauf, daß es schwierig ist, Bohrungen im Untergrund, also auch Rohrbrunnen, genau lotrecht (siehe S. 179) niederzubringen.

Die Schaulinien der Abb. 44 und 45 zeigen Leistungen und zugehörige Rohrbrunnendurchmesser bei Tiefbrunnen-Kolbenpumpen und Mammutpumpen. Man ersieht daraus, daß Mammutpumpen für größere Leistungen kleinere Rohrbrunnendurchmesser erfordern, als Tiefbrunnen-Kolbenpumpen. Demgegenüber besitzen die Mammutpumpen jedoch einen un-

günstigen Wirkungsgrad, der sich in stark erhöhten laufenden Betriebs-
kosten ausdrückt.

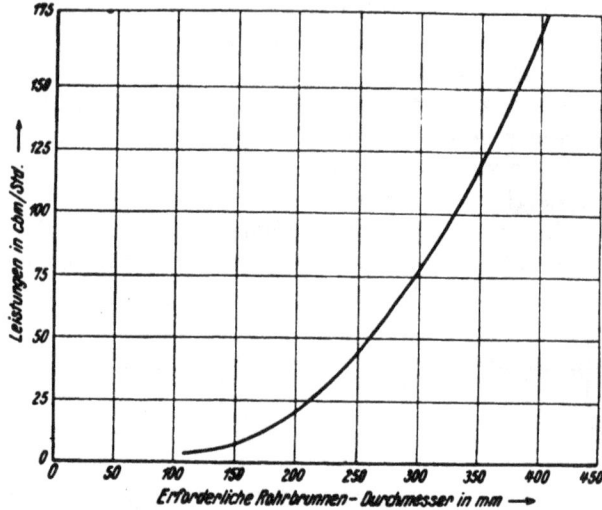

Abb. 45. Leistungen und Rohrbrunnendurchmesser für Mammutpumpen.

Bei den Tiefbrunnen-Kreiselpumpen, wie überhaupt bei allen Kreiselpumpen, stehen Leistung und Förderhöhe in einem bestimmten Verhältnis. Es läßt sich daher nicht eine Schaulinie nach Art der Abb. 44

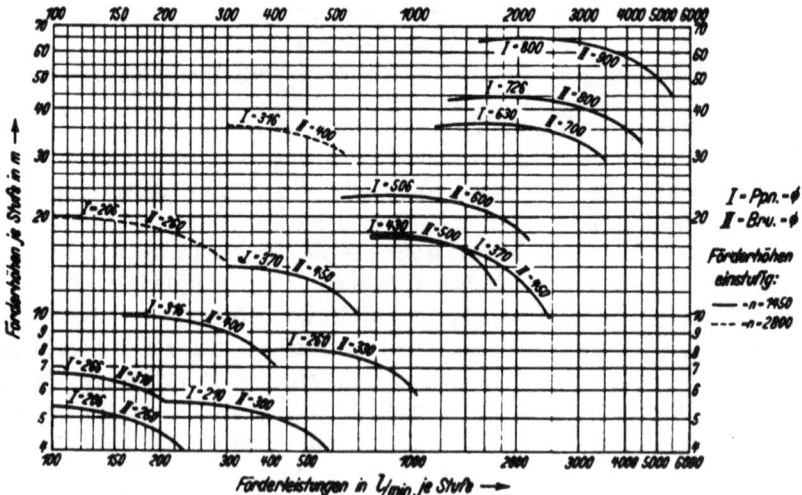

Abb. 46. Leistungen, Förderhöhen und Rohrbrunnendurchmesser für Tiefbrunnen-Kreiselpumpen.

und 45 für diese Pumpengattung zeichnen. Will man hier die Abhängigkeit des Rohrbrunnendurchmessers von der Leistung der Pumpe graphisch veranschaulichen, so erhält man nach Abb. 46 eine Reihe ein-

zelner Schaulinien für jede Pumpengröße. Die Rohrbrunnendurchmesser
sind an die Kurven herangeschrieben. Die in Klammern gesetzten
Zahlen bezeichnen die größten Pumpendurchmesser. Zu beachten ist,
daß die zugehörige Förderhöhe für eine Stufe gilt, so daß z. B. für die
dreifache Förderhöhe eine dreistufige Pumpe gewählt werden muß.
Um die Schaulinie in übersichtlicher Form zu erhalten, ist als Maßstab
für Leistung und Förderhöhe der logarithmische gewählt worden.

Schließlich kann auch die Unterbringung mehrerer Saugerohre oder
besonderer Wasserspiegelmeßvorrichtungen auf die Größe des Rohrbrunnendurchmessers bestimmend sein.

2. Die Filterlänge.

Die Filterlänge eines Rohrbrunnens ist zunächst abhängig von der
Mächtigkeit der wasserführenden Schicht. Diese ist das Höchstmaß
der Filterlänge. Über diese hinaus in undurchlässige Schichten Filter
einzubauen, ist zwecklos, in den meisten Fällen sogar schädlich. Namentlich bei der Anlegung von Brunnenreihen für Grundwassersenkungen
besteht oft die Neigung, auch undurchlässige Schichten mit Filtern zu
versehen. Es braucht demgegenüber nicht betont zu werden, daß man
mit Hilfe von Brunnenfiltern nur wasserführenden Schichten Wasser
entnehmen kann. Bei der Frage, ob es nötig ist, die ganze wasserführende
Schicht mit Filter zu versehen, sei verwiesen auf die Ausführungen des
hydrologischen Abschnittes (s. S. 14 u. 15), nach denen gerade die Mächtigkeit des Grundwasserträgers von sehr erheblichem Einfluß auf die Ergiebigkeit des Rohrbrunnens ist. Es empfiehlt sich daher immer, die
wasserführende Schicht in ihrer ganzen Mächtigkeit mit Filtern auszubauen, um die von der Natur dargebotenen Möglichkeiten in vollem
Umfange auszunutzen. Leider wird gegen diesen Grundsatz aus un-
angebrachter Sparsamkeit oft gefehlt. Aus den Ausführungen S. 71 u. f.
leuchtet überdies ein, daß der Filtereintrittswiderstand bei einer größeren
Filterlänge, also bei einer größeren Filtereintrittsfläche, niedriger ist,
als bei einem kürzeren Filter. Und auch aus diesem Grunde ist im Hin-
blick auf die Lebensdauer des Brunnens eine größere Filterlänge von
Vorteil. Nur wenn Teile der wasserführenden Schicht tonig, unsauber
oder sehr feinsandig sind, ist es gerechtfertigt, diese von der Wasserentnahme auszuschließen. Man wählt die Filterlängen durchschnittlich
zu etwa 3 bis 10 m. Doch sind auch Filterlängen von 15 m und darüber
keine Seltenheit.

3. Die Brunnentiefe.

Während Brunnendurchmesser, Filterdurchmesser und Filterlänge
gewählt werden können, kann die Brunnentiefe nicht willkürlich bestimmt
werden. Sie ist gegeben durch die Tiefe, in der sich der Grundwasserträger unter Tage befindet. Ist keine Probebohrung abgeteuft, sind die

Untergrundverhältnisse unbekannt oder auch sonst keine Anhaltspunkte vorhanden, so ist für Entwurfszwecke die Festlegung der Brunnentiefe im voraus naturgemäß nicht möglich[1]). Trifft man in unbekannten
Bodenverhältnissen auf eine wasserführende Schicht, so ist die Entscheidung, ob diese sich zur Wasserentnahme eignet oder ob tiefer gebohrt
werden soll, nicht immer leicht. Feinsandige, tonige oder unsaubere
Schichten sollte man nach Möglichkeit von der Wassergewinnung ausschließen. Kennzeichen für große Ergiebigkeit sind bedeutende Mächtigkeit der Schicht, grobes Korn des Sandes und hohe Wasserspiegellage.
Es wäre aber z. B. verfehlt, von einem sehr hohen artesischen Druck

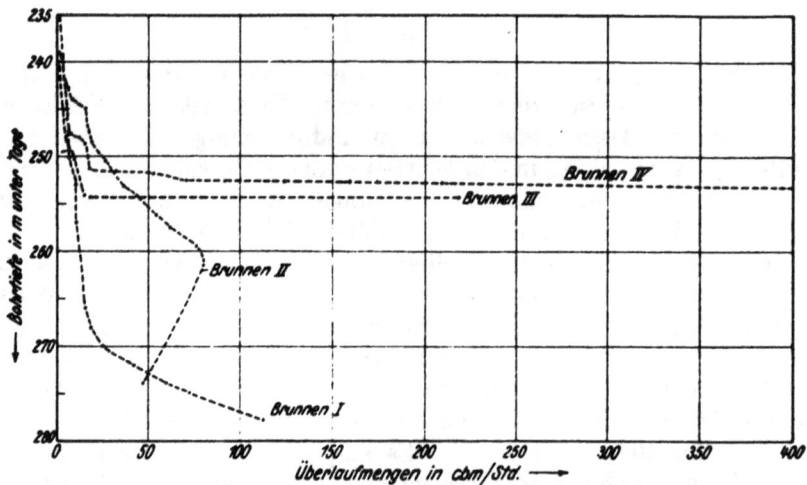

Abb. 47. Überlaufmengen der Rohrbrunnen des Memeler Wasserwerks während der Abteufung.

allein auf eine hohe Ergiebigkeit schließen zu wollen. Unbedingte Ge-
wißheit über die Ausbauwürdigkeit einer wasserführenden Schicht gibt
nur der Pumpversuch. Im allgemeinen hat die Erfahrung gezeigt, daß
wasserführende Schichten mit geringer Mächtigkeit (etwa weniger als
3 m) sich nur selten zur Ausnutzung eignen.

Eine besondere Schwierigkeit bei der Herstellung artesischer Brunnenbohrungen liegt darin, mit der Bohrung in der richtigen Tiefe aufzuhören.
In der Regel stellt sich der Wasserüberlauf zunächst in geringer Menge
ein und nimmt während der Abteufung mit der Tiefe allmählich zu.
Überbohrt man die artesisches Wasser führenden Schichten, so kann
das Wasser sich in andere Schichten verlieren und die Überlaufmenge
stark zurückgehen. Die Abb. 47 zeigt die Überlaufmengen der Brunnen
I bis IV des Memeler Wasserwerks während der Abteufung. Man ersieht
daraus, daß am Brunnen II der Überlauf nach Erreichen einer höchsten

---

[1]) Über die Möglichkeit, Grundwasservorkommen festzustellen, siehe S. 167.

Menge erheblich zurückging, weil die Bohrung zu tief heruntergeführt wurde.

Bei der Verwendung einer Druckluftpumpe (Mammutpumpe) zur Wasserförderung kann der Fall eintreten, daß die sich aus den natürlichen Untergrundverhältnissen ergebende Brunnentiefe für die Unterbringung der Pumpe nicht ausreicht. Das Steigerohr, Luftrohr und das Fußstück dieser Pumpe müssen nämlich so tief unter den abgesenkten Wasserspiegel eintauchen, daß die Eintauchtiefe etwa das ein- bis anderthalbfache der Förderhöhe (Abb. 37) beträgt. Unter Umständen wird also die Brunnentiefe diesen Verhältnissen angepaßt werden müssen.

Bei wenig ergiebigen wasserführenden Schichten und beim Vorhandensein von Grundwasserstockwerken liegt es nahe, mehrere Schichten gleichzeitig zur Wasserentnahme in einem Rohrbrunnen zu benutzen. Die Ausführungsmöglichkeit dieses Gedankens ist bereits S. 38 erörtert worden.

IX. Die Ausbildung der Einzelteile des Rohrbrunnens.

Wenn nunmehr die Ausbildung der Einzelteile des Rohrbrunnens, der Rohre, des Filters und des Brunnenkopfes erörtert werden soll, so sei daran erinnert, daß ein sehr wichtiger und wesentlicher Teil des Rohrbrunnens das ihn unmittelbar umgebende Erdreich und insbesondere die wasserführende Schicht ist, auf deren Ausbildung der Brunnenbauer keinen Einfluß hat und die er nur so benutzen kann, wie die Natur sie ihm bietet.

1. Die Rohre.

Die Rohre des Rohrbrunnens sind das Mantelrohr, das Filteraufsatzrohr und das Ablagerungsrohr. Nicht zur Wassergewinnungsanlage gehören das Saugerohr, die Heberleitung und das Steigerohr. Diese Rohre sind Teile der Wasserförderungsanlage (Pumpe) und bleiben daher hier außer Betrachtung. Es gibt allerdings Rohrbrunnenausführungen, die bereits das Saugerohr, soweit es im Rohrbrunnen selbst untergebracht ist, vorsehen (z. B. die Thiembrunnen).

a) Das Mantelrohr.

Das Mantelrohr, Schutzrohr oder Futterrohr ist die Wandung des Rohrbrunnens. In der Mehrzahl der Fälle ist das Mantelrohr zugleich das Bohrrohr (auch Bohrschale genannt), mit dem der Rohrbrunnen gebohrt wird.

α) Das Mantelrohr als Bohrrohr.

Wird das Mantelrohr zugleich als Bohrrohr benutzt, so muß es die ziemlich erheblichen Beanspruchungen auf Zug, auf Druck und auf Torsion, die beim Bohren des Rohrbrunnens insbesondere bei der Bewegung der Rohre auftreten, aufnehmen können. Aus diesem Grunde kommt für das Mantelrohr als Bohrrohr nur schmiedeeisernes Rohr in Frage.

1. Man verwendet als Bohrrohr die unter der Handelsbezeichnung Siederohre bekannten patentgeschweißten oder nahtlosen Rohre, deren Größen nach dem äußeren Durchmesser in englischen Zoll (sie wurden zuerst in England hergestellt) oder in Millimetern angegeben werden. Da die Siederohre gewalzte Rohre sind, liegen die äußeren Durchmesser fest. Eine Verstärkung der Rohrwand verringert daher die lichte Weite. Die üblichen Rohrlängen dieser Rohre betragen 4 bis 6 m. Im übrigen sei auf die Siederohrtafel auf der folgenden Seite verwiesen.

		1	2	3	4	5
Äuß. Durchm.	mm	76	83	89	95	102
	engl. Zoll	3	3¼	3½	3¾	4
Wandstärke	mm	3	3¼	3¼	3¼	3¾
Gewicht je m	kg	5,35	6,35	6,78	7,30	9,01
Äuß. Durchm.	mm	108	114	121	127	133
	engl. Zoll	4¼	4½	4¾	5	5¼
Wandstärke	mm	3¾	3¾	4	4	4
Gewicht je m	kg	9,56	10,10	11,46	12,03	12,65
Äuß. Durchm.	mm	140	146	152	159	165
	engl. Zoll	5½	5¾	6	6¼	6½
Wandstärke	mm	4½	4½	4½	4½	4½
Gewicht je m	kg	14,90	15,56	16,22	17,—	17,65
Äuß. Durchm.	mm	171	178	191	203	216
	engl. Zoll	6¾	7	7½	8	8½
Wandstärke	mm	4½	4½	5½	5½	6½
Gewicht je m	kg	18,31	19,08	24,93	26,60	33,20
Äuß. Durchm.	mm	229	241	254	267	279
	engl. Zoll	9	9½	10	10½	11
Wandstärke	mm	6½	6½	6½	7	7½
Gewicht je m	kg	35,30	37,20	39,50	44,50	49,60
Äuß. Durchm.	mm	292	305	318	330	343
	engl. Zoll	11½	12	12½	13	13½
Wandstärke	mm	7½	7½	8	8	8
Gewicht je m	kg	52,10	54,70	60,50	63,10	65,70
Äuß. Durchm.	mm	355	368	381	406	
	engl. Zoll	14	14½	15	16	
Wandstärke	mm	8	8	8	8	
Gewicht je m	kg	68,—	70,60	73,10	78,—	

Siederohre (Bohrrohre).

Es werden nicht sämtliche Durchmesser der Siederohrtafel wahllos beim Brunnenbau benutzt, sondern lediglich eine kleinere Anzahl, deren Auswahl nach bestimmten Gesichtspunkten wirtschaftlicher Art erfolgt. Der sehr erhebliche Geldaufwand für die Beschaffung der Rohre zwingt den Brunnenbau-Unternehmer, mit einer möglichst geringen Zahl von Durchmessern auszukommen. In der Regel muß er für eine

Brunnenbohrung außer den Bohrrohren, die als Mantelrohre im Erdreich verbleiben, noch eine Anzahl Bohrrohre verschiedener Durchmesser vorhalten, die zum Vorbohren als Arbeitsrohrfahrten für die
Verrohrung des Bohrloches dienen. Die Durchmesser der Siederohre
werden so ausgewählt, daß sie bei der Verrohrung nach Art eines Fern-
rohres ineinandergesetzt werden können. Nach diesen Durchmessern bestimmen sich zugleich die Hauptabmessungen der Bohrwerkzeuge. Auch
Mantelrohr- und Filterrohrdurchmesser für die einfachen Gewebefilter
sind hierdurch festgelegt. Fast jedes Brunnenbauunternehmen besitzt eine
eigene Durchmesserreihe[1]) für Bohrrohre. Eine derartige vielgebrauchte
Durchmesserreihe ist z. B. die folgende:

Äußerer Durchmesser in

mm	engl. Zoll
114	$4\frac{1}{2}$
165	$6\frac{1}{2}$
216	$8\frac{1}{2}$
267	$10\frac{1}{2}$
305	12
355	14
406	16
457	18
509	20

Bei dieser beträgt der Größenunterschied zweier Rohrfahrten im
Durchmesser etwa 50 mm = 2 englische Zoll, was den Zwecken des
Brunnenbaus entspricht. In der Tiefbohrindustrie sind zwecks Errei-
chung größerer Tiefen geringere Abstände der Rohrdurchmesser üblich.
Wenn man also eine Tiefe von z. B. 200 m mit einer Endverrohrung
von 165 mm äußerem Durchmesser erreichen muß, so wird man für die
Fernrohrverrohrung Rohrfahrten von etwa folgenden Durchmessern
vorsehen:

von 0 bis 40 m unter Tage	305 mm	Durchmesser
„ 0 „ 100 m „ „	267 mm	„
„ 0 „ 160 m „ „	216 mm	„
„ 0 „ 200 m „ „	165 mm	„

Es leuchtet ein, daß man eine bestimmte Tiefe mit einer festgelegten
Endverrohrung mit um so größerer Sicherheit erreichen wird, je kürzer
man die Bohrtiefe der einzelnen Rohrfahrten, d. h. die Länge, in der

---

[1]) Der Verfasser hat bereits 1919 auf die Notwendigkeit der Normung im Brunnenbau [106] hingewiesen. Der jetzt beim Normenausschuß der deutschen Industrie
gebildete Normenausschuß für Bohrgeräte (Obmann: Direktor Fr. Ermisch, Aschersleben) arbeitet z. Z. unter anderem an der Aufstellung einer einheitlichen Durchmesserreihe für Bohrrohre.

sie mit dem Boden in Berührung stehen, wählt. Es wird des weiteren klar, daß bei den Preisen für Siederohre und Bohrrohre, die durch ein Syndikat festgesetzt werden, nur ein kapitalkräftiges Unternehmen in der Lage sein wird, tiefere Brunnenbohrungen mit dem nötigen Röhrenpark und daher mit der erforderlichen Sicherheit auszuführen.

Bei zwei aufeinanderfolgenden Durchmessern der Durchmesserreihe gilt außerdem der größere immer für das Mantelrohr und der kleinere für den Filter (Gewebefilter) und das Aufsatzrohr. Für 165 mm Mantelrohrdurchmesser würde nach der erwähnten Durchmesserreihe also der Durchmesser des Filters und des Aufsatzrohres 114 mm betragen.

Zur Verbindung der Bohrrohre dienen Gewindeverbindungen (Abb. 48), deren bekannteste die folgenden sind:

Gewindeverbindung I. Das eine Rohrende ist aufgemufft (im Innendurchmesser vergrößert) und mit einem Innengewinde versehen, während das andere glatte Rohrende Außengewinde besitzt. Die Rohre werden ineinandergeschraubt und ergeben im Innern der Verbindungsstelle eine glatte Fläche.

Gewindeverbindung II. Das eine Rohrende ist eingezogen (im Außendurchmesser verkleinert) und mit einem Außengewinde versehen. Das andere glatte Rohrende besitzt Innengewinde. Die Rohre werden ineinandergeschraubt und ergeben außen an der Verbindungsstelle eine glatte Fläche.

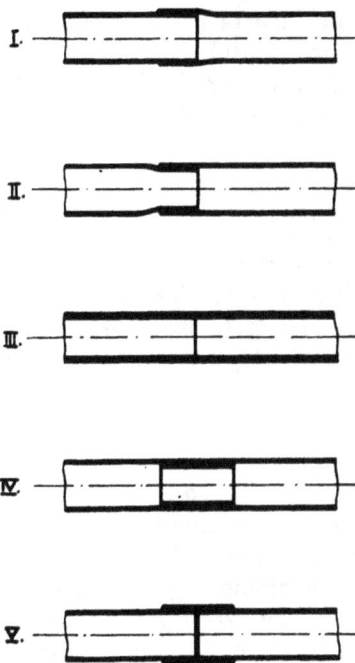

Abb. 48. Bohrrohr-Verbindungen.

Gewindeverbindung III. Diese erfordert die Verwendung besonders starkwandiger Rohre, die mit Innen- und mit Außengewinde versehen sind, so daß sie nach dem Ineinanderschrauben sowohl innen als auch außen eine glatte Fläche zeigen.

Gewindeverbindung IV. Diese Verbindung ist eine Nippelverbindung, die außen eine glatte Rohrfläche ergibt.

Gewindeverbindung V. Es handelt sich hier um eine Muffenverbindung, die innen eine glatte Rohrfläche besitzt.

Die Betonung des Umstandes, daß die Verbindungsstelle innen oder außen eine glatte Fläche zeigt, weist darauf hin, wie die Zweckmäßigkeit der einzelnen Verbindungen zu beurteilen ist. Für die Herstellung tieferer Rohrbrunnen ist diejenige Verbindung die zweckmäßigere, die dem Bewegen der Rohre im Erdreich beim Herunterbohren den gering-

sten Widerstand bereitet, also die Verbindung mit glatter Außenfläche.
Man muß dafür in Kauf nehmen, daß an der Verbindungsstelle eine gewisse geringe Querschnittsverengung eintritt, auf die bei der Bemessung
der Bohrwerkzeuge, gegebenenfalls auch des Pumpenzylinders Rücksicht
genommen werden muß. Tatsächlich ist auch die Verbindung II am
gebräuchlichsten.

Brunnenunternehmungen, die vorwiegend flache Brunnen herstellen,
wählen auch die Verbindung I, die außen eine Verdickung und innen
eine glatte Fläche zeigt. Der Vorteil dieser Verbindung besteht darin,
daß die Bohrer etwas größer gehalten und die Filter beim Einsetzen der
Gefahr einer Beschädigung des Gewebes nicht ausgesetzt sind. Die Verbindungen IV und V sind in gleicher Weise zu beurteilen. Die Verbindung III
verlangt eine anormale Wandstärke und ist daher selten in Gebrauch.

Innerer Durchmesser	mm	300	350	400	450	500	550	600	675	750
Wandstärke	mm	6	6	6	6	6	6	6	6	6
Wandstärke der Muffe	mm	6	6	6	6	6	6	6	6	6
Ganze Höhe der Muffe	mm	400	400	400	400	400	400	400	400	400
Gewicht je m	kg	53	62	71	79	89	98	108	120	140

Nietrohre (Blechrohre).
(Alfred Wirth & Co., Komm.-Ges., Erkelenz.)

An Gewindeformen sind Spitzgewinde und Flachgewinde gebräuchlich. Für größere Durchmesser kommt nur das Flachgewinde in Betracht.
Dieses hat sich überhaupt als zweckmäßiger erwiesen, weil es widerstandsfähiger gegen Beschädigungen während der Beförderung ist und
weil die kräftigere Ausbildung des einzelnen Gewindeganges es verhindert, daß Rohre schief aufgeschraubt und hierdurch Gewindegänge
zerstört werden. Die Gewinde werden leicht konisch angeschnitten, um
ein Festziehen, welches zum Zweck des Bewegens der Rohre in beiden
Drehrichtungen erforderlich ist, zu ermöglichen.

2. Für Rohrbrunnen größerer Durchmesser, etwa über 600 mm,
benutzt man genietete Rohre (Blechrohre), die an der Bohrstelle
in einzelnen Stößen beim Herunterbohren aneinandergenietet werden.
Eine Zusammenstellung gebräuchlicher Nietrohre ist in der Nietrohr-
tafel (s. oben) enthalten. Nietrohre sind billiger als Siederohre, weil sie mit
geringeren Wandstärken ausgeführt werden. Sie sind jedoch als Bohrrohre nur in leichtem Boden zu verwenden, da sie größeren Beanspruchungen beim Bohren z. B. beim Durchteufen von Geröllschichten oder
Geschiebemergel mit Steinen nicht standzuhalten vermögen.

3. In letzter Zeit sind auch autogengeschweißte Blechrohre benutzt worden, deren Verbindung ebenfalls nach dem Autogenschweiß-
verfahren, nach Art der Rohre für Betonbohrpfähle, hergestellt wird.

Da eine Lösung der Schweißverbindung lediglich durch Aufschneiden möglich ist, verwendet man die Autogen-Schweißung zur Verbindung der Rohre nur, wenn diese im Boden verbleiben.

4. Für große Durchmesser und geringere Tiefen sind auch gußeiserne Brunnenringe üblich, die durch Schraublaschen oder Flanschen verbunden werden. Diese Brunnenringe werden in Durchmessern von 1000 bis 4000 mm hergestellt. Allerdings bezeichnen diese großen gußeisernen Brunnenringe schon den Übergang des Rohrbrunnens zum Kesselbrunnen, zumal sie als Bohrrohre für das Abteufen von Rohrbrunnen nur in geringer Tiefe und lockerem Untergrund verwendbar sind.

β) Das Mantelrohr lediglich als Brunnenrohr.

In bestimmten Fällen ist es empfehlenswert, das Mantelrohr nicht als Bohrrohr zu benutzen, sondern nach Fertigstellung der Bohrung, die dann mit Bohrrohren von größerem Durchmesser vorgenommen wird, ein besonderes Mantelrohr einzusetzen oder das Filteraufsatzrohr bis zur Erdoberfläche zu verlängern und dieses als Mantelrohr im Brunnen zu belassen. Ein derartiges Vorgehen wird notwendig, wenn das Wasser metallangreifende Eigenschaften besitzt, durch die die schmiedeeisernen Bohrrohre zerstört werden würden. Dieses ist z. B. bei Anwesenheit von freier Kohlensäure im Wasser der Fall. Klut hat die beim Bau von Rohrbrunnen verwendeten Werkstoffe in ihrem Verhalten in angriffslustigen Wässern untersucht und die Ergebnisse seiner Arbeiten in verschiedenen Veröffentlichungen [116 bis 122] niedergelegt.

1. Man verwendet in derartigen Wässern Kupferrohre, da Kupfer von kohlensäurehaltigem Wasser praktisch nicht angegriffen wird. Nur bei gleichzeitiger Gegenwart von Sauerstoff im Wasser (Grundwasser ist an sich sauerstofffrei, jedoch kann durch Druckluftpumpen Sauerstoff ständig in das Wasser gelangen) wird Kupfer aufgelöst. Kupferrohre besitzen eine sehr geringe Festigkeit und sind deshalb gegenüber mechanischen Beschädigungen und Beanspruchungen sehr empfindlich. Auch macht eine zweckmäßige Verbindung der Kupferrohre Schwierigkeiten. Da Kupfer zudem ein sehr weiches Material von hohem spezifischem Gewicht ist, kann bei tiefen Rohrbrunnen durch das Eigengewicht der Rohre eine unzulässige Zugbeanspruchung auftreten. Deshalb ist Kupfer kein in allen Fällen geeigneter Werkstoff für Mantelrohre. Einen erhöhten Schutz gegen den Angriff des Wassers erreicht man durch Verwendung verzinnter Kupferrohre. Sie sind nach Götze [55] von fast unbegrenzter Haltbarkeit, da Zinn von metallangreifenden Wässern nicht zerstört wird.

2. Bekannt sind auch die gußeisernen asphaltierten Rohre als Mantelrohre, die meist in Verbindung mit gußeisernen Filtern eingebaut werden (Abb. 70, 82 u. a.) und sich gut bewährt haben, wenn der Asphaltüberzug sorgfältig, und zwar in heißem Zustande, aufgetragen wurde.

Ihre Verwendung ist infolge der sehr hohen Gewichte der Rohrstücke auf geringere und mittlere Tiefen (bis etwa 50 m) beschränkt.

3. Verschiedentlich werden schmiedeeiserne Bohrrohre mit einem Asphaltüberzug oder mit einer Verzinkung verwendet. Derartige Überzüge erfüllen nur dann ihren Zweck, wenn es möglich ist, auch die Rohrverbindungsstellen in der gleichen Weise durch einen Überzug zu schützen. Bei einer Gewindeverbindung läßt sich dieses nicht erreichen. Denn beim Aufschneiden der Gewinde würde der Überzug zerstört werden, und eine nachträgliche Aufbringung des Überzuges kommt deshalb nicht in Frage, weil sich die Gewindegänge durch den Überzug zusetzen und die Gewinde unbrauchbar werden würden. Bei den mit Gewindeverbindung versehenen Bohrrohren sind daher die Asphalt- und Zinküberzüge nur von sehr bedingtem Wert.

Allgemein ist der Asphaltüberzug wertvoller, als die Verzinkung. Ein sorgfältig aufgebrachter Asphaltüberzug schützt die Rohrwandung in ausreichender Weise gegen Wasserangriffe.

Das Verzinken verleiht den Rohren lediglich ein sauberes appetitliches Aussehen und einen gewissen Schutz gegen Rosten. Übrigens sind im Vollbade feuerverzinkte Eisenrohre den Rostangriffen gegenüber widerstandsfähiger als die auf galvanischem Wege verzinkten. In metallangreifendem Wasser ist die Verzinkung wertlos, weil Zink sich in chemischer Hinsicht ähnlich wie Eisen verhält und der Zinküberzug daher in allen Fällen, wo Eisen zerstört wird, ebenfalls aufgelöst wird. Man ist deshalb in letzter Zeit dazu übergegangen, die Bohrrohre unverzinkt oder asphaltiert zu verwenden.

Verzinntes Eisen rostet nach Klut [120] infolge elektrolytischer Vorgänge übrigens weit schneller als unverzinntes.

Über das Auftreten elektrolytischer Vorgänge mit ihren Folgeerscheinungen in Rohrbrunnen, sowie über die Möglichkeiten ihrer Verhütung wird auf die entsprechenden Ausführungen bei der Erörterung des Brunnenfilters (siehe S. 76) verwiesen.

4. In neuester Zeit stellen die Mannesmannröhrenwerke auch Bohrrohre aus dem Kruppschen rostsicheren und säurebeständigen Stahl Marke V2A her. Dieser Werkstoff bietet unbedingte Gewähr für Haltbarkeit auch in sauren Wässern und hat sich nach den bisherigen Erfahrungen sehr gut bewährt. Allerdings wird sein sehr hoher Preis eine Verwendung in größerem Umfange einstweilen noch verhindern.

5. Auch Steinzeugrohre sind als Brunnenrohre bereits mit Erfolg zur Verwendung gekommen, wie der Tonrohrfilterbrunnen von Scheven (Abb. 102) zeigt.

6. Es sind Versuche gemacht worden, imprägnierte Holzrohre als Brunnenrohre zu verwenden. Silberberg [114] berichtet über die erfolgreiche Verwendung hölzerner Brunnenrohre in Holland. Größere

Erfahrungen mit diesen Rohren liegen nach Kenntnis des Verfassers in Deutschland bisher nicht vor.

b) Das Filteraufsatzrohr.

α) Das auf den Filter aufgesetzte Filteraufsatzrohr, auch Ansatz-rohr genannt (Abb. 49), hat den Zweck, eine Abdichtung zwischen Filter und Mantelrohr herzustellen, um zu verhin-dern, daß auf diesem Wege Sand in den Brunnen ge-langt. Zugleich dient es als Handhabe zum Heraus-ziehen des Filters. Der Abschluß zwischen Filter und Mantelrohr wird durch das Aufsatzrohr in der Weise erreicht, daß der natürliche Wasserauftrieb und die beim Pumpen entstehende nach oben ge-richtete Wasserbewegung die feineren Sandteilchen der wasserführenden Schicht in den ringförmigen Spalt zwischen Aufsatzrohr und Mantelrohr empor-treiben und bei genügender Länge des Aufsatzrohres eine so feste Lagerung, eine Art Versandung, her-beiführen, daß eine Abdichtung erzielt wird. Die Länge des Aufsatzrohres richtet sich nach der Fein-körnigkeit des Sandes, nach dem Wasserauftrieb und der Größe der Wasserentnahme für einen be-stimmten Mantelrohrdurchmesser. Man gibt dem Auf-satzrohr mindestens eine Länge von 5 m, muß diese jedoch bei feinen Sanden und starkem Auftrieb er-heblich bis zu 10 oder 15 m und darüber vergrößern.

Das Filteraufsatzrohr besteht aus demselben Material wie das Mantelrohr.

Es ist bereits erwähnt, daß das Aufsatzrohr ge-legentlich an die Stelle des Mantelrohres tritt und dann bis zur Erdoberfläche verlängert wird.

β) Das Aufsatzrohr ist die einfachste und sicherste Art der Abdichtung des Filters gegen das Mantelrohr, die sich außerdem beim Ziehen des Filters leicht lösen läßt. Es beansprucht jedoch seiner Länge und seinem Durchmesser nach Raum im Innern des Mantelrohres, der unter Umständen für den Einbau eines Pumpenzylinders oder eines Saugerohres gebraucht wird. In derartigen Fällen geschieht die Abdichtung auf andere Weise.

Man benutzt häufig eine trichterförmige Ledermanschette oder eine mit Talg getränkte Hanfwickelung, die um den oberen Filteransatz herum befestigt wird. Diese Abdichtungen sind oft schwer in das Bohr-loch einzubringen, und der Erfolg ist entsprechend unsicher. Wegen ihrer außerordentlichen Billigkeit werden sie bei kleineren Brunnen-anlagen benutzt.

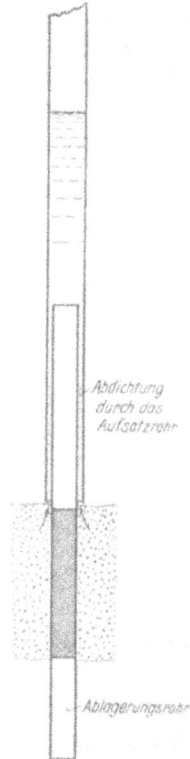

Abb. 49. Aufsatzrohr und Ablagerungsrohr.

5*

Besser ist eine Abdichtung von Prinz, bei der ein Ring von Weich-
gummi um den oberen Filteransatz herum gelegt ist, der durch eine Verschraubung plattgedrückt wird und sich dadurch an die Wandung des
Mantelrohres legt.

Bei einer Einrichtung der Firma Büge und Heilmann, Berlin (Abb. 50),
wird der Filter mit einem im Gestänge sitzenden spatenartigen Senk-
stück, dem Senkspaten, der durch einen Bajonettverschluß den Filter
faßt, in den Brunnen eingesetzt. Die Abdichtung des Filters wird dadurch
bewirkt, daß eine an einer Rohrverbindungsstelle zwischen zwei Ringen
befindliche Gummimuffe durch
Zusammenschrauben des Rohres
mit Hilfe des Senkspatens gegen

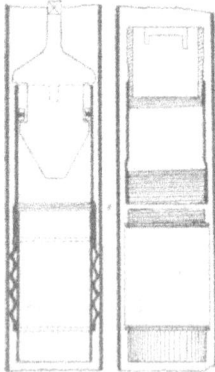

Abb. 50. Abdichtung des Filters gegen das
Mantelrohr (Büge und Heilmann, Berlin).

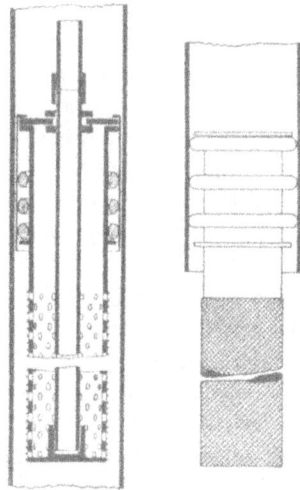

Abb. 51. Abdichtung des Filters gegen das
Mantelrohr (Adolf Anger, Magdeburg).

die Wand des Mantelrohres gepreßt wird. Nach dem Einsetzen des
Filters und dem Zusammenschrauben des Rohres wird durch Rückwärts-
drehen des Senkspatens der Bajonettverschluß gelöst und der Senkspaten in die Höhe gezogen. In vielen Fällen gelingt eine einwandfreie
Abdichtung. Gelegentlich aber kommt es vor, daß die Gummimuffe sich
beim Zusammenschrauben nicht in der Weise, wie es die Abbildung
zeigt, an die Rohrwand legt, sondern eine spiralförmig ansteigende
Wellenform annimmt, bei der eine Dichtung nicht erzielt wird und
daher Sand hindurchgepreßt werden kann.

Eine andere Vorrichtung zum Einsetzen und Abdichten von Rohr-
brunnenfiltern von Adolf Anger, Magdeburg (Abb. 51), verwendet zum
Einlassen des Filters ein Gestängerohr, das mit seinem unteren Ende
in eine am Boden des Filters befindliche Muffe eingeschraubt ist. Zum
Abdichten dienen drei Ringe aus Paragummi, die um den oberen Filteransatz sitzen und während des Einbaues zunächst mit einer Blechhülse

umgeben sind. Steht der Filter auf der Bohrlochsohle, so wird das Gestängerohr aus der Bodenmuffe herausgeschraubt und emporgezogen.
Wie aus der Abb. 51 ersichtlich, nimmt das Gestängerohr zugleich die
Schutzhülse der Dichtungsringe mit
nach oben, so daß die Dichtungsringe
nunmehr mit der inneren Rohrwand
in Berührung kommen.

In der Abb. 52 ist eine Dichtungs-
vorrichtung von Alfred Wirth und Co.,
Erkelenz, dargestellt, die allerdings in
erster Linie zur Wasserabsperrung bei
Ölbohrungen benutzt wird. Diese
Vorrichtung ist sehr gut durchgebildet
und kann auch bei der Abdichtung
von Filtern Verwendung finden. Die
Abdichtung erfolgt, wie aus der Abbildung hervorgeht, in der Weise, daß
das obere Ansatzstück hineinge-
schraubt wird und die vorhandene
Gummimuffe durch ein konusförmiges
Rohrstück an die Rohrwand gepreßt
wird.

Eine wirklich einwandfreie Lösung
ist jedoch bisher nicht gefunden worden,
da die Abdichtungen nur schwer lösbar
sind. Die zur Abdichtung verwendeten
Teile (insbesondere der Gummi) verhär-
ten mit der Zeit, werden brüchig und
erschweren dann das Herausziehen des
Filters in hohem Maße.

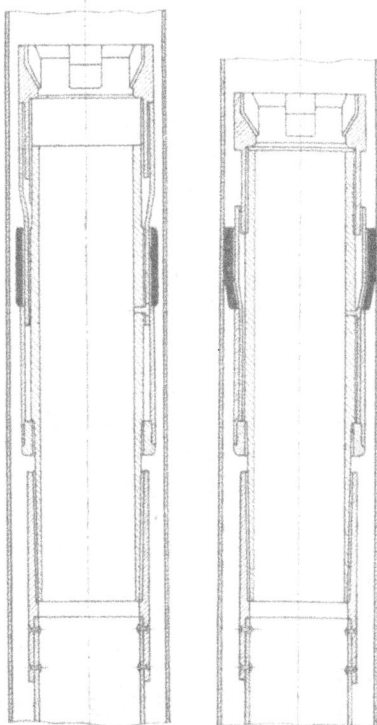

Abb. 52. Abdichtung des Filters gegen
das Mantelrohr (Alfred Wirth und Co.,
Erkelenz).

c) Das Ablagerungsrohr.

Es ist zweckmäßig, den Filter an seinem unteren Ende mit einem
Ablagerungsrohr oder Schlammstutzen (Abb. 49) zu versehen, um besonders in sehr feinsandigen oder tonhaltigen Schichten, die man man-
gels besserer zur Wasserentnahme benutzen muß, die beim Stillstand
der Pumpe zu Boden sinkenden Sandteilchen oder Tontrübungen damit aufzufangen und zu verhindern, daß durch die Ansammlung dieser
Stoffe die Filtereintrittsfläche verkleinert wird. Diese Ablagerungs-
stoffe werden von Zeit zu Zeit in einfacher Weise mit dem Ventilbohrer
(vergl. Abb. 143) entfernt. Das Material des Ablagerungsrohres ist das-
selbe wie dasjenige des Aufsatzrohres. Vielfach paßt es sich auch dem
Werkstoff des Filters an und wird mit einer Bodenplatte mit Öse zum
Fassen des Filters beim Herausziehen versehen.

2. Der Brunnenfilter.

Die Ausführungsarten des Brunnenfilters sind so zahlreich und von so großer Mannigfaltigkeit, daß es dem Besteller einer Brunnenbohrung, auch dem technisch gebildeten, schwer wird, sich ein Bild von dem Wert und der Eignung des Filters für einen bestimmten Fall zu machen, zumal die Abfassung der Werbeanzeigen der Filterhersteller häufig in keinem Verhältnis zu dem tatsächlichen Wert des Filters steht. Die Ausbildung des Brunnenfilters, des wichtigsten und empfindlichsten Teiles des Rohrbrunnens, soll deshalb ausführlicher behandelt und einleitend die Frage geklärt werden, welchen Anforderungen der Filter im allgemeinen genügen muß. Sodann werden die beiden wichtigsten Bauarten, der Gewebefilter und der Kiesfilter, besprochen und schließlich eine größere Anzahl von Filterausführungen erörtert werden.

a) Allgemeines.

Zunächst einiges Grundsätzliche über den Brunnenfilter:

Der Brunnenfilter (auch Filterkorb, Seiher, Sauger genannt) ist kein eigentlicher Filter, wenn man, wie im gewöhnlichen Sprachgebrauch, darunter eine Reinigungsvorrichtung versteht. Der Brunnenfilter soll das Wasser nicht reinigen, es also z. B. nicht von seinem Eisen- oder Kalkgehalt befreien, sondern gewissermaßen die mangelnde Standfestigkeit des Sandes oder Kieses des Grundwasserträgers ersetzen. Ohne einen Filter würde die wasserführende Schicht nach dem Emporziehen der Rohre zusammenstürzen und zusammenlaufen und das Wasser nur durch die Bohrlochsohle in den Brunnen eintreten können. Der Filter ermöglicht erst einen Eintritt des Wassers an der ganzen Wandung des Bohrloches (Abb. 53), unter Umständen in der ganzen Mächtigkeit der wasserführenden Schicht.

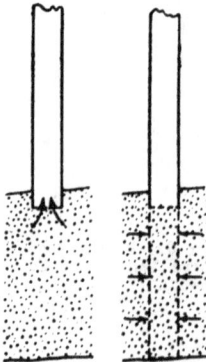

Abb. 53. Wassereintritt durch Sohle der Bohrung (links) und durch Filterwandung (rechts).

Grundwasserträger, die aus standfestem Gebirge, z. B. aus klüftigem Kalkstein oder Sandstein bestehen, bedürfen keines Brunnenfilters. Denn hier tritt das Wasser aus den Poren, Klüften und Spalten der standsicheren Wandung der Bohrung aus (Abb. 30, Nr. 1), ohne daß diese zusammenfällt.

Man muß sich darüber klar sein, daß der Brunnenfilter ein notwendiges Übel ist. Mit seinem Einbau schafft man Widerstände, und es beginnen Schwierigkeiten, die um so größer werden, je feinkörniger und unreiner (tonhaltiger) der Grundwasserträger ist. Daß aus groben, reinen Kiesen und „scharfen" Sanden es wesentlich einfacher ist, mit Hilfe eines Filters Wasser zu entnehmen, bedarf keiner Begründung.

b) Welche Eigenschaften werden vom Brunnenfilter verlangt?

Wenn man sich die Frage vorlegt, welche Eigenschaften ein Brunnenfilter haben soll, so sei darauf hingewiesen, daß die Verhältnisse im Untergrunde so vielgestaltig sind, daß es unmöglich erscheint, einen Brunnenfilter herzustellen, der allen Anforderungen genügen dürfte. Man wird sich daher von Fall zu Fall für die eine oder die andere Filterausführung zu entscheiden haben. Viele der später gezeigten Bauarten haben auch nur für ein örtlich begrenztes Gebiet gleichartiger Untergrundbeschaffenheit Bedeutung erlangt.

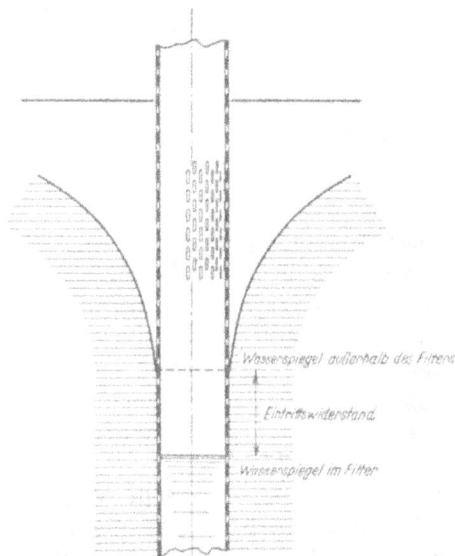

Abb. 54. Filtereintrittswiderstand eines Rohrbrunnens.

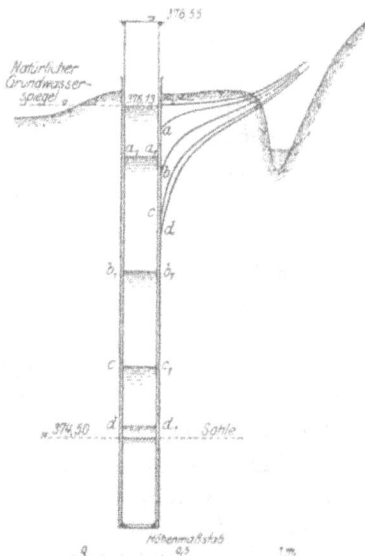

Abb. 55. Brunnenwiderstände in Abhängigkeit von der Absenkung und der Menge (nach A. Thiem).

α) Sandfreies Arbeiten bei geringstem Eintrittswiderstand.

Der Filter soll zunächst einmal verhindern, daß Sand in den Brunnen gelangt. Er soll gleichzeitig aber auch einen möglichst widerstandslosen Eintritt des Wassers aus dem Grundwasserträger in den Brunnen ermöglichen. Beide Forderungen stehen im Gegensatz zueinander. Man wird sich daher mit einer mittleren Lösung zufriedengeben müssen, die nicht immer leicht zu finden ist. Es wird jetzt auch deutlich, daß der Filter bei sonst gleichen Verhältnissen in feinsandigen Schichten einen größeren Eintrittswiderstand haben wird, als z. B. im groben Kies, weil die Zurückhaltung feinerer Sande eine entsprechend feinmaschigere Ausführung der Filterwandung bedingt, die naturgemäß einen größeren Durchflußwiderstand besitzt. In der Abb. 54 ist der Eintrittswiderstand eines Brunnenfilters veranschaulicht. Er kennzeichnet sich als Maß des Höhenunterschiedes des Wasserspiegels im Brunnen und des Wasserspiegels außerhalb des Brunnens. Der Eintrittswiderstand hängt ab von der Bauart (Durchlässigkeit) des Filters, ferner von der Absenkung, von der Wassermenge, dem Durchmesser und der Länge also von der Eintrittsgeschwindigkeit des Wassers. Die Abb. 55 zeigt die Größe des Filtereintrittswiderstandes in Abhängigkeit von der Absenkung und der Wassermenge, wie sie A. Thiem bei den Vorarbeiten für die Wasserversorgung der Stadt Nürnberg ermittelt hat. Unter Bezugnahme auf die Abb. 55, die Prinz [17] entnommen ist, sei nachstehend der Filtereintrittswiderstand angegeben:

Wasserspiegellage:	Geförderte Wassermenge:	Filtereintritts- widerstand:
a_1	1,76 Liter/Sek.	1,30 m
b_1	2,83 „	3,60 m
c_1	3,50 „	7,80 m
d_1	4,21 „	9,00 m

Es wäre für den Auftraggeber verhältnismäßig einfach, wenn der Filterhersteller den Eintrittswiderstand eines Filters zahlenmäßig für eine Sandschicht von bestimmtem Korn und für eine bestimmte Eintrittsgeschwindigkeit angeben könnte. Derartige Feststellungen erfordern aber, wie auch alle sonstigen Versuche im großen, erhebliche Kosten. Es wird deshalb nur in verschwindend geringen Fällen möglich sein, bei der Bestellung eines Filters über seinen Eintrittswiderstand zahlenmäßigen Aufschluß zu erhalten.

Finden Ausscheidungen aus dem Wasser durch chemische Vorgänge statt, oder setzen sich die Filteröffnungen durch feinere Bodenteilchen zu, so wächst natürlich auch der Eintrittswiderstand. Bei fast allen Brunnen wird man daher im Laufe der Jahre ein Ansteigen des Filterwiderstandes beobachten, das sich durch eine größere Absenkung des Wasserspiegels kennzeichnet.

Man stellt den Eintrittswiderstand in der Weise fest, daß man beim Einbau des Filters außerhalb desselben einen kleinen Beobachtungsfilter anordnet und bei der Entnahme einer bestimmten Wassermenge die Spiegellage in beiden Filtern (Abb. 56) mißt. Erwähnt sei, daß der kleine Beobachtungsfilter praktisch keinen Eintrittswiderstand besitzt, da er selbst nicht zur Wasserentnahme benutzt wird und eine hierdurch verursachte Spiegelabsenkung in ihm selbst nicht stattfindet. Eine Sonderbauart, der Filter von Lummert [13], die besonders für hydrologische Versuche geschaffen ist, (Abb. 57) ermöglicht ebenfalls in einwandfreier Weise die Feststellung des Filtereintrittswiderstandes.

Um den Filter vor Versandung zu schützen und um zugleich seinen Eintrittswiderstand niedrig zu halten, empfiehlt es sich, ihn mit kleiner Eintrittsgeschwindigkeit arbeiten zu lassen. Es ist deshalb richtig, dem

Filter einen genügend großen Durchmesser zu geben. Über die Bestimmung des Filterdurchmessers nach Festlegung der Eintrittsgeschwindigkeit auf Grund der Korngröße des Grundwasserträgers ist bereits S. 54 gesprochen worden.

β) **Widerstandsfähigkeit in chemischer Hinsicht.**

Der Filter soll ferner bestimmten chemischen Anforderungen genügen. In dieser Hinsicht herrschen in Brunnenbauerkreisen vielfach sehr unklare Vorstellungen.

Die Angriffe, denen der Filter durch chemische Vorgänge ausgesetzt ist, werden im allgemeinen dreifacher Art sein.

Es können einmal aus dem Wasser Ausscheidungen stattfinden, z. B. von Eisen-, Kalk- oder Manganverbindungen, die sich auf dem Filter ablagern und das Gewebe oder den Filterkies verstopfen, so daß schließlich kein Wasser mehr hindurchströmen kann. Man sagt dann, der Filter sei verockert oder verkrustet (Abb. 58). Diese Vorgänge vollziehen sich allmählich und kennzeichnen sich durch ein Größerwerden der Absenkung des Wasserspiegels bei der Entnahme und durch ein langsames Versiegen des Brunnens.

Abb. 56. Rohrbrunnen mit Beobachtungsfilter zur Messung des Filtereintrittswiderstandes.

Abb. 57. Filter von Lummert.

Zweitens kann das Wasser selbst metallangreifende Eigenschaften besitzen, z. B. bei Anwesenheit von freier Kohlensäure, wodurch Zerfressungen und Zerstörungen des Filtergewebes, des empfindlichsten Teiles des Filterkörpers, oft auch des Filters und der Mantelrohre hervorgerufen werden. Hierbei erfolgt, infolge der Zerstörung des Gewebes, in der Regel ein plötzlicher Sandeinbruch, der den Brunnen sofort außer Betrieb setzt. Über die Wirkungen angriffslustiger Wässer auf gußeiserne Rohrbrunnen hat G. Thiem [109] wichtige Mitteilungen gemacht.

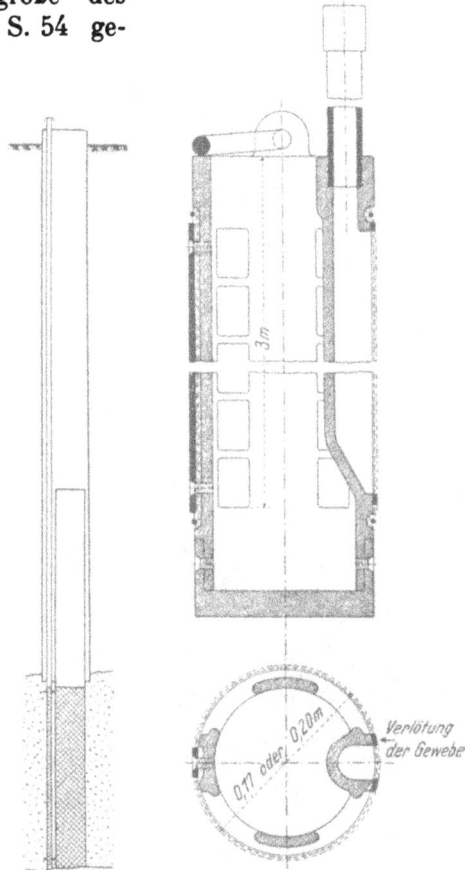

Obwohl gelegentlich der eine oder der andere der beiden erwähnten chemischen Prozesse überwiegen wird, treten in der Mehrzahl der Fälle beide Vorgänge gleichzeitig ein, die Ausfällung von im Wasser enthaltenen Stoffen und das Auflösen von Metallen durch das Wasser. Diese Erscheinungen werden unter dem Begriff der Korrosion zusammengefaßt, der in der Wasserversorgung eine große Rolle spielt.

Abb. 58. Stark verockerter Gewebefilter. (Man beachte, daß auch unter dem Tressengewebe das Unterlagsgewebe vollständig mit Eisenausscheidungen zugesetzt ist. Vor der Aufnahme ist ein Teil durch Herauskratzen freigelegt.)

Was bei der Korrosion von Wasserleitungsrohren durchaus erwünscht ist, nämlich, daß sich z. B. in kalkhaltigen Wässern, nachdem eine leichte Anfressung der Rohrwand stattgefunden hat und hierdurch eine erhöhte Haftfestigkeit für chemisch ausgefällte Stoffe erreicht ist, allmählich ein harter, fester, natürlicher Schutzbelag von ausgeschiedenen Stoffen, z. B. von Kalziumkarbonat bildet, der jede weitere Korrosion verhindert, würde beim Brunnenfilter katastrophal wirken, weil durch derartige Beläge die Filterwand undurchlässig wird und der Filter verkrustet. Da zudem eine Reinigung oder Aufbereitung des Wassers vor dem Eintritt in den Rohrbrunnen und im Rohrbrunnen natürlich nicht ausführbar ist, wirkt das Wasser auf den Brunnenfilter in seiner ursprünglichen Beschaffenheit ein, während Leitungsrohre in der Regel von bereits gereinigten oder irgendwie aufbereiteten Wässern durchflossen werden. Die Verhältnisse liegen, wie diese kurzen Hinweise zeigen, beim Brunnenfilter viel schwieriger, als beim Leitungsrohr.

Wenn nun Filterhersteller angeben, daß eine bestimmte Filterbauart nie verockere oder verkruste u. ä., so entsprechen derartige Behauptungen nicht der Wirklichkeit, weil Korrosionen zumal in ungereinigtem Wasser nicht verhindert werden können. Man kann vielleicht von einer größeren Widerstandsfähigkeit gegen Verockern und in Zusammenhang damit von einer längeren Lebensdauer sprechen; Brunnenfilter, die bei bestimmter Wasserbeschaffenheit nie verockern, gibt es leider nicht. Denn die Erforschung der Korrosionsvorgänge hat gezeigt, daß Korrosionen auch in reinem Wasser auftreten.

Bei der Ausscheidung von im Wasser enthaltenen Stoffen ist der Filter nur die Unterlage für die Ablagerung dieser Ausfällungen, und das Material dieser Unterlage ist ohne oder nur von geringem Einfluß auf den Ausscheidungsvorgang selbst. Man kann durch Verwendung geeigneter Materialien (z. B. von Steinzeug) erreichen, daß die Ausscheidungen auf dem Filterkörper selbst nicht fest haften, so daß eine Reinigung, ein Herausbürsten oder Herausspülen sich leicht erreichen läßt. Da auch die wasserführende Schicht selbst um den Filter herum in eisenhaltigem Wasser verockert und verkrustet [109], leuchtet ein, daß auch Kiesfilter nicht widerstandsfähig gegen eine Verockerung sein können. Man vergleiche auch die Verschlammung der oberen Kiesschichten in Enteisenungs- oder Wasserreinigungsanlagen.

Die Mehrzahl der Ausscheidungsvorgänge wird eingeleitet durch das Hineingelangen von Luft oder durch Erwärmung des Wassers. Eine wenn auch geringe Temperaturerhöhung findet zweifellos dadurch statt, daß die wasserführende Schicht überhaupt angeschnitten wird und ihr Wasser, wie fast immer, im Rohrbrunnen emporsteigt. Etwas Luft wird ferner stets durch die Pumpen oder Fördereinrichtungen in den Brunnen gelangen. Will man nach Möglichkeit das Eintreten von Korrosionen verhindern, dann muß man darauf sehen, daß möglichst wenig Luft in den Brunnen gelangt. Ungünstig in dieser Hinsicht sind die verschiedenen Druckluftpumpen, bei denen Druckluft durch Undichtigkeiten in den Brunnen gelangen kann. Sie führen in eisenhaltigem Wasser unter Umständen in kürzerer Zeit zur Zerstörung des Filters und somit des ganzen Brunnens. Auch das beim Stillsetzen der Pumpen aus den Saugerohren in den Brunnen zurückfließende Wasser ist geeignet, Ausfällungsprozesse zu beschleunigen, da es belüftet ist.

Aus denselben Gründen ist es bei Einzelbrunnen zu vermeiden, daß das Tropfwasser aus Stopfbüchsen und das Wasser aus dem Frosthahn in den Brunnen zurückfließen kann. Derartiges Wasser kann natürlich, da es mit der Luft in Berührung gekommen ist, chemische Prozesse durch Kontaktwirkung und somit auch Korrosionen einleiten.

Den eigentlichen Zerfressungen durch metallangreifende Wässer kann man eher begegnen, und zwar durch Verwendung geeigneter widerstandsfähiger Werkstoffe für die Filterherstellung. In vielen Fällen sind diese jedoch recht zerbrechlich, wie das Steinzeug, oder verhältnismäßig kostspielig, wie das chemischen Angriffen Widerstand leistende Zinn und ganz besonders der neue Kruppsche nichtrostende und säurefeste Stahl Marke V 2 A. Das durch Zerfressungen besonders leicht zu zerstörende Filtergewebe kann man ferner durch feste Präzisionssiebe ersetzen, die allerdings erheblich mehr kosten, falls man nicht das ebenfalls ungewöhnlich teure Filtergewebe aus nichtrostendem Stahl vorzieht.

γ) Sicherheit gegen das Auftreten elektrolytischer Erscheinungen.

Man soll aber auch die Werkstoffe des Filters so wählen, daß keine elektrolytischen Erscheinungen, die ebenfalls Anfressungen hervorrufen, auftreten können. In sauren oder salzhaltigen Wässern kann z. B. durch den Einbau verzinkter Brunnenröhren zusammen mit einem kupfernen Filter ein galvanisches Element entstehen, womit die Vorbedingungen für elektrolytische Zerstörungen geschaffen sind. Die Angriffe durch elektrolytische Vorgänge sind, wie die Erfahrung lehrt, dort am stärksten, wo sich verschiedenartige Metalle berühren. Man wird daher die Berührungsstellen zum weiteren Schutz durch Gummi, Asphalt usw. isolieren müssen. Im allgemeinen sind diese Vorgänge und ihre schädigenden Einflüsse auf Brunnenfilter noch wenig geklärt, so daß sich nähere Ausführungen darüber nicht machen lassen. Klut [119] weist auf die elektrische Spannungsreihe der Metalle hin und empfiehlt, falls verschiedene Metalle verwendet werden müssen, solche zu wählen, die in der Spannungsreihe möglichst aufeinander folgen. Ob übrigens auch die Korrosion allein durch elektrochemische Vorgänge bedingt ist, ist eine offene Frage.

δ) Festigkeit gegenüber mechanischen Beanspruchungen.

Schließlich müssen Brunnenfilter bestimmten Festigkeitsansprüchen genügen, um die Gewähr zu bieten, daß sie ohne Schwierigkeiten zum Zweck der Reinigung oder Erneuerung aus dem Brunnen herausgezogen werden können. Man baut daher oft besondere Zuggerüste in die Filter ein oder versieht Filter aus wenig widerstandsfähigem Werkstoff mit Fußplatten und Ösen, die ein Fassen und Heben des Filters leichter ermöglichen und dabei eine Zugbeanspruchung ausschließen. Auch die Festigkeit gegen die Wirkung des Bodendruckes und des Saugens bei hoher Leistung und kleiner Filterfläche spielt eine gewisse Rolle. Man legt bei den Gewebefiltern daher ein besonders kräftiges Unterlagsgewebe unter das eigentliche Filtergewebe, um dieses zu stützen. Das bis zur Erdoberfläche reichende Aufsatzrohr stellt unter Umständen (z. B. bei gußeisernen Rohren) eine so hohe Belastung des Filters dar, daß dieser in der Lage sein muß, den dabei auftretenden Knickbeanspruchungen (der Filter wird lose in das Bohrrohr eingesetzt!) zu widerstehen.

Beim Gewebefilter ist außerdem noch das Gewebe beim Einbau gegen Zerstoßen oder Zerscheuern zu schützen. Man erreicht einen genügenden Schutz dadurch, daß man Ringe um den Filter herum, oder Längsrippen an der Außenwand anordnet. Ringe und Rippen müssen über den Außendurchmesser des Filtergewebes hinausragen.

ε) **Wirtschaftlichkeit.**

Schließlich mag der Vollständigkeit wegen auf die selbstverständliche Forderung wirtschaftlicher Art hingewiesen werden, nach der der Filter bei tunlichst geringen Beschaffungs- und Einbaukosten eine möglichst lange Lebensdauer haben soll.

c) Die beiden Hauptarten des Brunnenfilters.

Es lassen sich im wesentlichen zwei Hauptarten des Brunnenfilters unterscheiden, je nachdem, ob das Zurückhalten des Sandes durch ein metallisches Gewebe oder durch Filterkies erfolgt, der Gewebefilter und der Kiesfilter (Abb. 59).

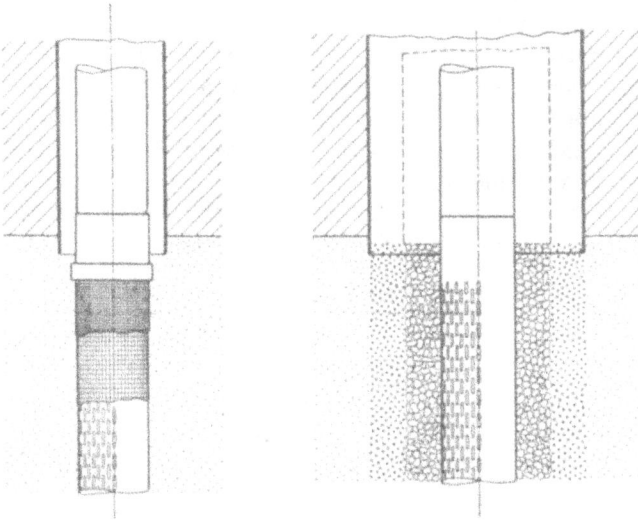

Abb. 59. Gewebefilter und Kiesfilter.

α) Der Gewebefilter.

Bei dieser älteren Bauart besteht der Filter (Abb. 65) aus einem mit kreisrunden Lochungen oder mit Längsschlitzen versehenen Rohr, welches mit einem groben, quadratischen Unterlagsgewebe und darüber mit dem eigentlichen Filtergewebe umspannt ist. Zwischen Unterlagsgewebe und Filterrohr sind vielfach Drahtspiralen oder besser noch Längsdrähte angeordnet, die das Unterlagsgewebe in einigem Abstand vom Filterrohr halten sollen, um dadurch den Eintrittswiderstand zu verringern.

1. Das Filterrohr.

Was die Erzielung eines möglichst geringen Eintrittswiderstandes anbelangt, so spielt die entscheidende Rolle hierbei die Größe der Durchlaßfläche des eigentlichen Filterrohres, die durch die Summe der

Lochungen in v.H. der ganzen Filterfläche ausgedrückt wird. Man mag das Filtergewebe noch so weitmaschig wählen, es hat keine große Wirkung, wenn der Filterkörper selbst einen zu geringen Durchlaß besitzt. Bei der Beurteilung eines Gewebefilters ist es deshalb notwendig, auch das Innere zu besichtigen und Form, Größe, Anzahl und Abstand der Lochungen voneinander festzustellen und die Summe dieser Lochungen zu ermitteln.

Die länglichen Schlitzöffnungen ermöglichen die Schaffung einer größeren Durchlaßfläche als die kreisrunden, ohne die Festigkeit des Filterrohres (Zugfestigkeit!) wesentlich herabzusetzen. In dem vom Reichsverdingungsausschuß aufgestellten Normblatt „Brunnenarbeiten" DIN 1983 wird verlangt, daß die Filteröffnungen mindestens insgesamt 20 v.H. der ganzen Filterfläche ausmachen. Dieser Satz wird vielfach noch unterschritten bei Filtern, die mit gebohrten Löchern versehen sind und bei denen man zur Ersparung von Arbeit die Bohrung der Löcher in größeren Abständen vorgenommen hat. Bei der Anordnung länglich rechteckiger Schlitze, die gestanzt werden, läßt sich eine Durchlaßfähigkeit von 40 bis 45 v. H. erzielen. Dieser Satz stellt allerdings das Höchstmaß dar, das nicht überschritten werden darf, wenn die Festigkeit des Filterrohres darunter nicht leiden soll.

2. Das Filtergewebe.

Die zur Anfertigung von Brunnenfiltern in Gebrauch befindlichen Filtergewebe sind das einfache, das Köper- und das Tressengewebe.

Das einfache Gewebe (Abb. 60 Nr. 1) besteht aus rechtwinklig sich kreuzenden Drähten, den Kette- und Schußfäden, und dient fast ausschließlich als Unterlagsgewebe zur Stützung des eigentlichen Filtergewebes.

Das Köpergewebe (Abb. 60 Nr. 2) besteht ebenfalls aus rechtwinklig sich kreuzenden Drähten. Jedoch laufen hierbei die Drähte der einen Richtung jedesmal über zwei oder drei Drähte der anderen Richtung hinweg, um dann unter zwei oder mehr der nächstfolgenden Drähte unterzutauchen. Es hat im ganzen eine lockerere Bindung, als das einfache Gewebe, und dient sowohl als Unterlagsgewebe, wie in gröberen Sanden als Filtergewebe.

Bei dem Tressengewebe (Abb. 60 Nr. 3) laufen die Kettfäden in größeren Abständen parallel nebeneinander und werden von den eng aneinanderliegenden Schußdrähten geflechtartig durchkreuzt. Das Tressengewebe wird ausschließlich als Filtergewebe gebraucht und eignet sich in erster Linie für die Verwendung in feinen Sanden.

Die Vorzugsstellung, die das Tressengewebe im Brunnenbau einnimmt, ist ungerechtfertigt. Wie G. Thiem des näheren ausgeführt hat [112], müssen die das Tressengewebe durchdringenden Wasserteilchen einen gewundenen Weg nehmen, da ein Eintritt in gerader Richtung unmöglich ist. Das ist schon aus Gründen der Widerstandsverringerung nicht erstrebenswert. Außerdem lassen sich das einfache und das Köpergewebe besser reinigen, als das Tressengewebe. Es wäre daher dem Köpergewebe eine größere Verwendung bei der Herstellung von Brunnenfiltern zu wünschen.

Alle Gewebearten werden im Handel nach Nummern unterschieden. Die Nummer bezeichnet die Anzahl der Drähte, die in Kette und Schuß auf einen linearen englischen Zoll = 26 mm entfallen. Die Maschenweite der Gewebe ist also kein Flächenmaß, sondern ein Längenmaß.

Bei der quadratischen Masche bezeichnet sie den lichten Abstand der Drähte voneinander in Millimetern. Wenn von einem Gewebe Nummer und Drahtstärke bekannt oder festgestellt sind, so erhält man die Maschenweite, indem man das Produkt Nummer mal Drahtstärke von 26 mm abzieht und den Rest durch die Ziffer der Nummer teilt. Bei einem Gewebe Nr. 7 z. B. aus 0,8 mm Draht entfallen demnach 7 Drähte in Kette und Schuß auf 26 mm. Die Gesamtstärke dieser Drähte ist $7 \times 0,8 = 5,6$ mm und wird von den 26 mm in Abzug gebracht, so daß 20,4 mm lichter Durchlaß auf den Zoll übrigbleiben, die durch 7 zu teilen sind, woraus sich eine Maschenweite von 2,91 mm ergibt.

Abb. 60. Filtergewebe für Rohrbrunnen.
1. Einfaches Gewebe, 2. Köpergewebe, 3. Tressengewebe.

Bei rechteckiger Masche wird das Gewebe durch zwei Nummern bezeichnet. Die Kett- und Schußdrähte haben dabei oft verschiedene Stärken. Es muß dann die Maschenweite für Kette und Schuß getrennt berechnet und angegeben werden. Es ist z. B. bei einem Köpergewebe Nr. 20/24 aus 0,40/0,45 mm Draht die Maschenweite in Kette 0,90 mm und die Maschenweite in Schuß 0,63 mm.

Auch das Tressengewebe wird im Handel durch zwei Nummern bezeichnet. Es besagt z. B. die Nr. 14/124, daß 14 Kettfäden und 124 Schußfäden auf 26 mm kommen. Im Brunnenbau ist es jedoch üblich, die Tressengewebe nur mit einer Nummer zu bezeichnen, welche die An-

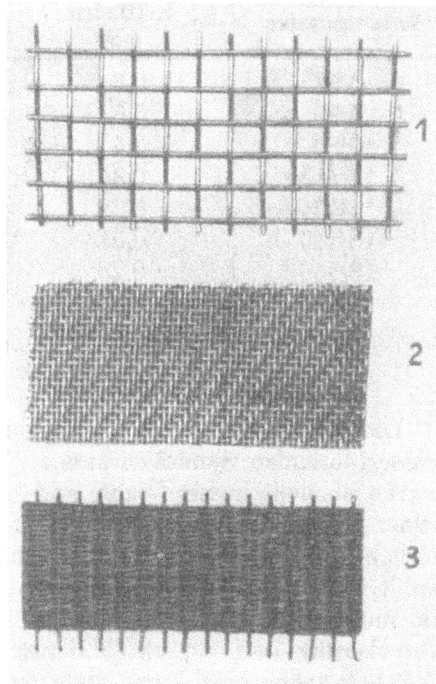

zahl der Kettfäden auf 26 mm angibt. Die Maschenweite läßt sich für das Tressengewebe nicht errechnen, sondern nur durch Versuche ermitteln.

In nachstehender Tafel sind die im Brunnenbau hauptsächlich vorkommenden Tressengewebe mit den Nummern, Drahtstärken der Kett- und Schußfäden und der Maschenweite angegeben.

Nr. des Tressengewebes	Drahtstärke der Kettfäden mm	Drahtstärke der Schußfäden mm	Maschenweite mm
6/52	0,6	0,5	0,90
8/80	0,5	0,37	0,75
10/80	0,4	0,34	0,50
12/112	0,34	0,28	0,45
14/124	0,34	0,24	0,40
16/140	0,31	0,24	0,35
18/156	0,26	0,20	0,25
20/156	0,26	0,20	0,20

Maschenweite des Tressengewebes.

3. Die Wahl der Maschenweite des Filtergewebes.

Die Maschenweite des Filtergewebes muß sich der Korngröße des wasserführenden Sandes anpassen. Die richtige Wahl der Maschenweite ist nicht immer leicht, und es ist sicher, daß das Versagen einzelner Gewebefilter nur auf die unrichtige Auswahl des Filtergewebes zurückzuführen ist. Fast immer wird das Gewebe zu engmaschig gewählt, weil der Brunnenbauer den Eintritt von Sand in den Brunnen am meisten fürchtet. Ein zu enges Gewebe begünstigt aber eine rasche Verockerung und ein allmähliches Zusetzen mit feinen Sandteilchen und hat daher eine kurze Lebensdauer des Brunnens zur Folge.

Das gebräuchlichste Verfahren, die Maschenweite des Filtergewebes nach der Korngröße des Sandes zu bestimmen, ist das Siebverfahren. Der Gedankengang hierbei ist folgender: Die wasserführenden Sande und Kiese besitzen niemals Körner von gleicher Form und gleicher Größe. Stets ist feineres und gröberes Material zusammen vorhanden. Das feinere Korn, das die Gewebeöffnungen zu verstopfen geeignet ist, muß beim Klarpumpen des Brunnens, das deshalb auch „Entsanden" genannt wird, entfernt werden. Es ist also keineswegs erwünscht, daß auch diese feineren Sandkörner durch das Filtergewebe zurückgehalten werden. Das Gewebe muß deshalb so gewählt werden, daß nur das mittlere und gröbere Korn bei der Entnahme von Wasser außerhalb des Filtergewebes zurückbleibt.

Bei dem erwähnten Siebverfahren geht man in der Weise vor, daß man eine Sandprobe trocknet, wiegt und sodann durch Siebe verschie-

dener Maschenweiten hindurchsiebt. Man stellt jedesmal die Gewichtsmengen fest, die durch die einzelnen Siebe hindurchgegangen sind (Abb. 63)
und gewinnt bei diesem Verfahren, welches der mechanischen Boden-
analyse entspricht, ein genaues Bild der Zusammensetzung des Korns
der wasserführenden Schicht.

Das Sieben muß mit großer Sorgfalt geschehen, damit auch die
mehr länglich geformten Körner mit ihrem geringsten Querschnitt hindurchfallen können.

Es hat sich nun als günstigste Maschenweite diejenige ergeben,
die nach Brinkhaus [34]

bei sehr groben Kiesen	20 bis 30 v.H.
bei mittelgroben „	30 bis 40 v.H.
bei Sanden „	40 bis 60 v.H.

des Sandes oder Kieses hindurchläßt. Enthält die wasserführende Schicht
Korn aller Größen durcheinander, so kommt man mit diesen Zahlen
zu brauchbaren Ergebnissen. Schwierigkeiten entstehen in Sandschichten von gleichartigem Korn. Da kann man sich nur von Fall zu Fall
unter Berücksichtigung aller sonstigen Umstände für eine bestimmte
Maschenweite entscheiden.

Es sei darauf hingewiesen, daß dieses Siebverfahren nicht die Vorgänge im Untergrund beim Durchtritt des Wassers durch das Filtergewebe nachzuahmen sucht (das wäre nur mit außerordentlich großen
Kosten möglich), sondern mit getrockneten Sandproben arbeitet und
das Ziel verfolgt, ein Bild der Bodenzusammensetzung zu gewinnen.

Die Zusammensetzung eines Sandes zeigt (nach G. Thiem [112]) sehr
anschaulich eine Schaulinie (Siebungskurve), die entsteht, wenn man die
Gewichtsmengen der einzelnen Korngruppen in v.H. der ganzen untersuchten Menge als Ordinate und die zugehörigen Maschenweiten der Siebe
als Abszisse aufträgt (Abb. 50). Eine solche Siebungskurve erscheint als
senkrechte oder fast senkrechte Linie, wenn der Sand aus Körnern von
annähernd derselben Form und Größe besteht. Wenn dagegen die Kurve
eine mehr zur Wagerechten geneigte Linie ergibt, so enthält der Sand
etwa gleiche Gewichtsmengen von jeder Korngröße. Zwischen diesen
beiden Grenzfällen liegen die unzähligen anderen Fälle, deren Beurteilung
mit Hilfe der Siebungskurve sehr leicht ermöglicht wird.

Als Beispiele seien Siebungsschaulinien zweier besonders krasser
Fälle mitgeteilt.

Die erste (Abb. 61) zeigt die Zusammensetzung eines groben Kieses
aus der Gartenstadt Metgethen. Es sind, wie der freistehende Ast der
Kurve zeigt, nur 64 v.H. der Kiesprobe hindurchgesiebt; der übrige
Teil bestand aus groben Kieseln und Steinen und bot für die Maschen-
weitebestimmung kein Interesse. Die langsam ansteigende Kurve läßt
erkennen, daß der Kies von jedem Korn etwa die gleichen Gewichts-

mengen enthielt. Gewählt wurde ein Köpergewebe Nr. 13 aus 0,8 mm Drähten mit einer Maschenweite von 1,20 mm, die, wie aus der Kurve ersichtlich, bei der Siebung 30 v. H. der Sandprobe hindurchfallen ließ.

Die zweite Siebungsschaulinie eines Sandes der Bergschlößchen Aktien-Bierbrauerei, Braunsberg, (Abb. 62) stellt einen sehr ungünstigen und schwierigen Fall dar, weil der sehr feine Sand viel gleichartiges Korn enthält, wie der steil ansteigende Teil der Kurve zeigt. Die Gefahr ständiger Sandförderung ist in derartigen Fällen sehr groß. Man entschied sich deshalb

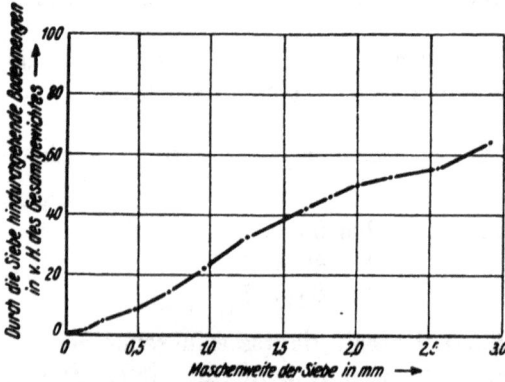

Abb. 61. Siebungsschaulinie eines groben Kieses der Gartenstadt Metgethen.

für eine Tressengewebe Nr. 14 mit einer Maschenweite von 0,40 mm. Eine solche Maschenweite läßt beim Siebversuch nur 15 v. H. der Bodenprobe hindurch.

Eine Einrichtung zur Bestimmung der Maschenweite des Gewebes von Brunnenfiltern ist in Abb. 63 dargestellt. Außer der Trockeneinrichtung, der Wage und einer größeren Anzahl Siebe sieht man den Siebapparat, der 5 Siebungen zugleich vornimmt, und dessen Siebtrommel durch die Handkurbel mit Hilfe einer Zahnradübersetzung und eines Exzenters in eine stark stoßende und schüttelnde Bewegung versetzt werden kann.

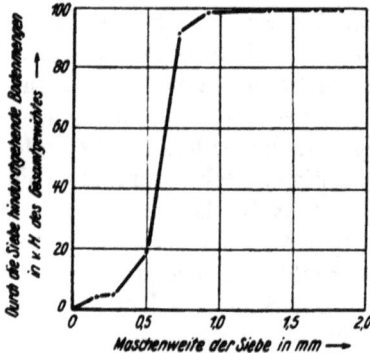

Abb. 62. Siebungsschaulinie eines feinen Sandes der Bergschlößchen Aktien-Bierbrauerei Braunsberg.

4. Vorzüge und Nachteile des Gewebefilters.

Der Vorteil des Gewebefilters gegenüber dem Kiesfilter liegt in den sehr viel geringeren Anschaffungskosten. Auch die Einbaukosten sind erheblich niedriger, da der Filter in gebrauchsfertigem Zustande ans Bohrloch geliefert und nur hinabgelassen wird. Da ferner beim Gewebefilter der Mantelrohrdurchmesser nur wenig größer zu sein braucht, als der Filterdurchmesser, erfordert die Herstellung eines Rohrbrunnens mit Gewebefilter stets wesentlich geringere Aufwendungen, als die Herstellung eines Brunnens mit Kiesfilter. Weiterhin ist das

Herausziehen eines Gewebefilters verhältnismäßig leicht zu bewerk-
stelligen, für den Fall, daß er gereinigt und instandgesetzt werden muß.

Der Nachteil des Gewebefilters besteht, wenn man von den Schwierigkeiten der Bestimmung des richtigen Filtergewebes absieht, darin,
daß er im allgemeinen einen größeren Eintrittswiderstand hat als der
Kiesfilter, und zwar wird auch sein spezifischer Eintrittswiderstand,
d. h. der Widerstand je Quadratmeter Filterfläche größer sein als beim
Kiesfilter. Der Gewebefilter eignet sich außerdem nicht für sehr feinen
Sand, da das Gewebe dann so fein gewählt werden muß, daß sehr erhebliche Widerstände mit den bekannten nachteiligen Folgen ent-

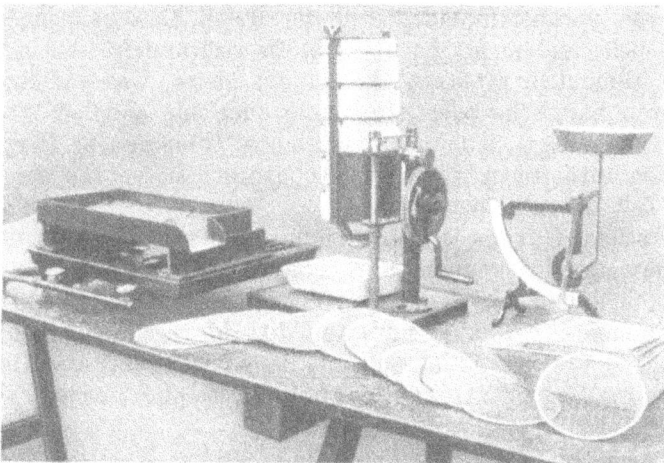

Abb. 63. Einrichtung zur Bestimmung der Maschenweite von Filtergeweben für Rohrbrunnen.

stehen. Ferner ist das Filtergewebe ein sehr empfindlicher, leicht zu
zerstörender Teil, der sowohl beim Einbauen durch mechanische Eingriffe beschädigt, als auch im Betriebe infolge chemischer Vorgänge
durch Ablagerungen verstopft oder in angreifenden Wässern zerfressen
werden kann. Im ganzen ist die Lebensdauer eines Gewebefilters geringer als diejenige eines Kiesfilters. Der Gewebefilter ist daher in neuerer
Zeit mehr und mehr durch den Kiesfilter verdrängt worden. Dennoch
muß gesagt werden, daß die heute oft zu beobachtende Neigung,
in allen Fällen Kiesfilter zu verwenden, fast schon wie
eine Mode anmutet und in den tatsächlichen Verhältnissen
keine Rechtfertigung findet. Der Gewebefilter wird bei ausreichender Größenbemessung und richtiger Gewebewahl immer ein
sehr brauchbarer Brunnenfilter bleiben.

Götze [55] schreibt über den Gewebefilter folgendes:

„Die Verwendung feinmaschiger Metallgewebe als Mittel zur Ab-
haltung des Sandes vom Brunnen hat einen grundsätzlichen Fehler:

6*

die Maschen setzen sich mehr oder weniger mit den Körnern der natürlichen Bodenschicht zu. Eine einfache Überlegung zeigt, daß das unvermeidlich ist. Der natürliche Boden ist immer aus verschieden großen Körnern zusammengesetzt; es werden sich in ihm unter allen Umständen Körner finden, die durch das Gewebe durchschlüpfen. Das ist an sich nicht schlimm; der Brunnen wird durch Abpumpen entsandet, bevor er ordnungsgemäß angeschlossen wird. Der unabwendbare Fehler ist aber der, daß sich auch Körner vorfinden, die gerade in die Maschen hineinpassen oder ganz wenig größer sind, und die feinen Löcher des Gewebes verstopfen. Wird der Brunnen in Benutzung genommen, so kommen die feinsten Bestandteile des Bodens ins Wandern und verstopfen von vornherein einen Teil der freien Gewebefläche und mit der Zeit mehr und mehr. Es ist nicht zu verwundern, daß ein solcher Brunnen allmählich größeren Widerstand bietet, was auf Kosten der verfügbaren Saughöhe oder Absenkung oder mit anderen Worten der Ergiebigkeit erfolgt. Kommen dazu noch Eisenausscheidungen beim Rücktreten lufthaltigen Wassers in Ruhepausen, so versagt der Brunnen mit der Zeit unausbleiblich."

Die Ansicht Götzes ist nur für die Fälle zutreffend, in denen der Sand überwiegend aus einem Korn besteht, das gerade in die Gewebemaschen hineinpaßt. Und das sind doch Ausnahmefälle. Wie mannigfach zusammengesetzt Sande sind, weiß der, der regelmäßig Siebversuche anstellt. Und wie verhält es sich mit dem Kiesfilter? Auch hier kann der Fall eintreten, den Götze erwähnt. Er ist aber ebenso Zufall, wie bei einem Gewebefilter.

β) Der Kiesfilter.

Kiesfilter erfordern stets eine Bohrung mit sehr viel größerem Durchmesser (nicht unter 400 mm Endverrohrung). In der einfachsten Form besteht der Kiesfilter aus einem gelochten oder geschlitzten Filterrohr ohne Gewebe, welches konzentrisch in den Brunnen eingesetzt und mit einer Schüttung von Filterkies umgeben wird. Die Kiesschüttung des Kiesfilters (Abb. 59) nimmt also die Stelle des Gewebes beim Gewebefilter ein.

1. Das Filterrohr.

Bezüglich des Filterrohres empfiehlt es sich, beim Kiesfilter nur ein solches mit länglicher Schlitzlochung zu wählen, da runde Lochungen durch Steine und Kiesel des Filterkieses sehr leicht verkeilt und verstopft werden.

2. Der Filterkies.

Zur Schüttung dient reiner, gewaschener und durch Siebungen sortierter Filterkies. Es ist selbstverständlich, daß Kies aus eisenhaltigen Schichten, der sogenannte Grand, u. ä. nicht Verwendung finden darf.

3. Die Kiesschüttung.

In feineren Sanden ist es nicht möglich, mit nur einer Kiesschüttung von einer bestimmten Korngröße auszukommen, weil
diese nicht in der Lage sein wird, den feinen Sand zurückzuhalten.
Man bringt daher mehrere Schüttungen (Abb. 59) verschiedenen Korns
ein, deren radialer Abstand voneinander die Mächtigkeit der einzelnen
Kiesschüttung ausmacht. Die Korngröße der Kiesschüttungen wählt
man derart, daß die innere Schüttung ein größeres Korn als die Öffnungen des Filterrohres besitzt und die äußere sich der Korngröße der
wasserführenden Schicht anpaßt. Außerdem bringt man nach Bedarf
Schüttungen in Zwischenkorngrößen ein. Groß [63] gibt als Regel an,
daß der Korndurchmesser jeder Schicht vier- bis fünfmal größer sein
muß, als derjenige des Korns der angrenzenden äußeren Schicht. Hierdurch soll mit Sicherheit erreicht werden, daß das kleine Korn nicht
durch die Zwischenräume der großen Körner hindurchgeht. Das Schütten eines Kiesfilters nimmt man in der Weise vor, daß man von der
Erdoberfläche aus in die Zwischenräume der Schüttrohre die vorgesehenen Kiese hineinschüttet und nach kurzer Schüttung jedesmal
die Rohre um die entsprechende Höhe, die geschüttet ist, emporzieht.
Man fährt dann fort, indem man stets nur ein kleines Stück schüttet
und die Rohre entsprechend zieht, bis der ganze Filter fertig geschüttet
ist (vgl. Abb. 108). Dieses ist die ursprüngliche Form des Kiesfilters.
Man findet hier und da zur Ersparnis von Kosten Kiesschüttungen von
einer so geringen Mächtigkeit, daß das betriebssichere Arbeiten des
ganzen Brunnens dadurch in Frage gestellt erscheint. Deshalb sei darauf
hingewiesen, daß in den Fällen, wo es aus finanziellen Gründen nicht möglich ist, eine genügend starke Kiesschüttung einzubringen, man auf einen
Kiesfilter verzichten und einen Gewebefilter verwenden sollte. Die
geringste Mächtigkeit einer Kiesschüttung wird, im Radius gemessen,
100 mm nicht unterschreiten dürfen, andernfalls man einer Selbst-
täuschung über die Wirksamkeit einer Kiesschüttung unterliegt.

Ähnlich verhält es sich, wenn ein Gewebefilter mit einer Kiesschüttung umgeben ist, die vielleicht nur 20 bis 30 mm stark ist.
Derartige Schüttungen sind zwecklos.

4. Kiesschüttungs- und Kiespackungsfilter.

Es leuchtet ein, daß bei tieferen Brunnen die Schüttung in der
geschilderten Weise nicht immer sorgfältig genug ausfallen wird. Einmal kommt es vor, daß die Brunnen bei größerer Tiefe von der Senk-
rechten abweichen, so daß die Schüttungen einseitig und ungleichmäßig
erfolgen, zumal dann das konzentrische Stellen der Schüttrohre schon
Schwierigkeiten bereitet. Oft hängt sich aber auch der Kies an den
Halteschellen auf und es entstehen unter den Schellen in der Schüttung
Hohlräume, die ein Versagen des Filters zur Folge haben. Die Möglich-

keiten, die sorgfältige Ausführung einer Schüttung nachzuprüfen, sind ferner so gering, daß man die eigentlichen Kiesschüttungsfilter nur noch in geringer Tiefe verwendet.

Um die erwähnten Überstände zu vermeiden, ist man dazu übergegangen, am Filterrohr des Kiesfilters selbst Einrichtungen zu schaffen, die es gestatten, den Kies über Tage am Filterkörper in den verschiedenen Korngrößen zu befestigen. Man verwendet z. B. doppelte Filterrohre, deren Zwischenräume vor dem Einsetzen mit Kies gefüllt werden, oder man umgibt den Filter mit kastenförmigen, oben offenen Behältern, die den Kies aufnehmen und eine sorgfältige Packung über Tage vor dem Einbau des Filters gestatten. Diese Filterausführung ermöglicht eine unmittelbare und sichere Nachprüfung durch das Auge und gibt die Gewähr, daß man wirklich dasjenige erreicht, was beabsichtigt ist. Im Gegensatz zu den älteren Kiesschüttungs- filtern werden diese Filter Kiespackungsfilter (Abb. 64) genannt.

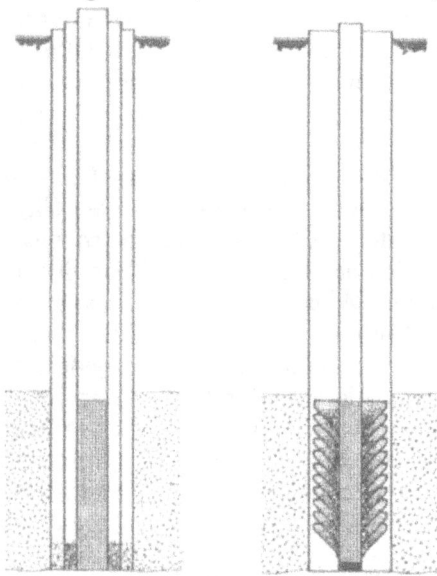

Abb. 64. Kiesschüttungsfilter und Kies- packungsfilter.

5. Vorzüge und Nachteile des Kiesfilters.

Als Vorzug des Kiesfilters ist vor allem zu nennen seine größere Widerstandsfähigkeit gegen Verockern oder Verkrusten und damit seine längere Lebensdauer. Eine Ablagerung aus dem Wasser ausgeschiedener Stoffe tritt natürlich auch beim Kiesfilter allmählich ein, in gleicher Weise, wie dieses in der wasserführenden Schicht selbst mit der Zeit der Fall ist. Die Eintrittsgeschwindigkeit ist infolge seines großen Durchmessers sehr gering, so daß man mit einem kleineren Eintrittswiderstand rechnen kann. Auch der spezifische Widerstand, d. h. der Widerstand je Quadratmeter Filterfläche, wird an sich geringer sein. Es mag ferner zutreffen, daß die Reibung der Wasserteilchen unter sich und an den Filtereintrittsöffnungen bei der Begünstigung der erwähnten chemischen Vorgänge eine Rolle spielt und daß deshalb die geringere Eintrittsgeschwindigkeit einen Verockerungsprozeß langsamer fortschreiten läßt.

Als Nachteile des Kiesfilters sind zu nennen: Die Beschaffungs- und namentlich auch die Einbaukosten sind bedeutend höhere als beim

Gewebefilter und schon dadurch bedingt, daß mit wesentlich größerem Bohrdurchmesser gebohrt werden muß. Das Herausziehen eines Kiesfilters ist viel schwieriger als das eines Gewebefilters. Es ist überhaupt nur dann möglich, wenn das Mantelrohr im Brunnen verbleibt (Abb. 30 Nr. 8). Aber auch in diesem Falle bietet es noch bedeutende Schwierigkeiten, und ein Gelingen dieser Arbeit ist nicht mit Sicherheit vorauszusagen.

d) Die wichtigsten Filterausführungen.

Wenn wir uns nun der Erörterung der wichtigsten Ausführungen des Brunnenfilters zuwenden, so folgen wir wieder der Unterscheidung in Gewebefilter, Kiesschüttungsfilter und Kiespackungsfilter und werden uns dann noch mit einigen weiteren Gruppen sowie einzelnen Sonderbauarten beschäftigen, deren Ausführungen in ihren wesentlichen Merkmalen aus anderen Gedankengängen heraus entwickelt sind. Nicht alle der in den folgenden Abschnitten erwähnten Filterbauarten haben sich den Ansprüchen gewachsen gezeigt. Es soll aber ein möglichst umfassendes Bild der verschiedenen Ausführungen gegeben und dargelegt werden, wie mannigfaltig die Gedanken derer waren, die sich, wie zugestanden werden muß, vielfach mit nur geringem Erfolge an der Aufgabe versuchten, einen betriebssicheren für alle Verhältnisse geeigneten Brunnenfilter von möglichst langer Lebensdauer zu schaffen. Soweit Filter und Rohrbrunnen ein Ganzes bilden, werden in folgendem auch vollständige Rohrbrunnenausführungen gezeigt werden.

α) Gewebefilter.

Der Gewebefilter in der gewöhnlichen Ausführung (Abb. 65), ist bereits ausführlich besprochen worden (siehe S. 77). Das Filterrohr besteht aus asphaltiertem Eisen, verzinktem Eisen, Kupfer, Messing oder Bronze und kann neuerdings auch

Abb. 65. Gewöhnlicher Gewebefilter.

aus Kruppschem nichtrostendem Stahl Marke V 2 A hergestellt werden. Die Filtergewebe sind Messing, Kupfer, verzinntes Kupfer oder ebenfalls nichtrostender Stahl. Zum Schutze des Gewebes gegen Beschädigungen beim Einsetzen sind an den Stoßstellen der Filtergewebe vielfach Ringe aus Blech aufgesetzt, die einen größeren Durchmesser haben als der äußere Filterdurchmesser und eine Berührung des Filtergewebes mit der Rohrwand des Mantelrohres verhindern.

Bei dem Gewebefilter von Heinrich Lapp [149] ist zwischen Filterrohr und Gewebe ein weitmaschiges Gitter aus kräftigem Draht an-

geordnet, dessen Knoten sich gegen das Filterrohr stützen (Abb. 66),
so daß das um das Gitter gespannte Gewebe eine vollkommene Zylindermantelfläche bildet. Diese Bauart vereinigt hohe Durchlaßfähigkeit
und gute Stützung des Filtergewebes.

Einen geringeren Eintrittswiderstand, als der gewöhnliche Gewebefilter, besitzt der Stabfilter, bei dem der Filterkörper aus Stäben
besteht, die in der Art eines
Zylindermantels durch Ringe zusammengehalten werden. Das
Material der Stäbe ist Rundeisen,
gezogenes Messing, Bronze oder
Kupfer. Dieser Filter verlangt ein

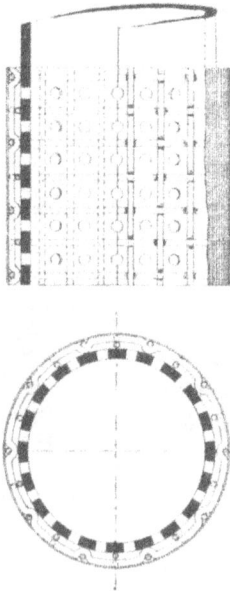

Abb. 66. Gewebefilter von Lapp.   Abb. 67. Stabfilter von Günther.

besonders kräftiges Unterlagsgewebe, um das äußere Filtergewebe vor
Beschädigungen durch zu starke Saugwirkung zu bewahren und entsprechend zu stützen, ist aber trotzdem größerem Bodendruck gegenüber nicht so widerstandsfähig wie ein Filter mit einem Rohrkörper.

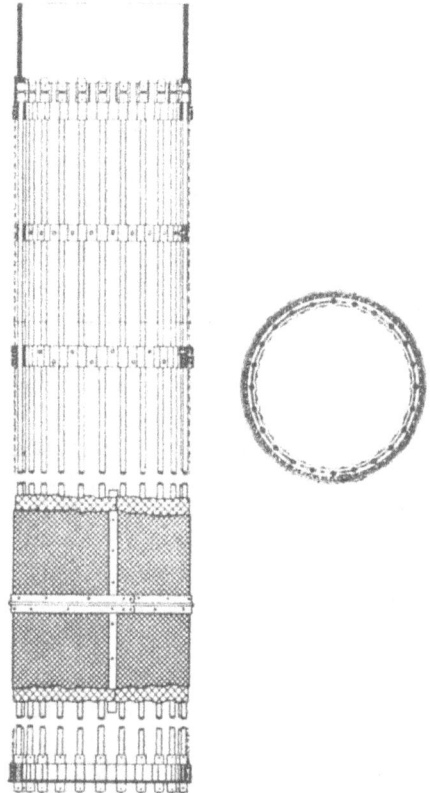

Der Stabfilter von Adolph Günther [147] (Abb. 67) will die S. 76
erwähnten elektrolytischen Zerstörungserscheinungen vermeiden und
sieht deshalb eine Gewebeumspannung ohne jede Lötung vor. Das
Filtergewebe wird mit Längs- und Querbändern auf dem aus Stäben
bestehenden Filterkörper durch Verschraubung oder Vernietung be-

festigt. Es ist also die Möglichkeit gegeben, den Filter in allen Teilen ausnahmslos aus demselben Metall herzustellen, so daß galvanische Ströme mit ihren metallzerstörenden Folgeerscheinungen nicht auftreten können.

Der Körper des Rippenfilters Bauart Bieske (Abb. 68) ist aus einzelnen Kupferblechbahnen hergestellt, deren Längskanten nach außen umgebördelt und derartig vernietet sind, daß an der Außenfläche des Filters Längsrippen entstehen. Das Filterrohr erhält dadurch eine größere Festigkeit als ein gewöhnliches Kupferfilterrohr und außerdem einen wirksamen Schutz gegen Beschädigungen des Filtergewebes beim Hinablassen in das Mantelrohr. Da der Filter vollständig aus Kupfer hergestellt ist, und daher größeren Zugbeanspruchungen für den Fall, daß er zutage gehoben werden muß, nicht standhält, wird er nötigenfalls mit einem besonderen Zuggerüst aus asphaltiertem Schmiedeeisen geliefert, welches ein Herausziehen des Filters auch nach jahrzehntelangem Verbleiben im Boden gestattet.

An Stelle des üblichen Filterrohres mit kreisrunder oder länglicher Lochung tritt oft ein Guß-

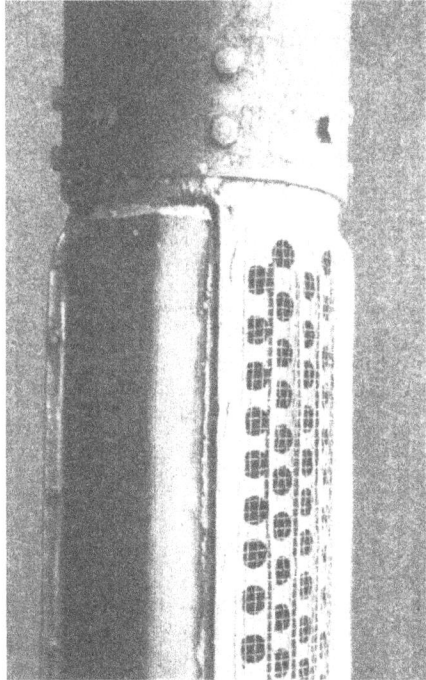

Abb. 68. Rippenfilter, Bauart Bieske.

körper mit großen langen Schlitzen und Gewebeumspannung, wie er bei den Hamburger Wasserwerken (Abb. 69) mehrfach zur Verwendung gekommen ist. Der Filterkörper besteht aus Bronze, das Filtergewebe aus verzinntem Kupfer. Die Anschaffungskosten sind natürlich gegenüber den gewöhnlichen Gewebefiltern mit dünnwandigen Filterrohren höhere, dürften jedoch in der längeren Lebensdauer dieses Gewebefilters ihre Rechtfertigung finden.

Der gußeiserne Rohrbrunnen Bauart Thiem besitzt einen gußeisernen Filterkörper mit großen rechteckigen Eintrittsöffnungen, der mit einem verzinnten Kupfergewebe umspannt ist. Er hat im Laufe der Jahre eine Reihe von Veränderungen erfahren, die in einer Abhandlung von G. Thiem [38] geschildert sind. Die neueste Bauart aus dem Jahre 1911 ist in der Abb. 70 dargestellt. Das Mantelrohr und das Ablagerungsrohr sind ebenfalls in Gußeisen ausgeführt. Das zur Herstellung der Brunnenbohrung benutzte Bohrrohr wird ganz herausgezogen. Infolge der geringen Zugfestigkeit des Gußeisens kommt ein Herausziehen des Filters kaum in Frage, obwohl derartige Filter schon zutage gebracht worden sind. Man ist daher im allgemeinen auf die

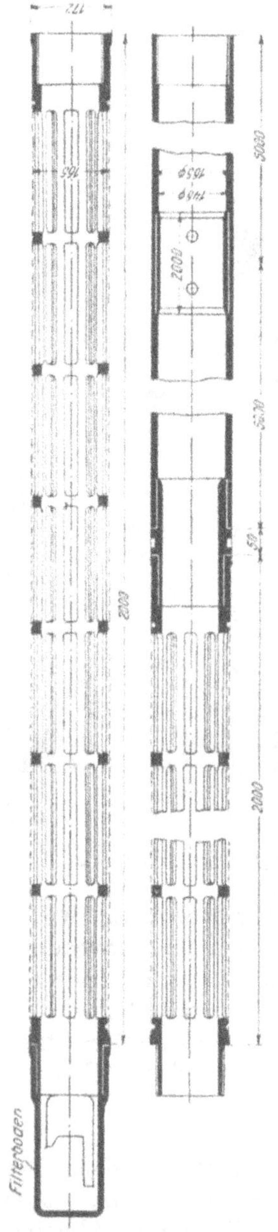

Abb. 69. Gewebefilter mit Bronzegußkörper. (Hamburger Wasserwerke.)

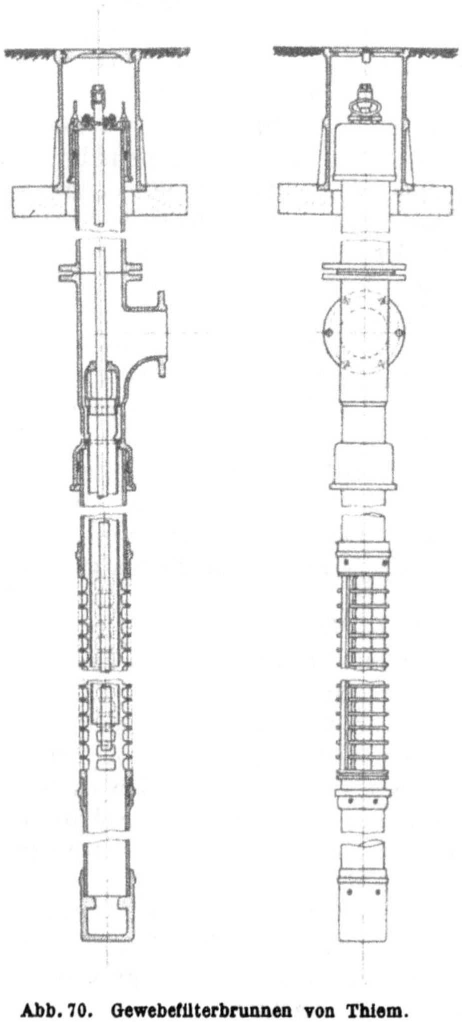

Abb. 70. Gewebefilterbrunnen von Thiem.

Reinigungsverfahren beschränkt, die mit Hilfe der von oben einzuführenden Reinigungsgeräte (siehe S. 151) auszuführen sind. Das Metall des ganzen

Rohrbrunnens ist bis auf das Kupfergewebe und das kupferne Saugerohr durchweg asphaltiertes Gußeisen, das sich auch in angriffslustigen Wässern bewährt hat [109]. Wie alle gußeisernen Rohrbrunnen eignet sich auch der Thiembrunnen wegen der hohen Gußeisengewichte nur für kleinere und mittlere Tiefen bis etwa 60 m unter Tage.

Der Ringrippenfilterkorb von Rudolf Förster [159] (Abb. 71) ist ein Gewebefilter, der aus einzelnen durch Zuganker zusammengehaltenen rippenförmigen Ringen besteht, die in der Regel aus Gußeisen angefertigt werden. Diese bieten dem Gewebe eine so geringe Auflagefläche bei trotzdem genügender Stützung dar, daß sehr große Durch-

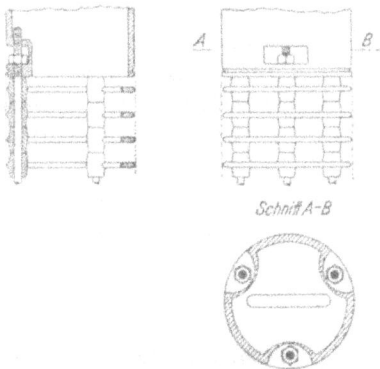

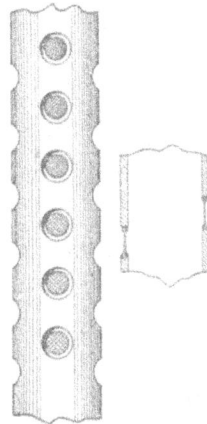

Abb. 71. Gewebefilter von Rudolf Förster.   Abb. 72. Winkeleisen-   Abb. 73. Rehse-Filter.
filter von Gaste.

laßöffnungen dem Wasser bei seinem Eintritt in den Brunnen zur Verfügung stehen, deren Größe mit mehr als 90 v.H. der ganzen Zylindermantelfläche des Filters angegeben wird.

Die Erkenntnis der Tatsache, daß das Filtergewebe gegenüber Beschädigungen aller Art sehr empfindlich ist, hat zu Versuchen geführt, an Stelle des Gewebes andere Einrichtungen zur Zurückhaltung des Sandes zu schaffen. In dieser Hinsicht ist der umwickelte Filter erwähnenswert, bei dem ein aus mehreren kräftigen Kupferdrähten gedrehtes Seil dicht um das Filterrohr gewickelt wird. Eine höhere Durchlässigkeit („Maschenweite") der Wicklung wird durch Verwendung größerer Drahtstärken erreicht. Zur Befestigung der Wicklung dient eine Längsschiene. Eine größere Verbreitung hat diese Bauart der Brunnenfilter nur bei den Abessinierbrunnen erlangt, bei denen wegen des Einrammens des Filters das Filtergewebe besonders widerstandsfähig sein muß.

Ein Filter für kleinere Rohrbrunnen und Abessinier ist der Winkel-
eisenfilter von Paul Gaste (Abb. 72). Der Filter besteht aus zwei
mit ihrem Scheitel aneinandergeschweißten Winkeleisen, welche an den
Enden in Guß- oder Siede-
rohrstutzen befestigt sind.
Um die Winkeleisen, die
zusammen im Schnitt
etwa die Form eines Kreu-
zes zeigen, ist eine Draht-
spirale aus starkem Draht
gelegt und um diese
das Filtergewebe ge-
spannt. Der Filter ist
zweifellos gegenüber me-
chanischen Einwirkungen
widerstandsfähig und be-
sitzt auch an der Wan-
dung ausreichende Ein-
trittsöffnungen. Als Man-
gel ist aber die nicht unerhebliche Querschnitts-
verengung durch die
beiden Winkeleisen im
Innern anzusehen.

A. Thiem benutzte
für hydrologische Ver-
suchsarbeiten einen sehr
einfachen Filter, der sich
gut bewährt haben soll.
Er überzog eine konisch
gewundene Spirale aus
starkem Draht oder
Rundeisen mit Gewebe
und ließ diesen Filter in
der üblichen Art einbauen.
Die fast trichterförmige
Ausbildung des Filters
erleichterte das spätere
Herausziehen nach Be-
endigung der Arbeiten
in hohem Maße.

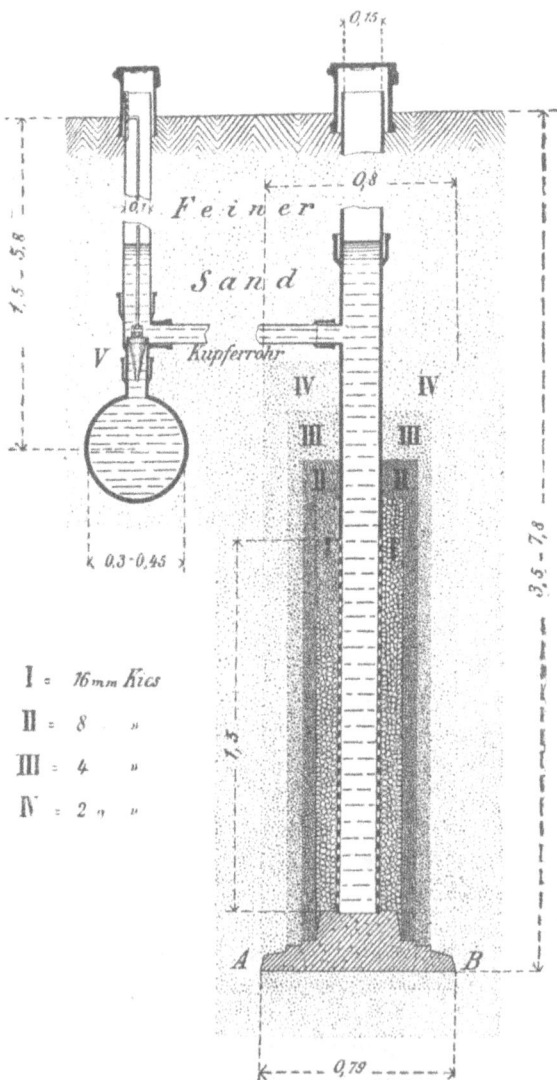

Abb. 74. Kiesschüttungsfilter des Wasserwerks Nürnberg.
(Aus: Handbuch der Ingenieurwissenschaften. III. Teil,
3. Band, Smreker 1914, 5. Auflage.)

Der Filter von Matthias Rehse [177] (Abb. 73) besitzt ein mit
kreisrunden Lochungen versehenes Filterrohr, bei dem an Stelle der
Gewebeumspannung jedes einzelne Filterloch mit einem besonderen

auswechselbaren Gewebestück versehen ist. Zur Vermeidung von Beschädigungen beim Einsetzen sind die Gewebestücke in der Filterrohr-
wand versenkt angeordnet. Der Filter wird auch bei Rammbrunnen
verwendet. Für größere Anlagen dürfte er wegen seiner geringen Eintrittsfläche und seines hohen Eintrittswiderstandes nicht in Frage
kommen. Die einzelnen Gewebestücke werden in ungünstigen Wasserverhältnissen zweifellos leicht durch ausgefällte Stoffe verstopft werden.

β) Kiesschüttungsfilter.

Die Ausführung des Kiesschüttungsfilters in seiner einfachsten
Form (Abb. 59) ist ausführlich Seite 85 dargelegt worden.

Einen Kiesschüttungsfilter, wie
er bei dem Nürnberger Wasserwerk zur Verwendung gekommen
ist, zeigt die Abb. 74. Es galt
hier, ungewöhnlich feinkörnigen
Schichten, in allerdings geringer
Tiefe unter Tage, Wasser zu entnehmen. Die Bohrung wurde mit
einem Durchmesser von 800 mm
ausgeführt, sodann auf der Sohle
des Bohrloches eine Betonplatte
mit mehreren ringförmigen Absätzen zur Aufnahme der Schüttrohre eingebracht, die Schüttrohre
eingesetzt und dann die ringförmigen Zwischenräume mit Kies
verschiedener Korngröße ausgefüllt. Die Abb. 74 zeigt auch den
Anschluß des Brunnens an die
Heberleitung.

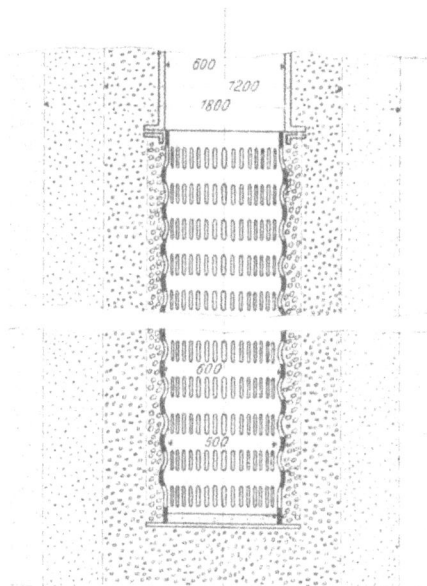

Abb. 75. Patentwellenfilter von F. von Hof.

Der Patentwellenfilter von
Friedrich von Hof (Abb. 75), der
im Wasserwerk Vegesack [96] verwendet worden ist, besteht aus einem
kupfernen gewellten Rohr von 600 mm äußerem Durchmesser, das in den
Wellentälern Schlitze von 100 mm Länge und 7 mm Breite besitzt. Der
Wellenfilter ist in eine 1,80 m weite Bohrung eingesetzt und mit Kiesschüttungen in 3 verschiedenen Korngrößen umgeben. Jeder Brunnen
dieser Bauart in Vegesack liefert 40 cbm Wasser stündlich. Wellenfilter lassen sich mittels Bürsten sehr gut reinigen. Eine derartige
Reinigung wird in Zwischenräumen von 1½ bis 2 Jahren vorgenommen, wodurch die Brunnen wieder ihre volle Ergiebigkeit erlangen.

Eine andere Ausführung von Friedrich von Hof [160] besteht aus
einem mit langen Schlitzen versehenen Filterrohr, das dachartige Um-

mantelungen besitzt, die voll oder auch mit Schlitzen (Abb. 76) versehen sind. Der Kies kann sich bei der Schüttung frei abböschen, so
daß die Filteröffnungen vollkommen frei liegen. Auch dieser Filter gibt

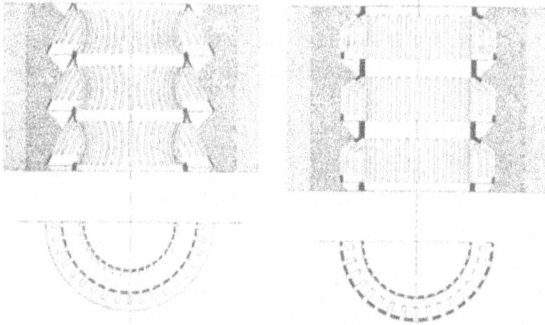

Abb. 76. Filterkörbe von F. von Hof.

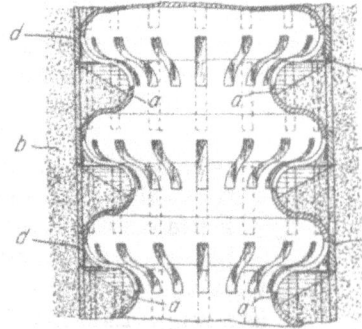

Abb. 77. Kraszewski-Wellrohrfilter.

die Möglichkeit, von innen her bei Verschlammungen die Kiesschicht
dicht am Filterkorb zu reinigen, insbesondere wenn die Schutzringe
auch geschlitzt sind.

Unter dem Namen Kras-
zewski-Filter sind eine Reihe
von Brunnenfilterausführungen
bekannt geworden. An dieser
Stelle sei der ursprüngliche Filter [163] erwähnt. Dieser besteht
aus einem glattwandigen Außen-

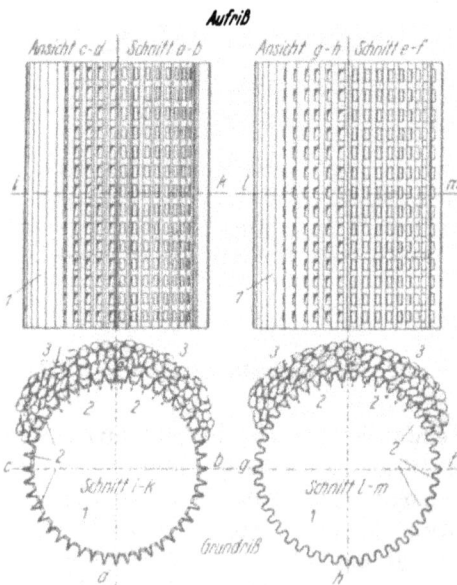

Abb. 78. Filter von Otten.

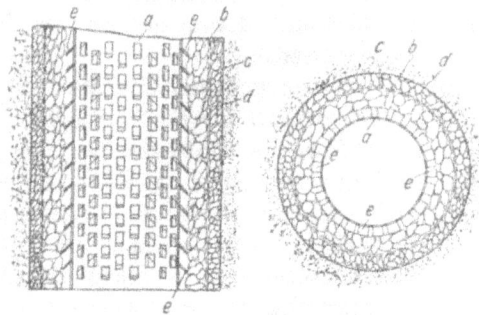

Abb. 79. Gardefilter.

rohr (Abb. 77) mit großen Öffnungen und aus einem in das Außen-
rohr eingesetzten Wellrohr, dessen Wellungen in ihrem unteren Teile
große Schlitze haben. Der geschüttete Kies bildet auch hier einen natür-

lichen Böschungswinkel und kommt mit den Filteröffnungen des Well-
rohres nicht in Berührung.

Der bei den Kiesschüttungsfiltern auftretende Übelstand, daß die
unmittelbar außen am Filterrohr geschütteten gröberen Kiesschichten

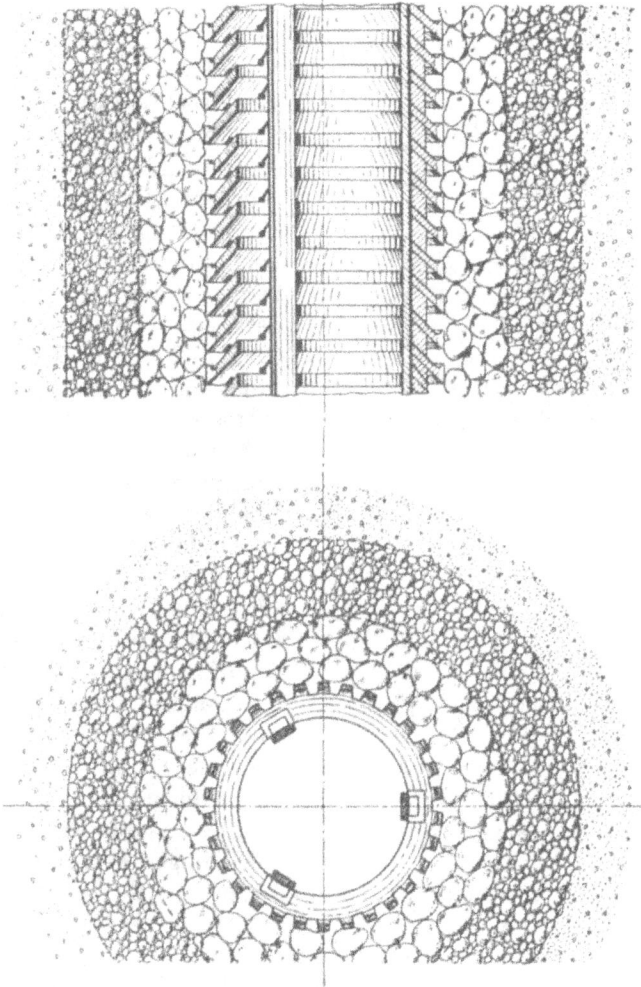

Abb. 80. Garde-Ringfilter.

mit ihren Körnern und Kieseln, die Haselnuß- bis Wallnußgröße haben,
die Lochungen des Filterrohres versperren, und daher den Durchfluß-
querschnitt stark verengen, hat eine Reihe verschiedener Filterbauarten
entstehen lassen.

Das Filterrohr des Ottenschen Filters [161] besitzt schmale Längs-
rilen verschiedener Form (Abb. 78), deren Bodenflächen gelocht sind.

Die Breite der Rillen ist geringer bemessen, als der Durchmesser des Korns der umgebenden Kiesschüttung. Daher bleiben die Filterlochungen vollkommen frei, und das Wasser kann durch den vollen Querschnitt dieser Lochungen in den Brunnen eintreten.

In sehr wirksamer Weise ist beim Gardefilter [155] die Aufgabe gelöst, das Zusetzen der Filteröffnungen mit Kieskörnern zu verhindern. Die Lochungen des Filterrohres besitzen hier (Abb. 79) eine eigentüm-liche Form. In den rechteckigen Eintrittsöffnungen sind beim Stanzen nach außen dachartig erscheinende Metallappen herausgedrückt, die gegenüber der groben Kiesschüttung unmittelbar am Filterrohr als Abweiser wirken, so daß eine Verlagerung der Lochungen durch die Schüttung nicht eintreten kann. Der Filter besitzt daher eine große Wassereintrittsfläche, so daß man mit einem geringen Eintrittswiderstand rechnen kann. Die Ausführung des Filterrohrs erfolgt in Kupfer oder in Eisen.

Die Garde-Ringfilter [174, 175], eine Weiterentwicklung der Gardefilter, bestehen aus gußeisernen Ringen (Abb. 80), die am äußeren Umfang zungenartig gezackt sind. Diese Auszackungen dienen bei dieser Bauart als Abweiser für den groben Kies und verhüten eine Verengung der Querschnitte.

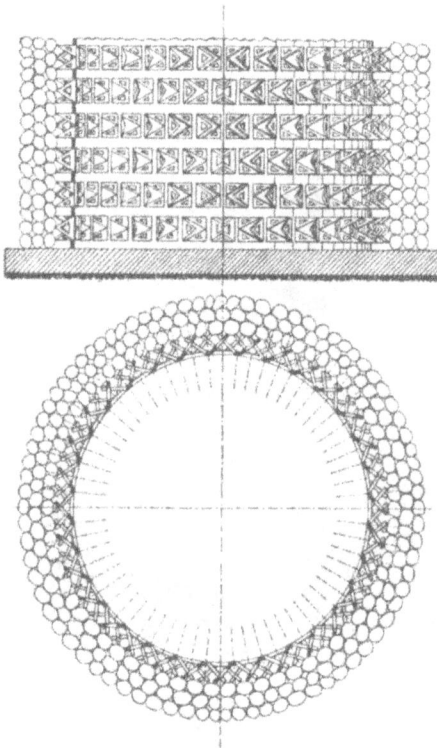

Abb. 81. Filter von Julius R. Müller.

Die Ringe werden durch Versteifungsanker zusammengehalten. Es können hierbei als innere Schüttung auch Kiese von geringerer Korngröße zur Verwendung kommen.

Derselbe Gedankengang liegt der Bauart des Rohrbrunnenfilters von Julius R. Müller [176] zugrunde. Der Unterschied gegenüber dem Gardefilter besteht darin, daß hier die Metallappen seitlich herausgedrückt sind und eine eigenartige Form, wie aus der Abb. 81 hervorgeht, besitzen. Die herausgedrückten Lappen tragen selbst noch dreieckige Lochungen.

Der Filter des gußeisernen Kiesschüttungsbrunnens Bauart Smreker (Abb. 82), besteht aus einzelnen Ringen, die durch Zuganker zusammengehalten werden. Die Kegelmantelflächen dieser Ringe sind

entweder glatt, dachartig geformt oder wellenförmig ausgebildet. Das
Ziel dieser Ausführung ist, auch hier bei möglichst großem Eintritts-
querschnitt ein Zusetzen der Filteröffnungen durch den Filterkies zu
verhindern. Die Ausführung erfolgt durchweg in asphaltiertem Guß-

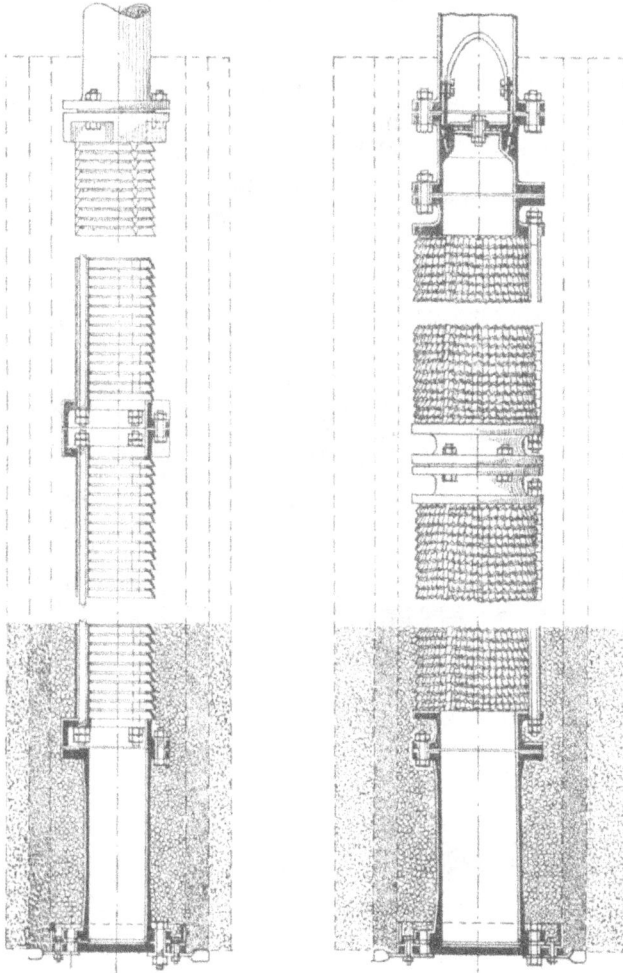

Abb. 82. Filter von O. Smreker.

eisen in den Durchmessern 150 und 260 mm. Um die Nachteile des geschütteten Kiesfilters zu vermeiden, wird bei diesem Filter vor dem Einbau ein Drahtgewebe in der Art eines Zylinders um den Filterkörper
herum befestigt, in welches die dem Filterrohr zunächst liegende Kiesschicht eingepackt wird. In dieser Hinsicht bildet der Smrekersche Filter bereits einen Übergang zum Kiespackungsfilter.

Der Filter von Joseph Böhm [173] weist Versteifungsrippen am äußeren Mantel in der Längsrichtung des Filterkörpers (Abb. 83) auf,

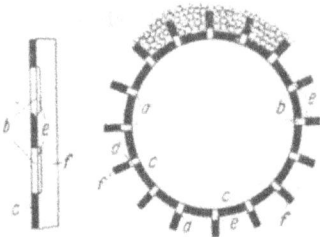

Abb. 83. Filter von Joseph Böhm.

unter denen die Filtereintrittsöffnungen angeordnet sind. Er besitzt hohe Steifigkeit und läßt sich leicht herausnehmen und wieder einsetzen. Die Kiesschüttung kann sich um den Filter herum lagern, ohne die Öffnungen zu verstopfen. Auch eine Reinigung von innen her ist in einfacher Weise durchzuführen. Allerdings ist die Wassereintrittsfläche sehr gering bemessen, weshalb ein höherer Filterwiderstand wahr-

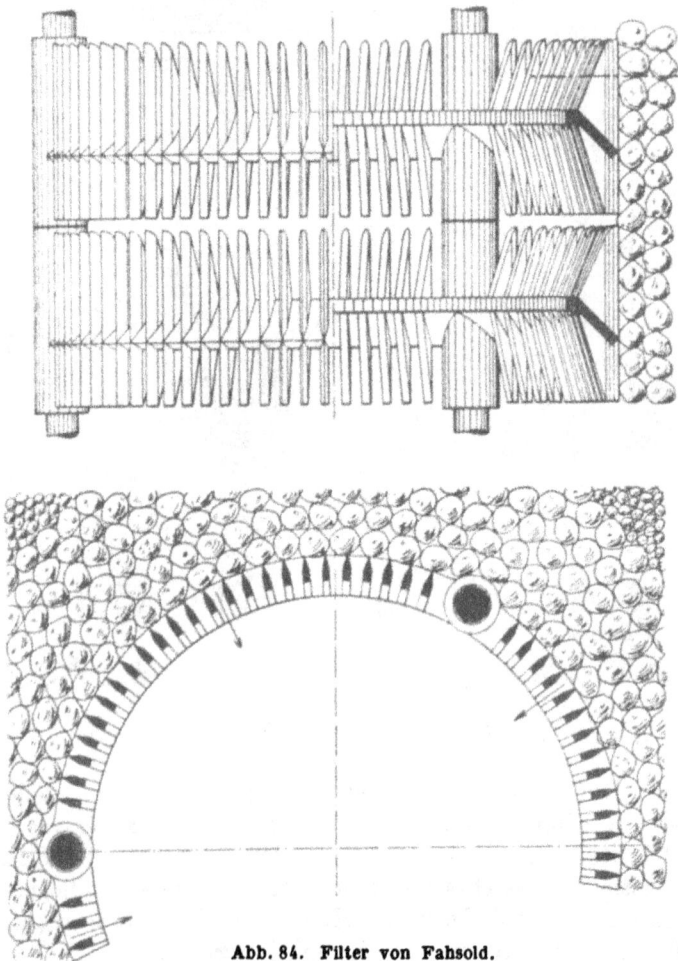

Abb. 84. Filter von Fahsold.

scheinlich ist. Ob dieser Filter praktische Bedeutung erlangt hat, entzieht sich der Kenntnis des Verfassers.

Eine ganz eigenartige Form zeigt der Filter von Albert Fahsold [179]. Der Filter besteht aus einzelnen kegelstumpfartigen Ringen, die aufrechtstehende, nach außen hin scharfkantige Rippen tragen (Abb. 84) Auch hier liegt das Bestreben vor, die Filtereintrittsöffnungen vor Verstopfungen durch Kieskörner zu bewahren. Die Eintrittsfläche ist sehr groß, dennoch erscheint das Ganze reichlich verwickelt und umständlich. Die Herstellung dürfte auch höhere Kosten erfordern.

Mit der S. 127 erwähnten Borsigschen Entsandungsvorrichtung, die besonders in feinsandigen Schichten bei Kiesschüttungsfiltern zur Verwendung kommt, ist der sogenannte Mammutfilter geschaffen worden. Die Entsandung soll soweit zu treiben sein, daß um den Filter herum Hohlräume erzeugt werden, in welche sich der hineingeschüttete Kies nach außen hin ausbreiten kann, so daß man mit einem geringeren Bohrdurchmesser auskommt, als er sonst für Kiesschüttungsfilter erforderlich ist. Die Abb. 85 veranschaulicht die Herstellung eines solchen Kiesschüttungsbrunnens mit Mammutfilter.

Zur Gewinnung von Dünenwasser in Holland sind Rohrbrunnen in der Bauart Stang [95] gebaut worden, die aus einem verzinnten Kupferrohr bestehen, das auf der ganzen Länge mit 6 mm weiten Öffnungen versehen ist. Um den durchlochten Teil des Rohres liegt eine Schüttung von Muscheln von 30 cm Durchmesser. Außerhalb dieses Muschelkerns ist noch eine Schüttung von feinem Flußkies angeordnet. Diese Schüttungen von Flußkies und Muscheln, wie sie an der holländischen Küste angespült werden, sind

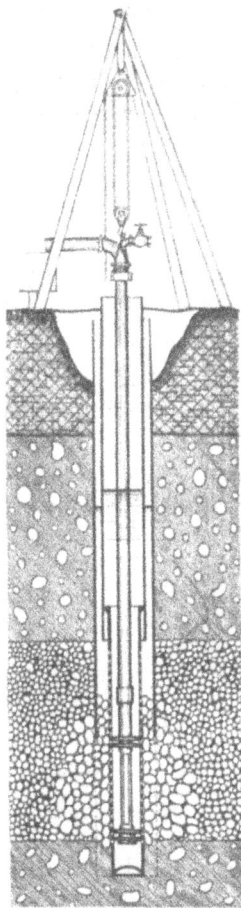

Abb. 85. Mammutfilter.

nach den Erfahrungen, die man dort gesammelt hat, in der Lage, die feinsten Dünensandkörnchen vom Rohrbrunnen fernzuhalten. Das Wasser wird aus dem Rohrbrunnen nicht gepumpt, sondern fließt unter natürlichem Druck in eine unter dem Grundwasserspiegel liegende Sammelleitung. Diese Muschelbrunnen haben sich in den holländischen Dünen besser bewährt, als die nach Art der Abessinier gebauten bisherigen Brunnen.

γ) Kiespackungsfilter.

Die einfachste Form des Kiespackungsfilters (siehe S. 86), ist das mit einer Kiesfüllung versehene doppelwandige Filterrohr.

Ein ähnlicher Filter ist der gewebelose Doppelfilter, Bauart Loeck, der in der Abb. 86 dargestellt ist.

Als erprobter Kiespackungsfilter ist der von Eugen Götze [167] geschaffene Filter (Abb. 87) zu nennen. Bei diesem wird allerdings auch Gewebe verwendet. Er ist also kein eigentlicher Kiesfilter mehr. Der Aufbau ist folgender: Um das mit langen Schlitzen versehene Filterrohr ist ein Gewebe gezogen und konzentrisch mit diesem ein zweites Gewebe angeordnet, das mit Stützringen gehalten wird. In dem Zwischenraum beider Gewebe wird über Tage vor dem Einbau eine Kiespackung eingebracht. Götze legt großen Wert darauf, daß die Auswahl des Kieses sehr sorgfältig und so erfolgt, daß eine Verstopfung der Gewebemaschen durch die einzelnen Kieskörner nicht eintreten kann (siehe S. 83).

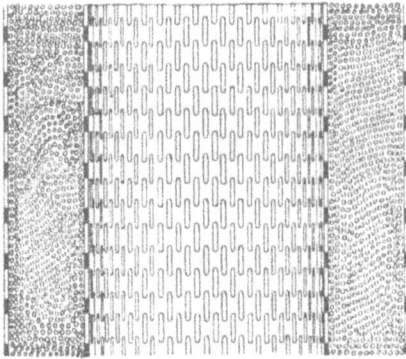

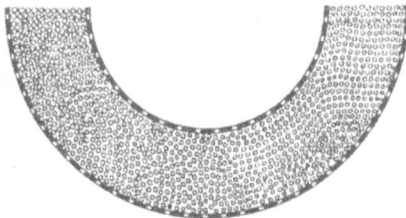

Sodann sind verschiedene Brunnenfilterausführungen des Ingenieurs von Kraszewski zu nennen. Allen diesen Bauarten ist das eine gemeinsam, daß vor dem Einbau über Tage der Kies in besondere Behälter des Filters gepackt wird, und daß durch eine besondere Anordnung das Wasser gezwungen ist, beim Durchfließen des Filterkieses, bevor es in den Brunnen gelangt, einen längeren Weg zu nehmen, um mit Sicherheit das Mitreißen feinerer Sandteile in den Brunnen zu verhindern.

Abb. 86. Doppelfilter von Loeck.

Bei dem Kraszewski-Einfachfilter [168] (Abb. 88) tritt das Wasser oben durch die runden Öffnungen ein, durchfließt die Kiespackung und gelangt durch die in dem inneren Teil jeder Packung vorgesehenen Schlitze in den Brunnen.

Bei dem Kraszewskischen Taschenfilter [169] (Abb. 89) wird der Filterkies auch unter die äußeren und inneren Eintrittsöffnungen gepackt, so daß diese selbst vollständig frei liegen. Das Wasser durchfließt oben eintretend zuerst die äußeren Taschen, tritt unten in die inneren Taschen und gelangt nach dem Emporsteigen in das Brunneninnere. Da es auf diese Weise einen längeren Weg und diesen in senkrechter Richtung zurückzulegen hat, ist bei diesem Filter gegenüber anderen Ausführungen

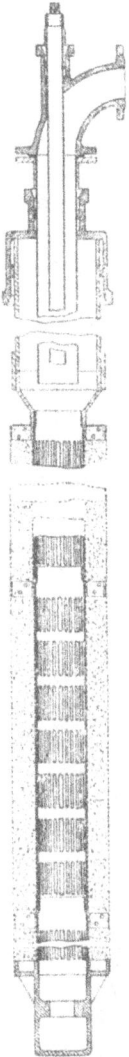

Abb. 88. Kraszewski-Einfachfilter.

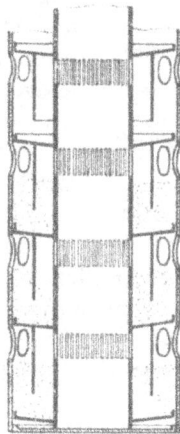

Abb. 90. Kraszewski-Doppelfilter.

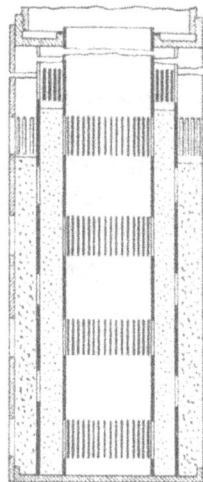

Abb. 87. Götze-Filter.

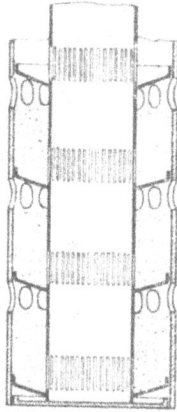

Abb. 89. Kraszewski-Taschenfilter.

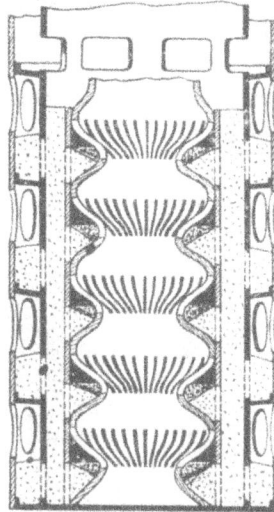

Abb. 91. Kraszewski-Doppelschlitzfilter.

die Mächtigkeit der Kiespackung bis zu einem gewissen Grade vom Durchmesser der Bohrung unabhängig.

Der Kraszewskische Doppelfilter (Abb. 90) stellt eine Vereinigung des S. 94 erwähnten Wellrohrfilters mit dem Taschenfilter dar. Die Bauart ist sehr verwickelt und sei nur des Zusammenhanges wegen erwähnt. Über ihre praktische Bewährung ist nichts in Erfahrung zu bringen gewesen.

Der Kraszewskische Doppelschlitzfilter (Abb. 91) besitzt außer dem inneren Filterrohr zwei weitere konzentrisch mit diesem angeordnete Filterrohre von größerem Durchmesser, deren Zwischenräume durch eine Kiespackung ausgefüllt sind. Die Schlitze des einen Rohres sind jedesmal gegenüber denen des anderen Rohres versetzt angeordnet,

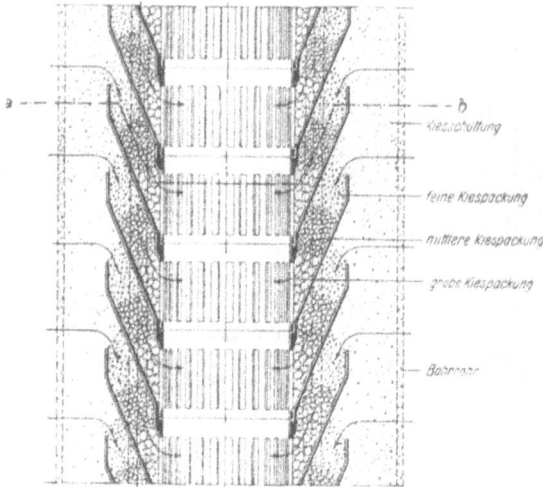

Abb. 92. Kiespackungsfilter Bauart Hempel-Daedlow.

so daß das Wasser wieder gezwungen ist, statt der wagerechten Richtung eine mehr senkrechte beim Durchströmen der Kiespackung einzuschlagen, bevor es in den Brunnen gelangt. Die Kraszewski-Filter bestehen aus verzinktem Eisen, asphaltiertem Eisen oder Kupfer.

Ein bewährter Kiespackungsfilter ist der Filter Bauart Hempel-Daedlow. Er besteht aus einzelnen gußeisernen Teilen (Abb. 92), die Kegelform und einen zylindrischen Ansatz haben und durch Spannstangen zusammengehalten werden. Die beim Zusammensetzen dieser Teile in der Form von Kegelschalen entstehenden Taschen werden vor dem Einbau über Tage mit Filterkies von verschiedener Korngröße gefüllt. Unmittelbar vor die Schlitze wird Kies von grober Körnung gepackt, darüber kommt eine Schicht von mittelgrobem Kies und oben eine Bedeckung mit feinem Kies oder Sand. Die Korngröße muß selbstverständlich sorgfältig abgestuft sein und sich einerseits nach den Schlitzöffnungen des Filters und andererseits nach dem Korn des Grundwasserträgers richten. Der über Tage fertig gepackte Filter wird in den Brunnen wie ein Gewebefilter eingesetzt und erforderlichenfalls mit einer einfachen Kiesschüttung umgeben. Der Filter trägt an der Bodenplatte eine Öse und kann, da die Zugbeanspruchung durch die Spannstangen aufgenommen wird, erforderlichenfalls herausgezogen werden. Die gewöhnliche Ausführung ist Gußeisen mit Asphaltüberzug. Für besonders stark angreifende Wässer wird der Filter in emailliertem Gußeisen oder in Kupfer geliefert.

Außer dem Filter Bauart Hempel-Daedlow werden eine Reihe ähnlicher Filter mit geringen Änderungen in der Ausführung unter der

Bezeichnung Taschenfilter, Trichterfilter, Beckenfilter u. ä. im Brunnenbau verwendet.

δ) **Filter mit besonders geringer Eintrittsgeschwindigkeit.**

In neuerer Zeit mehren sich die Bestrebungen, beim Brunnenfilter die sandzurückhaltenden Teile, das Filtergewebe und den Filterkies ganz fortfallen zu lassen. Man ordnet zu diesem Zwecke den Filter so an, daß das Wasser beim Eintritt in den Rohrbrunnen die Filteröffnungen von unten nach oben aufsteigend durchfließen muß und bestimmt die Abmessungen des Filters derartig, daß die Zurückhaltung des Sandes durch Einhalten einer geringen Eintrittsgeschwindigkeit erfolgt. Für das sandfreie Arbeiten des Filters gilt also als unerläßliche Bedingung, daß die Eintrittsgeschwindigkeit des Wassers in keinem Fall ein bestimmtes Maß überschreitet. In den Fällen, in denen das Wasser einen so starken artesischen Auftrieb hat, daß es beim Bohren größere Sandmassen in das Bohrrohr hineintreibt (ein solcher Eintrieb von Sand in das Bohrrohr beträgt oft bis zu 10 m und darüber), ist die Verwendung derartiger Filter natürlich unmöglich.

Es sei darauf hingewiesen, daß sich diese Gruppe von Brunnenfiltern schwer abgrenzen läßt und daß es gerechtfertigt erscheinen kann, den einen oder den anderen der bereits besprochenen Brunnenfilter ebenfalls zu dieser Gruppe zu rechnen.

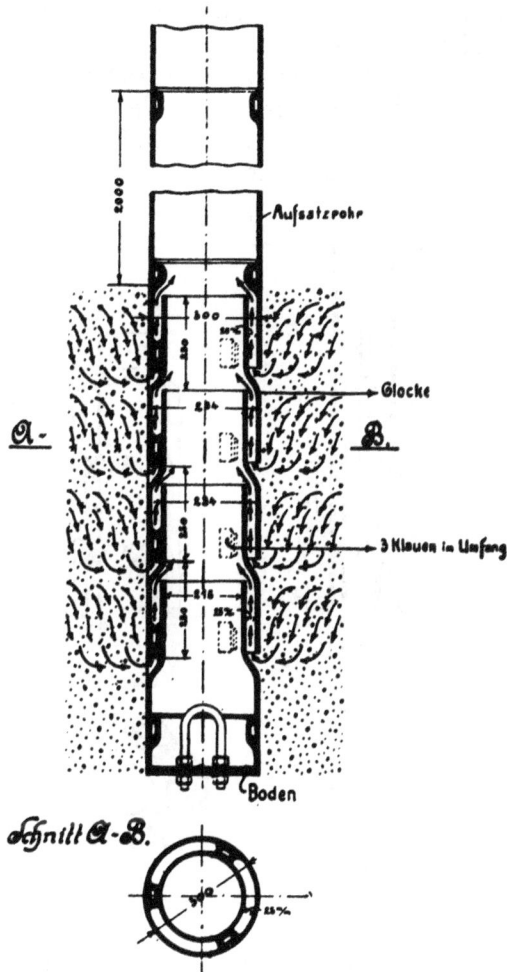

Abb. 93. Glockenfilter von Mestel.

Der Glockenfilter, Bauart Mestel (Abb. 93), zeigt in klarer Weise die Durchbildung dieser Filter. Er besitzt große Eintrittsquerschnitte und durch die Anordnung der Glocken eine zwangläufige Führung des Wassers beim Eintritt in den Brunnen in aufsteigender Richtung. Der

Filter besteht aus einzelnen gußeisernen Glocken, die übereinandergesetzt und durch Nocken befestigt werden. Die Bodenplatte trägt eine
Öse zum Herausheben des Filters. Dieser wird nach dem Einsetzen
in üblicher Weise noch mit einer Kiesschüttung umgeben.

Nach demselben Grundsatz arbeitet der aus Betontrichtern hergestellte, in Belgien viel verwendete Filter von A. Simonet [50], mit dem
es gelungen ist, verschiedene sehr
feinkörnige Grundwasserträger zu erschließen (Abb. 94).

Eine weitere Entwicklung des Mestel-
schen Glockenfilters stellt der Filter
von Georg Kolb [178] (Abb. 95) dar,
der ebenfalls aus Glocken besteht, die

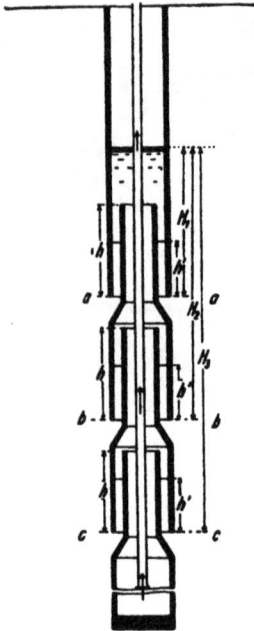

Abb. 94.
Filter von A. Simonet.

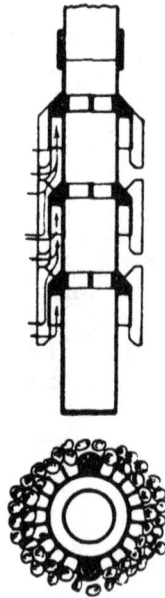

Abb. 95.
Filter von Kolb.

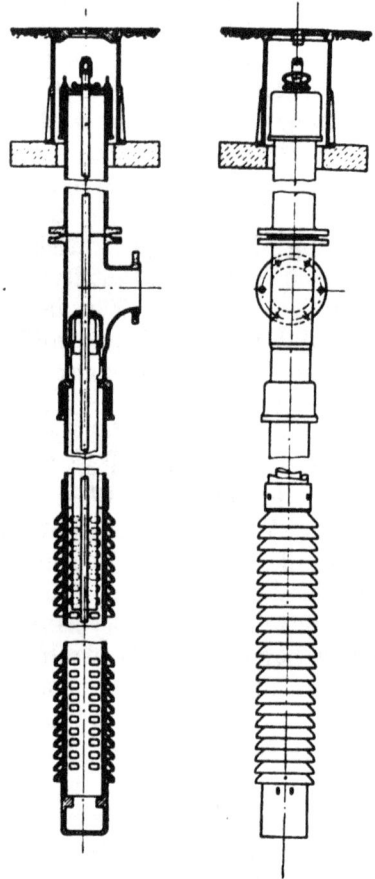

Abb. 96. Gewebeloser Ringfilterbrunnen von Thiem.

jedoch außen noch mit Rippen versehen sind. Der Abstand der Rippen
voneinander ist so eng bemessen, daß der herumgeschüttete Kies nicht
an die Filteröffnungen herantreten kann.

Der Thiemsche Ringfilterbrunnen (Abb. 96) ist in ähnlicher
Weise durchgebildet, wie der Thiemsche Gewebefilterbrunnen (Abb. 70).
An die Stelle des Gewebes treten hier die Filterringe mit den dach-
artigen Abschrägungen. Das Wasser ist beim Eintritt gezwungen, fast

senkrecht in die Höhe zu steigen, bevor es in den Brunnen eintritt. G. Thiem behandelt diese Bauart in einer kleinen Schrift [41] und bringt folgende Zusammenstellung, welche diejenige Geschwindigkeit angibt, bei der das Korn, ohne gehoben oder gesenkt zu werden, in der Schwebe gehalten wird.

Korngröße in Millimetern	Geschwindigkeit in Metern je Sekunde
0 bis 0,25	0 bis 0,029
0,25 ,, 0,50	0,035 ,, 0,069
0,50 ,, 1,00	0,075 ,, 0,096
1,00 ,, 2,00	0,110 ,, 0,170
2,00 ,, 3,00	0,179 ,, 0,182

Wassergeschwindigkeiten in Sanden, bei denen das Korn in der Schwebe gehalten wird.

Die Geschwindigkeit beim Eintritt des Wassers in den Brunnen muß also unter diesen Werten bleiben. In feinen Sanden erhält der Ringfilterbrunnen noch eine Kiesschüttung. Der Ringfilterbrunnen wird auch mit losen Filterringen geliefert, falls die wasserführenden Schichten im Korn sehr wechselnd sind und man einen Teil des Filters mit Gewebe und einen anderen Teil mit Filterringen ausstatten will.

Die Bauart des Rutsatz-Filters [162] (Abb. 97) beruht auf folgendem Gedankengang: Bei dem aus einzelnen Ringen bestehenden Filterkorb bilden die Ringe meist gerade Kegelflächen. Wenn man sich nun vergegenwärtigt, daß der Kies der Schüttung oder der wasserführenden Schicht sich in einem bestimmten Böschungswinkel zwischen die Filterringe legt, so erkennt man, daß die Wassereintrittsgeschwindigkeit vom Eintritt in den Filter bis zum Austritt aus dem Filter in den Brunnen zunimmt. Diese

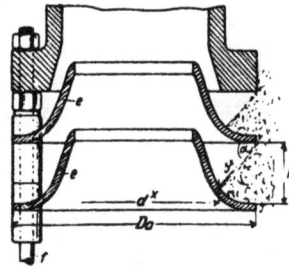

Abb. 97. Rutsatzfilter.

nachteilig wirkende Erscheinung will der Rutsatz-Filter vermeiden und erreichen, daß die Eintrittsgeschwindigkeit des Wassers beim Eintritt in den Brunnen nach Möglichkeit geringer wird. Zu diesem Zwecke sind die Filterkorbringe geschweift ausgebildet. Die Schweifung ist so ausgeführt, daß die Bedingung erfüllt wird:

$$D_a \cdot h \cdot \pi \leqq \frac{D_a + d_z}{2} \cdot \pi \cdot s_x .$$

Der linke Teil dieser Gleichung stellt den Zylindermantel der Eintrittsfläche dar, die kleiner oder höchstens gleich groß sein soll der Wasseraustrittsfläche des Kegelstumpfes der Kiesböschung, die der rechte Teil der Gleichung angibt.

In diesem Zusammenhange ist noch der **Ringfilterdauerbrunnen**
von **Loeck** zu erwähnen (Abb. 98), der ebenfalls dem Wasser den Eintritt nur in aufsteigender Richtung gestattet und große Eintrittsquerschnitte besitzt.

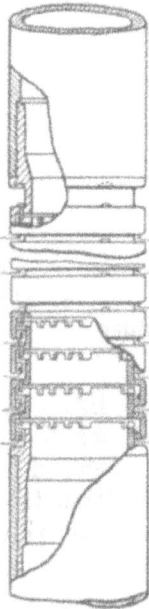

Auch der **Hamannsche Filter** (Abb. 99) gehört in
diese Gruppe. Er ist aus einem schraubenförmig zu
einem Zylinder aufgewickelten gewellten Blechstreifen
gebildet. Die außen liegenden Wellenberge einer Win-
dung werden dabei in ihrem oberen Teil durch ein
Wellental überdeckt. Der Filter besitzt große Eintrittsöffnungen, die einen Wasserdurchfluß nur von unten
nach oben freigeben.

Der **Betonkegelfilter**, Bauart **Brückner** (Abb. 100),
arbeitet nach demselben System und besteht aus einzelnen Betonkegeln, die übereinandergesetzt werden. Die
Betonkegel sind mit einem Inertolanstrich versehen und
werden in feineren Sanden mit einer Kiesschüttung
umgeben.

ε) Säurefeste Filter.

Eine andere Gruppe von Filtern stellt eine Sonder-
bauart für Grundwässer dar, die die Eigenschaft haben,
Metalle und auch Beton anzugreifen. Diese Filter sind
aus Werkstoffen angefertigt, die in sauren angriffslustigen
Wässern nicht angegriffen werden, wie Steinzeug und
Holz.

Abb. 98. Ringfilter-
Dauerbrunnen
von Loeck.

Prinz [17] hat den in Abb. 101 dargestellten Filterkorb aus Steinzeug
geschaffen, der sich bis etwa 25 m Tiefe gut bewährt hat. Der Filter

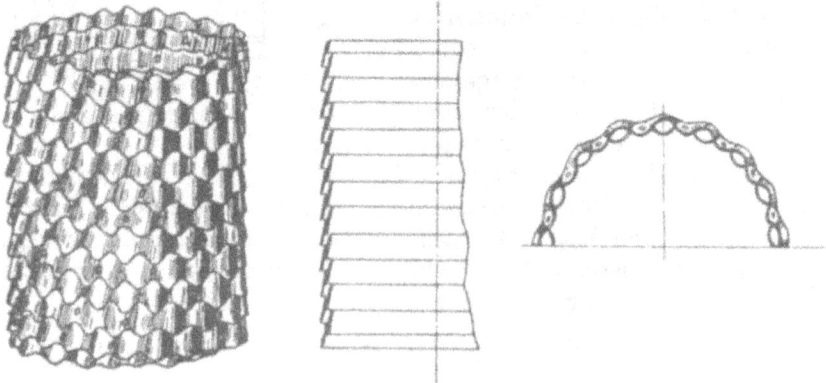

Abb. 99. Hamann-Filter.

besteht aus einzelnen 1 m langen Steinzeugteilen, die mit Asphalt gedichtet sind und durch eiserne Zugstangen zusammengehalten werden.

Eine andere Ausführung zeigt der von Heinrich Scheven [154] hergestellte Brunnenfilter aus Tonrohren (Abb. 102). Beim Einbau wird hier ein gelochtes eisernes Filterrohr in die Tonrohre hineingesetzt, um diesen Halt zu geben. Das eiserne Rohr kann auch im Innern des Brunnens verbleiben, ist aber dann natürlich Angriffen ausgesetzt. Es muß überhaupt darauf hingewiesen werden, daß die Anfertigung lediglich des Filters aus säurefesten Werkstoffen nicht genügt, sondern daß auch die

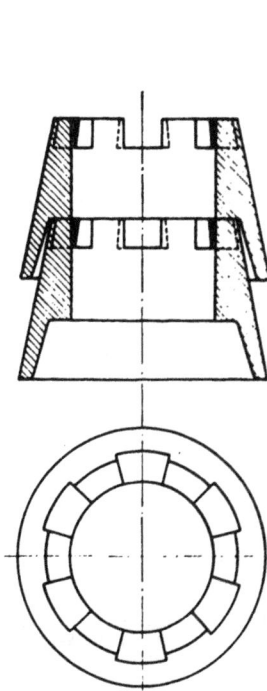

Abb. 100. Betonkegelfilter von Brückner.

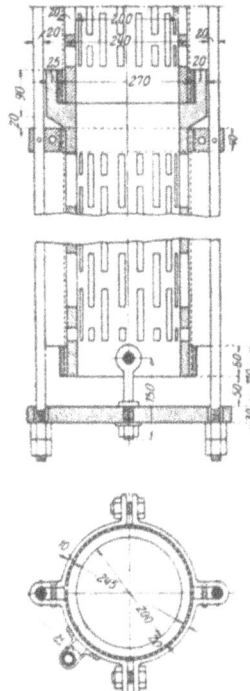

Abb. 101. Steinzeugfilter von Prinz.

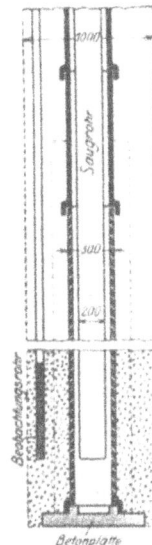

Abb. 102. Tonrohrfilterbrunnen von Scheven.

übrigen Teile des Rohrbrunnens, also vor allem die Mantelrohre zweckmäßig aus demselben Material bestehen müssen. Bei zerbrechlichen Stoffen, wie Ton und Steinzeug läßt sich diese Forderung aber nur bei flachen Brunnen erfüllen. Bei tieferen Brunnen wird man notgedrungen auf Metalle zurückgreifen müssen (siehe S. 66).

Ein bewährter Steinzeugfilter ist der Glockenfilter, Bauart Hänchen (Abb. 103). Dieser besteht aus einzelnen besonders geformten Stücken, die mit dachartigen ringförmigen Abschrägungen versehen sind, zwischen denen sich die Eintrittsöffnungen befinden. Die einzelnen Steinzeugstücke werden außen durch Rundeisenstangen zusammengehalten, die auch ein Herausheben des Filters ermöglichen. Das Material bedarf natürlich einer gewissen Schonung beim Einbau.

Unter den Holzfiltern ist der Wissmannsche einwandige Holzstabfilter (Abb. 104) zu erwähnen, dessen Filterkörper aus rechteckigen Holz-
stäben zusammengesetzt ist, die für den Eintritt des Wassers große
Längsschlitze freigeben. Sämtliche Holzfilter müssen selbstverständlich
ständig unter Wasser arbeiten, da sonst Verfaulen des
Holzes eintritt. Der Filter soll sich bewährt haben.

Der Holzfilter, Bauart
Werner [171], (Abb. 105) ist
ebenfalls einwandig und besitzt Eintrittsöffnungen in aufsteigender Richtung.

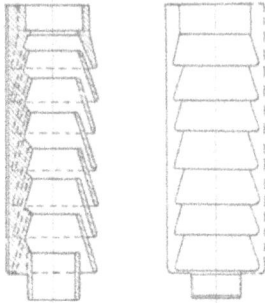

Abb. 103. Hänchens Steinzeug-
Glockenfilter.

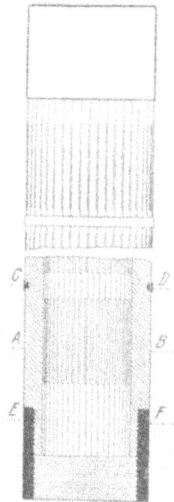

Abb. 104. Wißmannscher
Holzstabfilter.

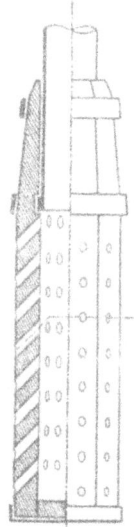

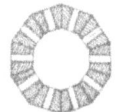

Abb. 105. Holz-
filter von Werner.

Der doppelwandige Holzfilter von Remke [158] ist ein Kiespackungsfilter, dessen Wandungen aus Holz bestehen (Abb. 106).

In Holland kommen hölzerne Brunnenfilter in größerem Umfange
zur Verwendung, wie auch der von Prinz [17] erwähnte Filter von Steen
van Ommeren zeigt, der für Grundwasserabsenkungen des öfteren
gebraucht wurde.

Silberberg [114] berichtet über die häufige Verwendung von Holzrohren und Holzfiltern beim Bau von Rohrbrunnen in Holland. Die
Holzrohre bestehen aus Eichen- und Teakholz. Aus den Holzrohren
werden Brunnenfilter dadurch hergestellt, daß mit Kreissägen in schräger
Richtung nach oben Einschnitte in die Holzwandung (Abb. 107) gemacht
werden. Des Zusammenhangs wegen sei hier auch die Kiesschütteinrich-
richtung (Abb. 108) für diesen Filter gezeigt, die in Holland in Gebrauch
ist. Bei dieser wird zum Einbringen der beiden Kieslagen eine Schütt-
büchse verwendet, mit der zwei Gasrohre als Schüttrohre verbunden

sind. Eines dieser Rohre führt in den Raum der inneren, das andere in denjenigen der äußeren Kieslage. Beim Schütten wird die Büchse langsam gedreht und mit fortschreitender Schüttung angehoben.

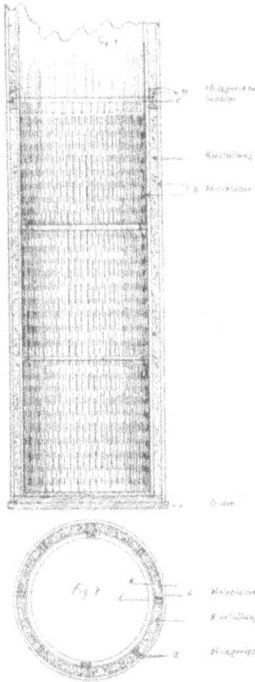

Abb. 106. Holzfilter von Remke.

Abb. 107. Hölzernes Filterrohr, Bauart Vulcaan, und seine Herstellung mittels Kreissägen.

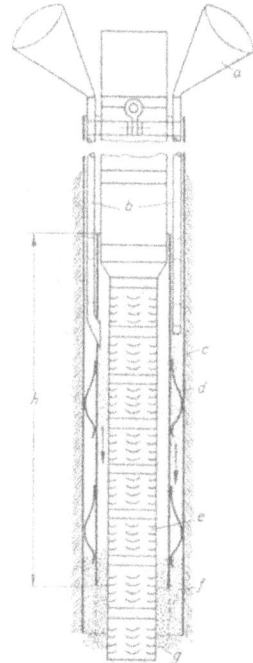

Abb. 108. Einrichtung zum Umschütten des hölzernen Filterrohres mit Kies.

a Einschütt-Trichter.
b Schüttrohre für die innere und äußere Kieslage.
c Bohrrohr.
d Federnde Zentrierbügel.
e Filterrohr.
f Feiner Kies.
g Grober Kies.
h Hilfsbüchse zum Kiesschütten, 3 m lang.

ζ) Filter verschiedener Bauart.

Außer den bisher erwähnten Brunnenfiltern gibt es noch eine größere Anzahl von Einzelausführungen, die sich nicht in eine bestimmte Gruppe einreihen lassen.

Hier sind zunächst die Herrmannschen Brunnenrohre (Abb. 109) zu nennen. In dem Bestreben, das feindrähtige, sehr empfindliche Gewebe durch ein festes Sieb zu ersetzen, das mechanischen und chemischen Angriffen infolge seiner kräftigen Ausführung besser standhält, sind die Herrmannschen Brunnenrohre aus engspaltigen Präzisionssieben hergestellt, die nach einem besonderen Verfahren aus Profildrähten (Abb. 110) angefertigt werden. Das Herrmannsche Brunnenrohr ersetzt demgemäß Filterrohr und Filtergewebe. In sehr feinem Sande wird es mit einer Kiesumschüttung auch als Kiesfilter verwendet. Die geringste herstellbare Schlitzbreite beträgt 0,1 mm. Die Herrmannschen Brunnenrohre werden in zwei Ausführungen geliefert, und zwar mit glatter Außenfläche und mit glatter Innenfläche (Abb. 109). Die Ausführung mit glatter Außenfläche gestattet ein besonders leichtes Ziehen des Filters und empfiehlt sich in den Fällen, wo man infolge der Wasserbeschaffenheit mit einem häufigeren Herausziehen des Filters rechnen muß. Die Ausführung mit glatter Innenfläche gibt die Möglichkeit, den Filter mit Reinigungsgeräten von oben her in sehr viel gründlicherer Weise zu reinigen, als es bei einem Gewebefilter möglich ist, weil man hier nicht befürchten muß, das empfindliche Filtergewebe zu zerstören. Die Filter werden in Kupfer oder in Phosphorbronze hergestellt.

Abb. 109. Herrmannsche Brunnenrohre mit glatter Innenfläche.

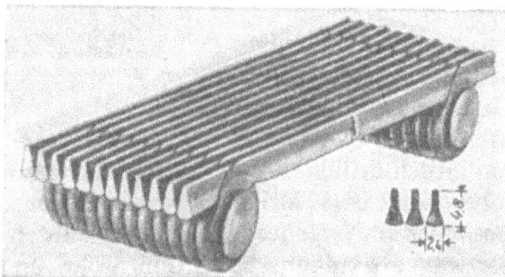

Die Hamburger Wasserwerke überziehen versuchsweise eine Anzahl ihrer Bronzefilter an Stelle von Kupfergewebe mit dünnem Kupferblech, das mit einer sogenannten Klappenlochung versehen ist. Die Klappenlochung besteht darin, daß aus dem Kupferblech kleine Blechstücke nach Art der Klappen, die man an der Kleidung über den Taschen trägt, herausgestanzt sind. Auch hier also liegt das Bestreben vor, das empfindliche Filtergewebe durch andere Anordnungen zu ersetzen.

Die Radlikfilter (Abb. 111) bestehen aus gelochten oder geschlitzten Filterrohren, die von dachartig ausgeführten Filterringen umgeben sind. Die

Abb. 110. Aus Profildrähten gebildete Siebfläche der Herrmannschen Brunnenrohre.

zwischen den Filterringen entstehenden Ringschlitze können in einer
Spaltbreite von 0,2 bis 0,8 mm geliefert werden. Das Filterrohr ist
Gußeisen, die Filterringe Bronze. In stark angreifenden Wässern werden
das innere Filterrohr aus Kupfer und die Ringe
aus Hartgummi hergestellt. Die Filter werden
vielfach nicht mit durchgehender Filterfläche,
sondern mit dazwischengesetzten Blindstücken
versehen, geliefert. Auch die Radlikfilter vertragen Rückspülungen von innen her.

Sodann sind verschiedene Ausführungen
mit beweglichen auswechselbaren Filter-

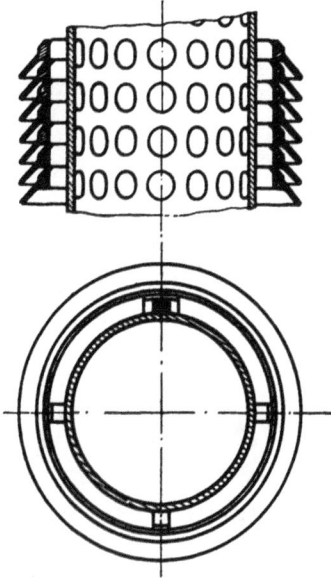

Abb. 111. Radlikfilter.

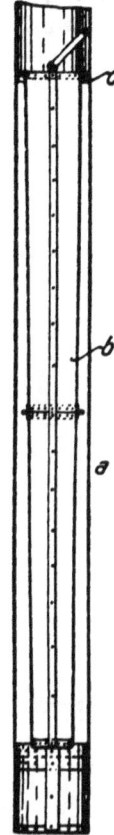

Abb. 112. Smreker-Filter mit beweglichem Filterkorb I.   (Aus:
Handbuch der Ingenieurwissenschaften. III. Teil, 3. Band.
Smreker 1914, 5. Auflage.)

körben zu erwähnen. Smreker hat auf der Grundlage seiner älteren
Ausführungen [143] fußend, verschiedene Filter dieser Art ausgebildet,
die in den Abb. 112 u. 113 dargestellt sind. Die Filter bestehen aus
einem äußeren Schutzkorb ohne Gewebeummantelung und einem
inneren und einem äußeren Filter, der gelegentlich auch konische
Form hat. Beim Entsanden des Brunnens tritt nun der feine Sand in
den Schutzkorb ein und lagert sich dort ab. Vor der endgültigen Inbetriebnahme hebt man den auswechselbaren Filter heraus und löffelt
den Sand aus. Sodann wird der innere Filterkorb wieder eingesetzt.
Die Abb. 113 links zeigt einen auswechselbaren Kiesfilter von Smreker.

Auch hier kann erforderlichenfalls der innere Filter herausgenommen und die Kiesschüttung auch in mehreren Lagen durch eine neue ersetzt werden. Die Vorteile derartiger Filter sind natürlich da zu Ende, wo auch der äußere Schutzmantel verkrustet, verockert oder vom Wasser zerfressen wird.

Ausführungen ähnlicher Art sind von Brechtel[148] und Pfudel[152] geschaffen worden. Sie sind sämtlich für geringere Tiefen bestimmt. Von anderen Gedanken ist R. Marschall bei der Konstruktion seiner auswechselbaren Filterrohre ausgegangen. Er beläßt keinen

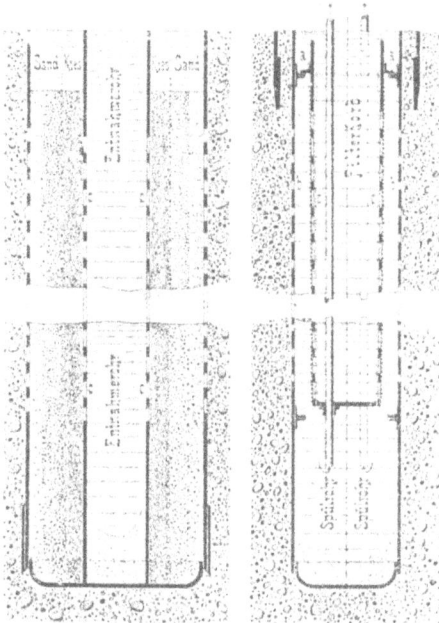

Abb. 113. Smreker-Filter mit beweglichem Filterkorb II. (Aus: Lueger-Weyrauch, D. Wasservers. d.
Städte, 1. Band, 1914.)

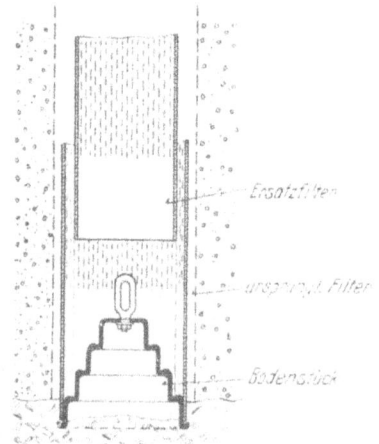

Abb. 114. Marschalls auswechselbare Filter I.

Schutzkorb im Boden, sondern will auf möglichst einfache Art den Brunnenfilter gegen einen neuen auswechseln. Zu diesem Zwecke wird nach Fertigstellung der Brunnenbohrung auf der Sohle des Brunnens eine Beton- oder Gußeisenplatte (Abb. 114), die mit verschiedenen ringförmigen Absätzen versehen ist, eingebracht. Auf den Absatz mit dem größten Stutzen wird dann das unten offene Filterrohr heraufgesetzt. Wenn dieses ausgewechselt werden soll, so wird zunächst ein zweites Filterrohr auf den nächstinneren Absatz der Platte gesetzt und das äußere Filterrohr gezogen. Es können also z. B. in das Filterrohr von 300 mm l. W. nacheinander solche von 250, 200 und 150 mm eingesetzt werden.

Bei einer weiteren Ausführungsart der Marschallschen Filter ist die Bodenplatte mit einem festen Führungsstift (Abb. 115) versehen. Die einzelnen einzusetzenden Filterrohre erhalten an ihren unteren Enden leicht abnehmbare Bodenstücke, die beliebig lang hergestellt und auch als Schlammstutzen benutzt werden können. Wird ein zweites Filterrohr eingesetzt, so verbleibt das Bodenstück des ersten Filterrohres im Brun-

nen und das Bodenstück des zweiten wird auf das erste heraufgesetzt. Diese Ausführungsart hat gegenüber der ersten den Vorteil, daß man bei den später einzusetzenden Filterrohren mit dem Durchmesser derselben nicht an die Durchmesser der Absatzplatte gebunden ist.

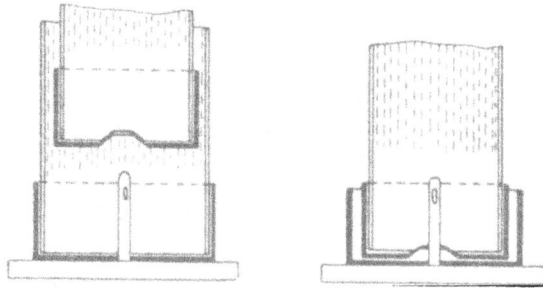

Abb. 115. Marschalls auswechselbare Filter II.

Abb. 116. Filter von Putzeys.

Abb. 117. Glaslamelle des Putzeys-Filters.

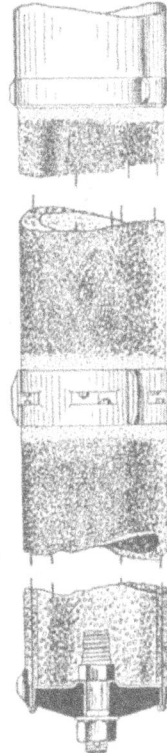

Abb. 118. Edel-brunnfilter.

Der Glaslamellenfilter von Emanuel Putzeys [146], der in Belgien viel verwandt wurde, ist für ganz besonders feinsandige Schichten bestimmt. Der Filter (Abb. 116) besteht aus einem sechseckigen Gerüst, in dessen Wandungen Rahmen mit Glaslamellen (Abb. 117) eingesetzt sind. Das Wasser tritt zwischen den Glaslamellen in den Filter ein. Man

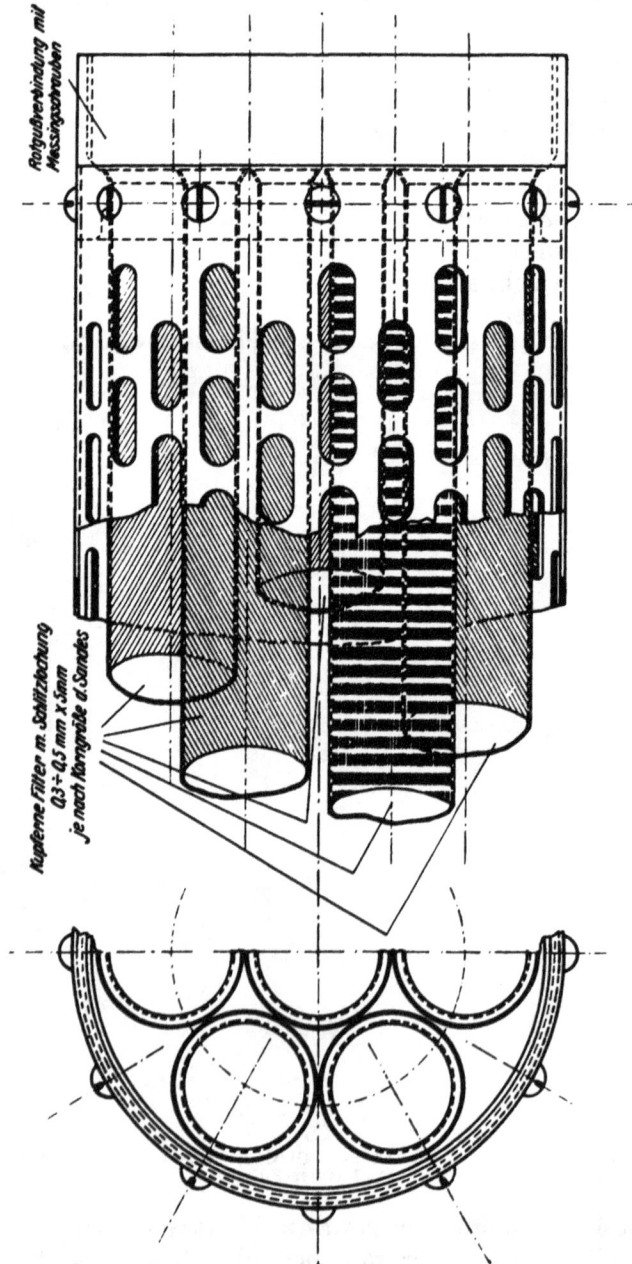

Abb. 119. Rohrbündelfilter.

kann den Zwischenraum zwischen den Glaslamellen so klein halten, daß auch sehr feine Sande zurückgehalten werden. Der Filter bietet ferner den Vorteil, daß an den Eintrittsstellen, die durch Glas gebildet sind, sich Anfressungen und Verockerungen nicht zeigen können.

Der Edelbrunnfilter (Abb. 118) besteht aus Kieskörnern, die durch ein Bindemittel zusammengehalten und in eine zylindrische Form gebracht werden. Die Größe der Kieskörner ist dem Korn des Grundwasserträgers angepaßt. Zur Erhöhung der Festigkeit besitzt der Filter Rundeiseneinlagen in der Längsrichtung, die die Bodenplatte mit der Anschlußmuffe für das Aufsatzrohr verbinden. Bei sorgfältiger Ausführung hat der Filter sich bewährt. Wenn jedoch das Bindemittel so weit zwischen die Kieskörner gebracht ist, daß die Durchtrittsöffnungen sich sehr stark verkleinern, so dürfte die Gesamteintrittsfläche zu gering werden und einen sehr hohen Widerstand hervorrufen.

Als Sonderausführungen sind noch zu nennen der Zinkrohr-Kiesfilter und der Hartbleirohr-Schlitzfilter von Dähne. Die Filter sollen sich, wie der Hersteller behauptet, in salpetersaurem Boden bewährt haben. Im übrigen sind aber Zink und Blei Metalle, die sehr leicht von angriffslustigen Wässern zerstört werden, wobei beim Blei schon bei geringen Mengen eine Vergiftung des Wassers stattfindet.

Das Bestreben, die Filtereintrittsfläche besonders groß zu halten, hat dazu geführt, den Rohrbündelfilter (Abb. 119) zu bauen. Dieser von der Hamburger Firma Lehmann Gebrüder hergestellte Filter besitzt einen Schutzkorb und außerdem sieben innere Filter. Die Gesamteintrittsfläche der einzelnen sieben Filter ist mehr als doppelt so groß, als die Eintrittsfläche des Schutzkorbes. Wie sich der Filter bewährt hat, entzieht sich der Kenntnis des Verfassers.

Für zeitweilige Verwendung z. B. in Abessinierbrunnen und in Brunnen für Grundwassersenkungszwecke ist das Filterrohr mit Vortreibspitze gedacht [172]. Das Filterrohr (Abb. 120) wird durch Rammen in den Erdboden gebracht und besitzt an der Spitze ein zerreißbares Zwischenglied, das beim Herausziehen des Filters bei zu hohen Beanspruchungen reißt, so daß mindestens der Filter zurückgewonnen wird, wenn auch die Spitze im Boden verbleibt.

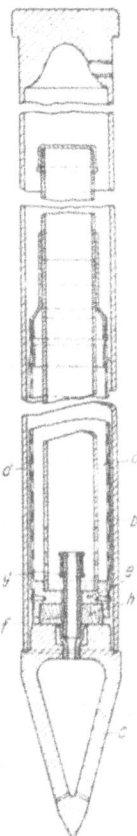

Abb. 120. Filter mit Vortreibspitze. (Siemens & Halske A.-G.)

3. Der Brunnenkopf.

Derjenige Teil des Rohrbrunnens, der unmittelbar an der Erdoberfläche liegt, wird Brunnenkopf genannt.

a) Allgemeine hygienische Forderungen.

Für die Ausbildung des Brunnenkopfes sind vor allem hygienische Gesichtspunkte maßgebend. Es muß angestrebt werden, das Wasser in derselben Art und Beschaffenheit, wie es im Brunnen gewonnen wird, zutage zu bringen. Die wichtigste Forderung des Hygienikers lautet daher nach Gärtner [68]: Oberflächenwasser oder dicht unter der Erdoberfläche befindliches Wasser darf in die Brunnen nicht hineindringen können, nur das eigentliche tiefstehende reine Grundwasser soll eintreten.

Es ist also nicht allein notwendig, den Rohrbrunnen gegen etwa von der Erdoberfläche kommendes Wasser (Niederschläge, Staub, Schmutz) zu schützen, sondern ihm auch schädliche unterirdische Zuflüsse fernzuhalten.

Obwohl diese weitergehende Forderung mit der Ausbildung des Brunnenkopfes unmittelbar nichts zu tun hat, wollen wir sie doch an dieser Stelle erörtern, um die Ansprüche der Hygiene an den Brunnenbau zusammengefaßt behandeln zu können.

Als Unterlage für die Prüfung der Frage, ob in den Rohrbrunnen schädliche unterirdische Zuflüsse gelangen können, dient die Darstellung der Schichtenfolge im Bohrregister, die zweckmäßig durch eine Schnittzeichnung des Rohrbrunnens zu ergänzen ist. Man wird in erster Linie zu prüfen haben, ob die wasserführende Schicht durch wasserundurchlässige Deckschichten (Ton, Lehm, Mergel) in genügender Mächtigkeit überlagert ist. Bei einer Überlagerung durch reinen, fetten Ton genügen wenige Meter, um einen ausreichenden Abschluß herbeizuführen. Liegt der gegenteilige Fall vor, daß die wasserführende Sandschicht von der Erdoberfläche ab bis zum Filter des Rohrbrunnens ohne Deckschicht, also ungeschützt, heruntergeht, so bleibt nur die Anlegung eines Schutzbezirkes um den Brunnen herum übrig, für dessen Größenbemessung die Wirksamkeit der Bodenfiltration ausschlaggebend ist. Bekanntlich macht das Wasser beim Durchfließen durchlässiger Bodenschichten einen Reinigungsprozeß durch, der je nach der Beschaffenheit der durchflossenen Schichten mehr oder weniger intensiv ausfällt. In losem Gerölle, Schutthalden, klüftigen Gebirgen und auch im Moorboden dürfte eine reinigende Wirkung nur auf größere Strecken hin festzustellen sein. In feinem Sand soll das Durchfließen einer Strecke von 10 m zu ausreichender Reinigung genügen, bei der auch Bakterien zurückgehalten werden. Deshalb muß der Halbmesser des Schutzbezirkes vom Rohrbrunnen ab gerechnet, mindestens 10 m betragen. In jedem Falle ist eine Feststellung, in welcher Entfernung sich die nächsten Schmutzstätten, Dunggruben, Abortgruben, Ställe mit durchlässigen Böden u. ä. befinden, erforderlich. Auch auf die Versickerung gewerblicher Abwässer ist zu achten, wenn die Anlage einer Schutzzone beabsichtigt ist.

Nach sehr viel weitergehenden Gesichtspunkten muß die Schaffung einer Schutzzone für die Brunnenanlage größerer Zentralversorgungen erfolgen. Hierbei sei auf das Schrifttum über Wasserhygiene [64—77] verwiesen, in dem diese Fragen ausführlich behandelt sind.

Die Sicherung des Rohrbrunnens gegen Verunreinigungen von oben her wird durch zweckentsprechende Ausbildung des Brunnenkopfes erreicht.

Man stößt hier und da auf die Ansicht, daß es falsch sei, den Rohrbrunnen oben abzudichten, da dann die atmosphärische Luft nicht auf den Wasserspiegel wirken und den Saugevorgang bei Hebern oder Pumpen herbeiführen kann. (Das Ansaugen besteht ja doch darin, daß die atmosphärische Luft das Wasser in einen luftverdünnten Raum [Heberrohr oder Pumpenzylinder] drückt.) Tatsächlich genügt es aber, wie die Erfahrung zeigt, daß der Luftdruck an irgendeiner Stelle, auch in größerer Entfernung vom Brunnen, auf dem Grundwasserspiegel lastet. In derselben Weise ist der Saugevorgang beim Abessinier (siehe S. 36) zu erklären, bei dem das Brunnenrohr zugleich das Saugerohr der Pumpe, also das Brunneninnere vollkommen abgeschlossen ist.

Ein großer Teil der hygienischen Forderungen hat ihren Niederschlag gefunden in den vom Deutschen Verein von Gas- und Wasserfachmännern aufgestellten „Technischen Vorschriften für Bau und Betrieb von Grundstücksbewässerungsanlagen" [61]. Für einzelne Bezirke sind ferner besondere Brunnenordnungen (z. B. die Brunnenordnung für den Regierungsbezirk Köslin [37]) erlassen worden und auch die Bauordnungen enthalten gelegentlich wichtige Vorschriften über die Ausbildung der Brunnen an der Erdoberfläche.

Die Ausbildung des Brunnenkopfes ist je nach der Art, in der das Wasser dem Rohrbrunnen entnommen wird, verschieden.

Findet die Entnahme des Wassers durch eine Heberleitung statt oder steht die zur Wasserförderung bestimmte Pumpe abseits vom Brunnen und nicht über dem Brunnen selbst, so legt man an der Erdoberfläche in der Regel einen Schacht an, in dem man den eigentlichen Brunnenkopf unterbringt. Soll dagegen das Wasser unmittelbar am Brunnen durch eine Handpumpe entnommen werden, oder liegt der abgesenkte Wasserspiegel so tief, daß man zur Förderung eine Tiefbrunnenpumpe, die stets über dem Brunnen steht (siehe S. 44), benutzen muß, so sind noch andere Erfordernisse zu beachten.

b) Die Ausbildung des Brunnenkopfes ohne Pumpe.

In den Fällen, in denen das Wasser durch die Saugeleitung einer Pumpe oder eine Heberleitung entnommen wird, wobei die Pumpe also nicht über dem Brunnen steht, dient der Schacht dazu, einen sauberen Abschluß des Rohrbrunnens, leichte Zugänglichkeit und trockene, einwandfreie Unterbringung des Brunnenkopfes zu ermöglichen. Der eigentliche Brunnenkopf besteht in der einfachsten Form aus der Abdichtung zwischen dem Saugerohr (Heberrohr) und dem Mantelrohr des Rohrbrunnens sowie aus einem Krümmer. Man findet gelegentlich statt des Krümmers ein Flanschen-T-Stück (Abb. 121), dessen Verwendung aber nicht zweckmäßig ist, weil es die Ausbildung eines Luftsackes, insbesondere wenn sich aus dem Wasser Gase abscheiden, begünstigt. Der Brunnenkopf in der geschilderten einfachsten Form wird vielfach noch ausgestattet mit verschiedenen Armaturen, wie Absperrschieber, Wassermesser, Rückschlagklappe, Peilrohr für Spiegelmessungen u. a.

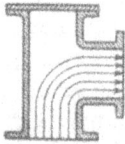

Abb. 121. Brunnenkopf mit Luftsack (nach Prinz).

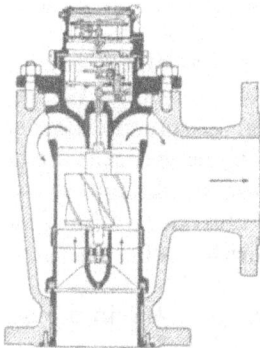

Abb. 122. Als Eckstück ausgebildeter Woltman-Wassermesser für Rohrbrunnen. (Siemens & Halske A.G.)

Abb. 123. Venturi-Wassermesser für Rohrbrunnen. (Siemens & Halske A.-G.)

Sind mehrere Brunnen an eine Saugeleitung angeschlossen, so erhält jeder Brunnenkopf einen Absperrschieber. Das betriebssichere Arbeiten einer Pumpenanlage hängt in hohem Maße von der Dichtigkeit der Saugeleitung ab. Um die Gewähr zu haben, daß der Absperrschieber dicht ist, verwendet man bei dem Brunnenkopf gern einen Absperrschieber mit Wassertopf (Abb. 125 rechts). Vielfach wird auch ein Wassermesser unmittelbar mit dem Brunnenkopf verbunden. Die neuen Tiefbrunnenwassermesser von Siemens & Halske (Abb. 122) sind als Eckstücke ausgebildet und können an Stelle des Krümmers unmittelbar auf den Brunnen heraufgesetzt werden. Es sind auch Wassermesser in ähnlichen Formen, z. B. der Brunnen-Venturimesser (Abb. 123) in Gebrauch. Ist es nicht möglich, einen Saugekorb im Brunnen unterzubringen, so behilft man sich damit, daß man neben dem Krümmer des Brunnenkopfes eine Rückschlagklappe einbaut.

Zur Messung des Wasserspiegels bringt man im Brunnenkopf ein Peilrohr unter. Das Peilrohr wird in dem Krümmer selbst verschraubt, der zu diesem Zwecke einen entsprechenden Ansatz (Peilrohrnocken) erhält. Es hängt dann innerhalb des Saugerohres (Abb. 125 rechts) bis einige Meter unter dem Wasserspiegel. Allerdings wird durch das Peilrohr eine Verengung des Saugerohrquerschnittes hervorgerufen. Will man dieses vermeiden, so ordnet man das Peilrohr außerhalb des Saugerohres (Abb. 127) an. Falls man den Wasserspiegel nicht gelegentlich durch eine Brunnenpfeife oder den Rangschen Brunnenmesser feststellen, sondern ständig beobachten will, empfiehlt es sich, betriebssicher arbeitende pneumatiche (Maelger A. G. in Berlin) oder elektrische (A. Bloch Komm.-Ges. in Dresden) Wasserspiegel-Meßeinrichtungen, die auch mit Registrierapparaten verbunden werden können, zu benutzen.

Wo der Brunnen zur Beobachtung des Filtereintrittswiderstandes außerhalb des Filters mit einem besonderen Beobachtungsfilter versehen ist, muß für diesen ein besonderes Peilrohr und im Brunnenkopf eine Peilrohröffnung (Abb. 127-g) vorgesehen werden.

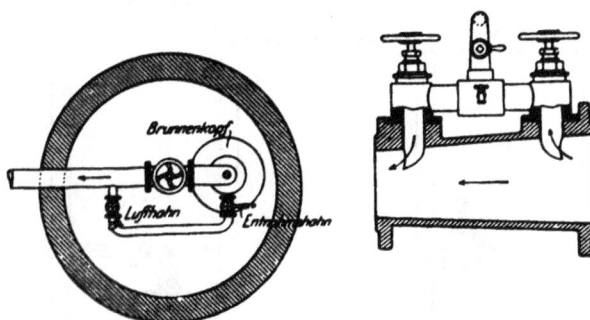

Abb. 124. Vorrichtungen zur Entnahme von Wasserproben nach Reichle.

In einzelnen Fällen ist es erwünscht, dem Rohrbrunnen auch während des Betriebes Wasserproben zu entnehmen, um Veränderungen der Grundwasserbeschaffenheit feststellen zu können. Man bedient sich dann der in der Abb. 124 dargestellten Vorrichtungen zur Entnahme von Wasserproben nach Reichle, die im wesentlichen aus einer absperrbaren Umlaufleitung am Sauge- oder Heberrohr mit Entnahmehahn bestehen.

Das Mantelrohr des Brunnens wird meistens in der Schachtsohle fest einbetoniert. Man muß dann, sobald man den Filter herausziehen will, diese Schachtsohle durchstemmen, um die Mantelrohre beim Wiederherunterbohren in Bewegung bringen zu können. Um diese sehr unangenehmen Stemmarbeiten an der Sohle des Schachtes zu vermeiden, streift man über das Mantelrohr ein hülsenförmiges Gußstück, dessen lichte Weite etwa 100 mm größer ist, als der Außendurchmesser des Mantelrohres. Die Abdichtung zwischen Schachtsohle und Mantelrohr erfolgt dann nach Abb 125 rechts. Man erzielt durch eine derartige Abdichtung auf einfache Weise zugleich eine mühelose Bewältigung des Grundwasserandranges, die derjenige zu schätzen weiß, der mit Grundwasserdichtungen zu tun gehabt hat. Die Abdichtung ist durch Schrauben leicht lösbar, so daß die Mantelrohre nach Abnehmen der Abdichtung bewegt werden können.

Die Dichtungen der Brunnenköpfe werden vielfach in Gummi (Gummiringe, Gummiplatten) (Abb. 125 und 126) ausgeführt. Für viele Fälle ist diese Abdichtung ausreichend. Da jedoch Gummi mit der Zeit hart und brüchig wird, ist es zur Fernhaltung von ungeeigneten Oberflächenwässern sicherer, die Abdichtung durch Verstemmen mit Blei (Abb. 127) auszuführen.

Vor der Anlegung des Schachtes sind dort, wo Rohrfahrten, die zum Vorbohren verwendet wurden, herausgezogen sind, die bei tiefen Rohr-

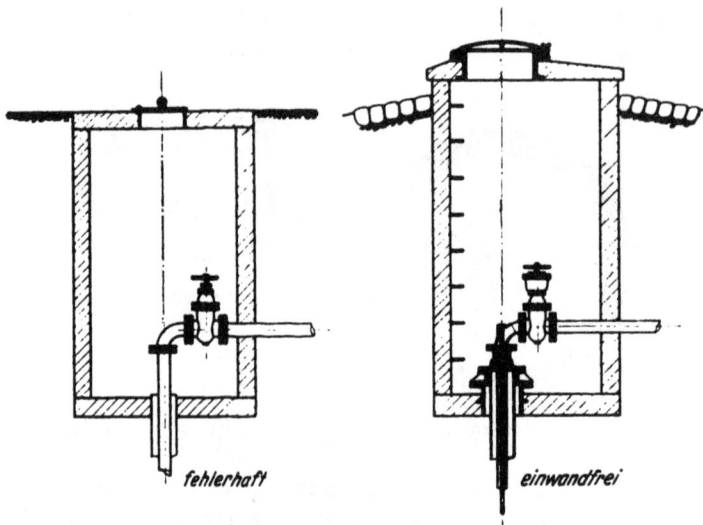

Abb. 125. Fehlerhafter und einwandfreier Rohrbrunnenschacht.

brunnen oft großen Zwischenräume zwischen Mantelrohr und dem Boden sorgfältig mit geschlämmtem Ton oder feinem Sand zu verfüllen. Der Schacht ist wasserdicht auszuführen; ist dieses nicht mit genügender Sicherheit zu erreichen, so umgibt man den Schacht mit einem Tonmantel. Der Schacht soll geschützt sein gegen das Eindringen von Niederschlägen, Schmutzwasser oder Staub. Er soll trocken, leicht zugänglich, erforderlichenfalls belüftet und appetitlich sauber sein. Der Ausdruck „appetitlich sauber" ist durchaus wörtlich zu nehmen. Man ist versucht, hier von „doppelter Moral" zu reden. Derselbe, der ein unsauberes Glas ohne Besinnen beim Trinken zurückweisen wird, nimmt oft daran keinen Anstoß, wenn Brunnen, Wasserfassungen oder Wasserbehälter in höchstem Maße unsauber gehalten werden. Man führt den Schacht etwa 30 cm über die Erdoberfläche wasserdicht empor (in Überschwemmungsgebieten natürlich entsprechend höher) und umpflastert die nähere Umgebung des Brunnens. Die Abdeckplatte soll aus Eisen, besser noch aus Beton bestehen und den Brunnenschacht am äußeren Rande um etwa 5 cm überragen. Die Betonplatte wird nach den Rändern hin abfallend ausgebildet, damit die atmosphärischen Niederschläge einen leichten Abfluß haben. Hölzerne Abdeckplatten entsprechen nur kürzere Zeit der Forderung, daß sie dicht sein müssen, da Holz zusammentrocknet und Risse und Spalten freigibt. Die Einsteigeöffnung besteht aus einem gußeisernen Rahmen mit einem verschließbaren Deckel, der

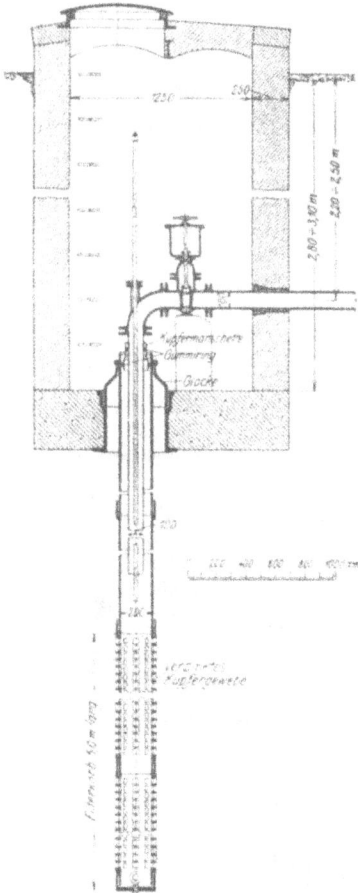

Abb. 126. Rohrbrunnen von Prinz.

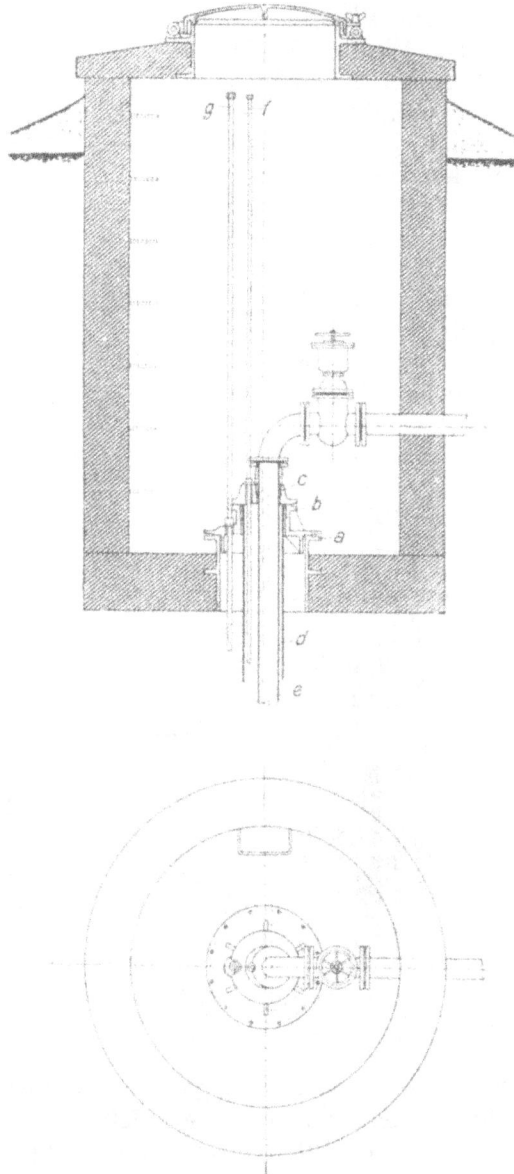

Abb. 127. **Brunnenkopf mit Wasserspiegel-**
und Filterpeilrohr.

möglichst den über die Abdeckplatte emporragenden Rand der Einsteigeöffnung umfassen soll. Die des öfteren verwendeten Rillen oder
Falze, in die der Deckelrand hineingreift, sind nur Schmutzsammel-
stätten und daher zu verwerfen.
Entlüftungsrohre sind für Brun-
nen- und Pumpenschächte nicht
nötig. Werden sie in einzelnen
Fällen aus besonderen Gründen,
z. B. wenn das Wasser Gase ab-
sondert, gewünscht, so müssen sie
so ausgeführt werden, daß ein
Luftumlauf stattfindet und eine
Belüftung des Schachtes auch erzielt wird.

Die Abb. 125 zeigt aus der
großen Anzahl verschiedener
Schachtausführungen Beispiele
einer fehlerhaften und einer ein-

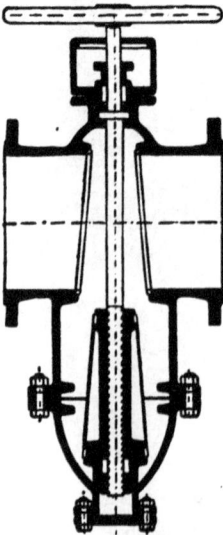

10,50 m

Abb. 128. Absperrschieber
für Heberleitungen.
(Bopp & Reuther A.-G.
Mannheim.)

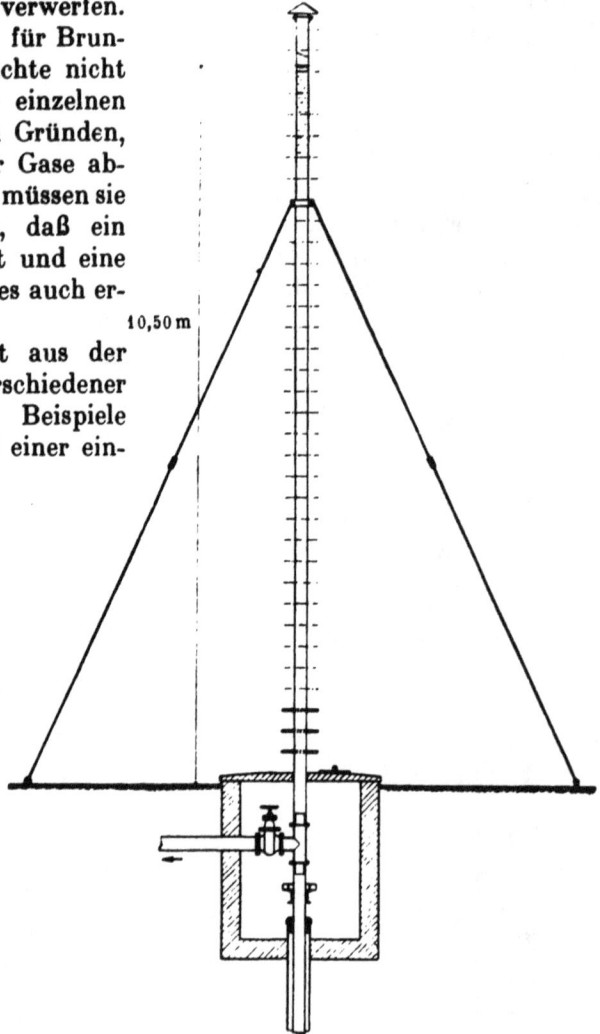

Abb. 129. Ausbildung des überlaufenden Brunnens auf
Bahnhof Saspe bei Danzig.

wandfreien Schachtanlage mit Brunnenkopf. Der Rohrbrunnen von
Prinz (Abb. 126) besitzt ebenfalls einen gut durchgebildeten Brunnenkopf mit Schacht. In der Abb. 127 ist als Musterbeispiel ein Schacht
mit Brunnenkopf dargestellt, der Spiegelmessungen und Messungen des
Filterwiderstandes gestattet.

Die Ausbildung des Brunnenkopfes bei einer Heberleitung ist die
gleiche, wie die in vorstehendem beschriebene bei Saugerohren. Bei
einer Heberleitung benutzt man mit Vorteil Absperrschieber, die die
Ansammlung von Luft und die Bildung eines Luftsackes, die bei einer
Heberleitung besonders gefährlich ist, verhindern. Die Abb. 128 zeigt
einen derartigen Schieber in der Bauart Thiem.

Auch für überlaufende Brunnen gelten dieselben Grundsätze bei der
Ausbildung des Brunnenkopfes. Es ist jedoch zu beachten, daß man
einen überlaufenden Brunnen nur ungern mit einem Absperrschieber
versieht, weil bei einem plötzlichen Absperren des Wassers ein Wasser-

Abb. 130. Überlaufender Brunnen mit Standrohr (Zellstoffabrik Memel).

schlag entstehen und das Wasser sich unter dessen Wirkung andere Wege,
nach anderen Schichten hin oder außerhalb der Mantelrohre empor,
suchen kann, wodurch der Brunnen zerstört wird. Legt man Wert darauf,
einen überlaufenden Brunnen absperren zu können, so muß man ein
Standrohr anordnen (Abb. 129). Es kann hierbei kein Wasserschlag entstehen, weil der emporsteigende Wasserspiegel auch bei einem plötzlichen unvorsichtigen Schließen des Absperrschiebers frei nach oben
ausschwingen kann.

Die Abb. 130 zeigt einen überlaufenden Brunnen mit Standrohr und
Absperrschieber, bei dem unten eine durch Absperrschieber zu öffnende
Abflußleitung angelegt ist.

Wenn man infolge günstiger Wasserbeschaffenheit oder wegen geringer Tiefe des Rohrbrunnens keinen Wert auf die Möglichkeit legt,

den Filter herausziehen zu können, kann man die nicht unerheblichen Kosten für die Anlegung eines Schachtes sparen. So haben z. B. die gußeisernen Rohrbrunnen in der Bauart Thiem und andere einen Brunnenkopf ohne Schacht, wie er in den Abb. 70 und 96 dargestellt ist. Allerdings ist die Brunnenanlage nicht so zugänglich, wie beim Vorhandensein eines Schachtes.

c) Die Ausbildung des Brunnenkopfes mit Pumpe.

Wir wollen nunmehr noch die Ausbildung des Brunnenkopfes für die Fälle erörtern, in denen Pumpen unmittelbar über dem Brunnen aufgestellt werden. Die Verhältnisse werden gesondert betrachtet für Handpumpen und für maschinell betriebene Pumpen. In beiden Fällen legt man auch hier einen Schacht (Pumpenschacht) an.

Die über dem Brunnen stehende Handpumpe in der bekannten Form der freistehenden Ständerpumpe (Abb. 131 und 132 Nr. 1) ermöglicht die Wasserentnahme am Brunnen selbst. Wenn sie als Sauge- und Druckpumpe (Abb. 132 Nr. 3) ausgeführt wird, kann man mit ihr das Wasser außerdem auch noch weiter drücken, z. B. zu einem Behälter.

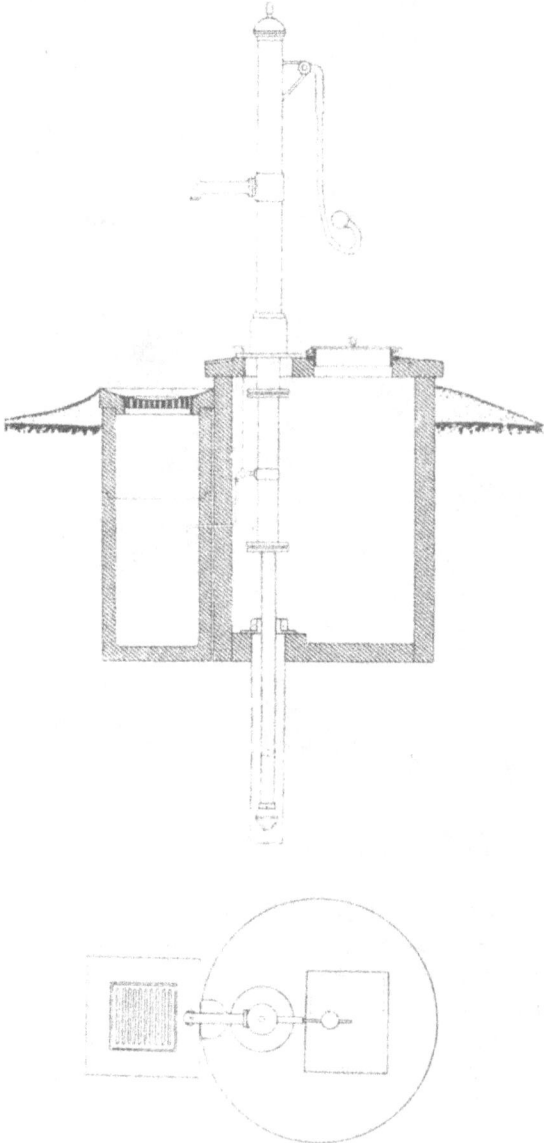

Abb. 131. Rohrbrunnenschacht mit Ständerpumpe.

Handelt es sich um einen Tiefbrunnen, so muß die Pumpe über dem Brunnen stehen. Sie kann wieder als einfache Saugepumpe (Abb. 132

Nr. 2) oder als Sauge- und Druckpumpe (Abb. 132 Nr. 4) ausgeführt werden.

Für Handpumpen, die als Brunnenpumpen im Freien Aufstellung finden, ist der Schacht zugleich Frostschutz, sobald die Pumpe mit einer Ablaufvorrichtung oder einem Frosthahn versehen ist. Die Luft-

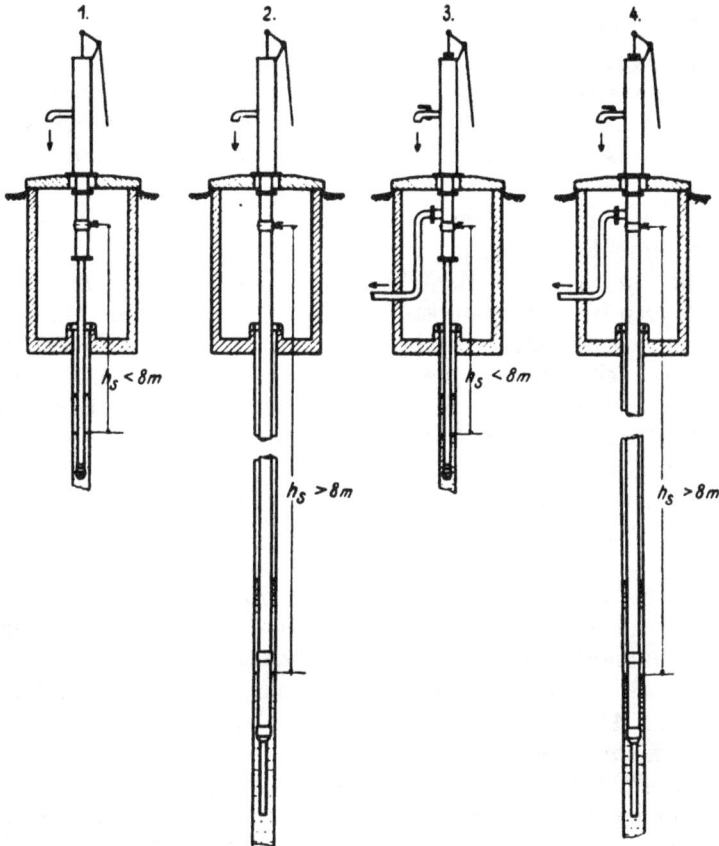

Abb. 132. Ständerpumpen für Rohrbrunnen.

1. Saugepumpe für Flachbrunnen,   3. Sauge- und Druckpumpe für Flachbrunnen,
2. Saugepumpe für Tiefbrunnen,   4. Sauge -und Druckpumpe für Tiefbrunnen.

menge des Schachtes ist der beste Kälteschutz des Pumpenzylinders, wenn die Einsteigeöffnung der Abdeckplatte dicht verschlossen gehalten wird. Strohumwicklungen, die unhygienisch und unappetitlich sind, werden dann unnötig.

Der Hygieniker will aus begreiflichen Gründen vermieden sehen, daß die Pumpe unmittelbar auf den Brunnen gestellt wird, sondern verlangt eine getrennte Aufstellung neben dem Rohrbrunnen. Diese Forderung ist bei einem Tiefbrunnen überhaupt nicht zu erfüllen (siehe

S. 44) und bei einem Flachbrunnen (siehe S. 40) nur mit größeren Kosten. Denn man müßte den Rohrbrunnen mit einem Schacht, wie in Abb. 125 rechts dargestellt, versehen, außerdem aber auch noch einen Schacht für die Pumpe als Frostschutz (Abb. 131) anlegen. Man genügt den hygienischen Anforderungen jedoch vollkommen, wenn man den Schacht über dem Rohrbrunnen mit einer dichten Betonabdeckung versieht und außerdem die Ständerpumpe so weit an den Rand der Abdeckung stellt, daß der die Pumpe Bedienende nicht auf die Abdeckung zu treten (Abb. 131) braucht. Das vorbeispritzende Wasser fließt über ein Traufbrett auf einer wasserdichten Ablaufrinne fort. Man soll ferner den Grundsatz beachten, daß Wasser, welches einmal dem Brunnen entnommen ist, nicht mehr in diesen zurückfließen kann. Das gilt auch für das durch den Frosthahn am Zylinder der Pumpe ablaufende Wasser, welches gegebenenfalls durch eine Entwässerungsleitung abzuführen ist. Verschiedentlich wird gewünscht, daß das Mantelrohr im Pumpenschacht bis zur Erdoberfläche, also bis zur Abdeckplatte emporgezogen wird. Diesem Verlangen kann deshalb nicht entsprochen werden, weil der Frosthahn am Zylinder sonst sein Wasser in den Brunnen laufen lassen würde. Der Forderung nach einem Schutz des Brunneninneren wird auch durch eine gute Abdichtung zwischen Pumpenrohr (Saugerohr) und Brunnenrohr (Mantelrohr) Genüge getan.

Die Abdichtung des Mantelrohres gegen das Saugerohr erfolgt in ähnlicher Weise, wie in Abb. 125 dargestellt. Auch die Ausbildung des Brunnenkopfes bei Tiefbrunnenpumpen ist eine ganz ähnliche.

Entschließt man sich aus Gründen der Sparsamkeit, von einer Abdichtung zwischen Pumpenrohr (Sauge- oder Steigerohr) und Mantelrohr ganz abzusehen, so sollte man mindestens die Sohle des Schachtes um das Mantelrohr herum etwas erhöhen und eine Klammer mit Bodenplatte (Abb. 131) heraufsetzen. Es können dann Tropfwasser, Schmiermittel usw. nicht in den Brunnen laufen.

Bei den Pumpen mit maschinellem Antrieb, die über dem Rohrbrunnen unmittelbar aufgestellt werden, handelt es sich durchweg um Tiefbrunnenpumpen. Der Schacht bildet hier (Abb. 35 und 36) zugleich das Maschinenfundament und muß daher eine gewisse Festigkeit besitzen. Er muß auch so groß bemessen werden, daß bewegte Teile und Armaturen zugänglich sind.

Das eigentliche Brunneninnere ist bei maschinellen Pumpenanlagen in den Pumpenschächten durch eine Dichtung ganz besonders sorgfältig abzuschließen, weil hier sonst Putz- und Schmiermaterial in den Brunnen gelangen können.

X. Der Pumpversuch.

Es ist zu unterscheiden zwischen dem Entsanden des Rohrbrunnens und dem eigentlichen Pumpversuch. Das Entsanden (auch Klarpumpen oder Abpumpen genannt) gehört mit zur Rohrbrunnenherstellung, während der Pumpversuch oder das Probepumpen der Leistungsprüfung dient.

Da beide Arbeiten, das Entsanden und der Pumpversuch, mit denselben Einrichtungen ausgeführt und bei der Herstellung von Einzelbrunnen eine scharfe Trennung auch kaum stattfindet, soll beides hier zusammen behandelt werden.

1. Das Entsanden des Rohrbrunnens.

Das Entsanden findet unmittelbar nach dem Einbau des Filters statt, indem man dem Rohrbrunnen mit einer Probepumpe größere Mengen Wasser entnimmt. Man bezweckt damit, die wasserführende Schicht in der Umgebung des Filters von den feinen und feinsten Sandteilchen zu reinigen, die sonst das Gewebe oder den Kies des Filters in kurzer Zeit verstopfen würden.

Zu Beginn des Pumpens kommt das Wasser trübe mit Sand- und Tonteilchen vermischt heraus und klärt sich dann allmählich. Sobald es vollständig klar und sandfrei gefördert wird, ist das Entsanden beendigt. Durchschnittlich dauert das Entsanden mit einer Handpumpe 1 bis 3 Tagesschichten. Eine Maschinenpumpe mit größerer Leistung von vornherein anzusetzen, ist nicht immer zweckmäßig, da man durch eine große und plötzliche Beanspruchung des Rohrbrunnens bei Beginn des Entsandens das Gewebe oder die Kiesschüttung beschädigen kann. Beim maschinellen Entsanden pumpt man darum zunächst mit kleiner Leistung an und steigert allmählich die Fördermenge.

Bei dem Borsigschen Verfahren zum Entsanden von Rohrbrunnen wird ein für den inneren Filterdurchmesser passendes Saugstück (Abb. 133 und 134) in den Filter eingesetzt, an welches sich oben das Saugerohr der Pumpe anschließt. Beim Pumpen wird die ganze von der Pumpe angesaugte Wassermenge durch den Teil der Filterwandung gesaugt, der der Höhe des Fußstückes entspricht. Man erreicht also eine sehr hohe Eintrittsgeschwindigkeit und eine sehr kräftige Wirkung des Entsandens. Der Betrieb ist in erster Linie mit Druckluftpumpen (Mammutpumpen) gedacht, kann aber auch mit jeder beliebigen anderen Pumpe,

Abb. 133. Borsigsches Saugstück zum Entsanden (im Kies).

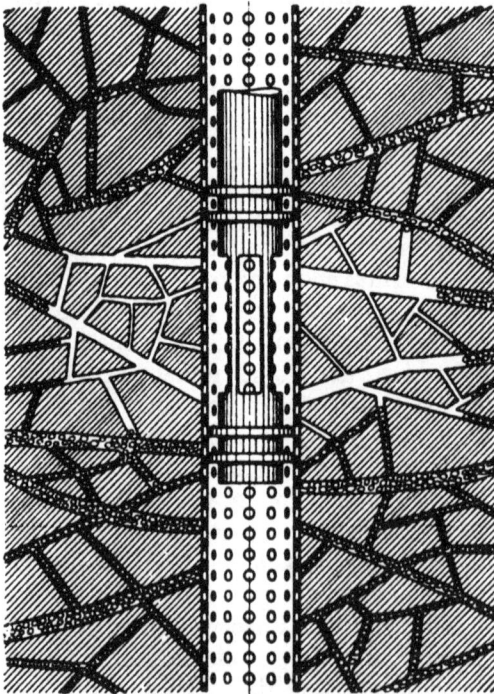

Abb. 134. Borsigsches Saugstück zum Entsanden (im festen Gebirge).

auch mit einer Handpumpe durchgeführt werden. Nach dem Vorhergesagten muß auch hier das Entsanden vorsichtig begonnen werden. Eine Steigerung der Leistung und zugleich der Wirkung des Entsandens kann nur allmählich erfolgen. Die nach Anwendung dieses Verfahrens um das Filterrohr lagernde Schicht aus gut wasserdurchlässigem gröberen Korn bezeichnet Borsig als Mammutfilter (siehe S. 99).

2. Der Pumpversuch.
a) Allgemeines.

Wir kommen nunmehr zum eigentlichen Pumpversuch. Vorausgeschickt sei, daß nicht allein bei Wasserversorgungen ein Pumpversuch vorzunehmen ist, sondern daß sich dieser auch bei der Anlage von Grundwasserabsenkungen sehr empfiehlt. Die verhältnismäßig nicht hohen Kosten und die darauf verwendete Zeit werden reichlich gelohnt, wenn vor Fertigstellung der Grundwassersenkung an einem 'der Brunnen ein Pumpversuch durchgeführt wird, bei dem die übrigen Brunnen als Beobachtungsbrunnen dienen können. Gerade bei Grundwassersenkungen, bei denen alles von der Zuverlässigkeit und Betriebssicherheit der Anlage abhängt, ist ein überstürztes Vorgehen in dieser Hinsicht stets von Nachteil gewesen.

b) Der Pumpversuch an einem einzelnen Rohrbrunnen.

Wenn es sich um die Herstellung eines einzelnen Rohrbrunnens handelt, so hat der Pumpversuch die Aufgabe, die Leistung des Brunnens festzustellen und Unterlagen zu gewinnen, um die Größe und die Bauart der Pumpe bestimmen zu können. Die Leistung eines Rohrbrunnens wird gekennzeichnet durch die Angabe der im Dauerbetriebe geförderten Wassermenge und der bei dieser Förderung entstehenden Spiegelsenkung.

Vor dem Beginn des Pumpens mißt man die Tiefenlage des ungesenkten Wasserspiegels. Sobald die Wasserförderung mit der Probepumpe beginnt, stellt man in bestimmten Zeitabschnitten die Absenkung des Wasserspiegels und zugleich die Förderleistung der Pumpe fest. Zur Nachprüfung des Gleichbleibens der Förderleistung empfiehlt es sich, bei jeder Messung des Wasserspiegels und der Wassermenge auch die Drehzahl der Pumpe zu messen. Der Wasserspiegel im Rohrbrunnen nimmt allmählich in immer kleineren Senkungen ab, bis diese geringer werden und schließlich ganz aufhören. Sobald der Wasserspiegel bei stets gleichbleibender Leistung der Pumpe in einer bestimmten Tiefe verbleibt, ist der Beharrungszustand erreicht. Beim Beharrungszustand fließt in der Zeiteinheit so viel Wasser dem Brunnen aus der wasserführenden Schicht zu, als ihm entnommen wird. Man setzt den Pumpversuch während des Beharrungszustandes einige Zeit noch fort und hat dann als Ergebnis des Pumpversuches das Maß der Absenkung bei einer bestimmten entnommenen Wassermenge gewonnen. Sobald bei Beendigung des Pumpversuches die Wasserförderung eingestellt wird, mißt man in kurzen Zeitabständen die Tiefenlagen des wiederansteigenden Wasserspiegels. Dieser steigt zuerst in großen Absätzen an, bis diese allmählich immer kleiner werden und ganz aufhören. Die alte Wasserspiegellage wird oft erst nach längerer Zeit wieder erreicht. Auch die Messungen des wiederansteigenden Spiegels gehören zum Pumpversuch. Sie dienen als wichtige Unterlagen zur Beurteilung der Wasserführung des Grundwasserträgers.

Über die Dauer des Pumpversuches ist allgemein nichts Bestimmtes zu sagen, da der Beharrungszustand in einzelnen Fällen früher oder später eintritt. Man wird mit einer Dauer von mindestens 2 bis 4 Wochen, oft auch mit einer wesentlich längeren Zeit, rechnen müssen, da das Eintreten des Beharrungszustandes oft nicht leicht zu erkennen ist. Er stellt sich besonders in feinsandigen Schichten vielfach erst nach wochenlangem Pumpen ein.

Der besseren Übersicht wegen empfiehlt es sich, die Ergebnisse des Pumpversuches in einer Schaulinie aufzutragen. Man erhält dann das in der Abb. 135 wiedergegebene Bild. In diesem sind die einzelnen Abschnitte des Pumpversuches hervorgehoben. Man erkennt deutlich das Fallen des Wasserspiegels B—C, den Beharrungszustand C—D und das Wiederansteigen des Wasserspiegels D—E.

Die Schaulinie der Abb. 135 gilt indes nur unter der Voraussetzung, daß der ungesenkte Wasserspiegel während der Pumpversuchsdauer unveränderlich ist. In Wirklichkeit gibt es jedoch kaum einen Grundwasserspiegel, der dieser Voraussetzung entspricht. Alle Grundwasser-

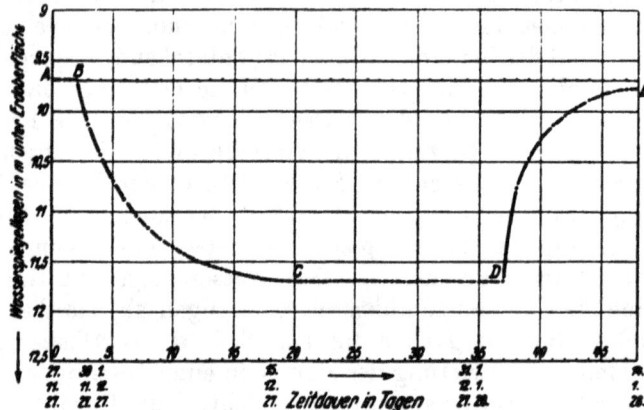

Abb. 135. Pumpversuch (theoretischer Verlauf).

spiegel zeigen in geringerem oder größerem Ausmaß ein Steigen und Fallen, und man bezeichnet deshalb auch das Längenprofil eines Grundwasserstromes als Grundwasserwelle. Die Schaulinie in Abb. 135 hat

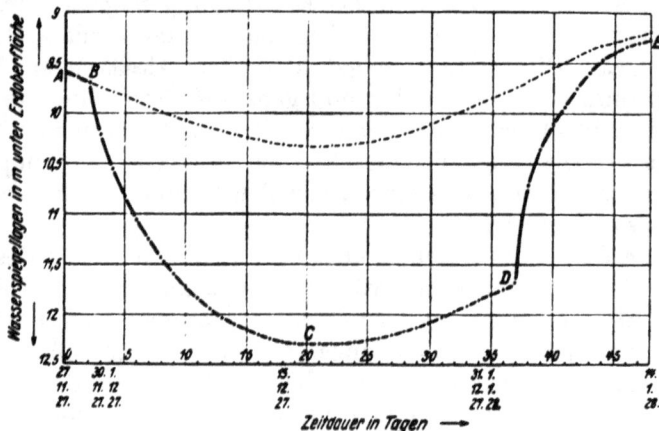

Abb. 136. Pumpversuch.

also mehr theoretische Bedeutung. In der Wirklichkeit sieht die zeichnerische Darstellung der Ergebnisse eines Pumpversuches so aus, wie sie in der Abb. 136 angegeben ist. Zur Messung des Grundwasserstandes in ungesenktem Zustande ist ein Beobachtungsbohrloch erforderlich, welches sich außerhalb des Absenkungstrichters befinden muß.

Tritt bei einem Pumpversuch kein Beharrungszustand ein, so ist dieses ein Zeichen dafür, daß dem Rohrbrunnen mehr Wasser entnommen wird, als ihm aus der wasserführenden Schicht zufließt. In diesem Fall bleibt nichts weiter übrig, als die Leistung der Pumpe zu verringern und zu versuchen, einen Beharrungszustand für die neue geringere Leistung zu erreichen. Stellt sich trotz mehrfacher Versuche überhaupt kein Beharrungszustand ein, so ist daraus im allgemeinen zu folgern, daß der Grundwasserträger kein Grundwasserstrom, sondern ein stehendes Grundwasserbecken ohne oder mit sehr geringen Zuflüssen ist. Die Abb. 137 zeigt den Verlauf eines Pumpversuches, bei dem ein Grundwassernest mit sehr geringen Zuflüssen angetroffen wurde. Die Förderleistung der Probepumpe war von vornherein so gering bemessen, daß eine Verringerung der Leistung nicht in Frage kam.

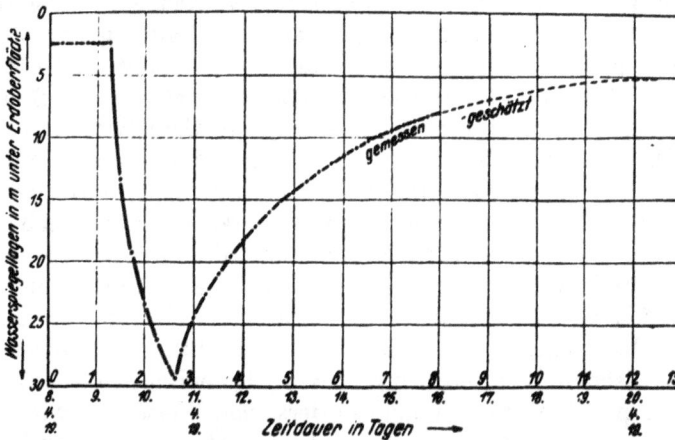

Abb. 137. Pumpversuch ohne Erreichung des Beharrungszustandes.

Aus der Tiefenlage des Grundwasserspiegels während des Beharrungszustandes ergibt es sich, ob für die ständige Wasserförderung eine gewöhnliche Pumpe benutzt werden kann oder ob man eine Tiefbrunnenpumpe verwenden muß. Es ist selbstverständlich, daß man bei der Entscheidung dieser Frage einen Sicherheitszuschlag nicht außer acht lassen darf und sich in Grenzfällen besser für eine Tiefbrunnenpumpe entscheiden soll, weil man auf diese Weise eine größere Betriebssicherheit erreicht.

c) Der Pumpversuch für eine größere Wassergewinnungsanlage.

Eine wesentlich größere Bedeutung kommt dem Pumpversuch zu, wenn die Absicht besteht, mehrere Brunnen z. B. für eine größere Wassergewinnungsanlage abzuteufen. Hier hat der Pumpversuch den Zweck, die Unterlagen für die Beurteilung der Wasserführung des ganzen Grundwassergebietes zu liefern und insbesondere die Durchlässigkeit der wasserführenden Schicht festzustellen. Der Pumpversuch wird somit zum wichtigsten Teil der hydrologischen Arbeiten, die der Schaffung einer Grundwasserversorgung vorangehen müssen. Nach Ermittlung der Durchlässigkeit und Wasserführung des Grundwasserträgers kann man dann die Entscheidung über die Anzahl, die Größe und die Lage der einzelnen Rohrbrunnen treffen. Für die Durchführung eines solchen Pumpversuches ist es erforderlich, in der Nähe des Versuchsbrunnens eine Anzahl kleinerer Beobachtungsbrunnen senkrecht zur Stromrichtung und in der Stromrichtung in verschiedenen Abständen vom Brunnen abzuteufen, die zur Beobachtung der Wasserspiegellagen dienen sollen.

Vor Beginn des Pumpversuches ist unter Vergleich der durch die Bohrungen erschlossenen Schichtenfolge festzustellen, ob sämtliche Bohrungen in demselben Grundwasserträger stehen. Namentlich im Diluvium der Norddeutschen Tiefebene kommen häufig genug Störungen und Abweichungen vor, so daß diese Feststellung außerordentlich wichtig ist. Man nimmt dann eine Einmessung sämtlicher Spiegel vor und kann das Gefälle und die Richtung des Grundwasserstromes ermitteln. Da eine Ebene durch drei Punkte bestimmt ist, sind mindestens drei Bohrlöcher zur Feststellung des Gefälles eines Grundwasserspiegels und der Stromrichtung bei einem Grundwasserstrom erforderlich (Abb. 2). Will man zugleich den Eintrittswiderstand des Versuchsbrunnens ermitteln, so muß außerhalb des Filters dieses Versuchsbrunnens ein Beobachtungsfilter (Abb. 56) eingesetzt werden, der ein eigenes bis zu Tage reichendes Beobachtungsrohr besitzt. Näheres über die Durchführung der hydrologischen Arbeiten bringen die hydrologischen Werke [z. B. 17].

Den Pumpversuch nimmt man in derselben Weise vor, wie er S. 129 beschrieben ist, mißt jedoch hier in bestimmten Zeitabständen außer der Förderleistung der Pumpe und der Tiefenlage des Wasserspiegels im Versuchsbrunnen auch die Wasserstände in sämtlichen Beobachtungsbrunnen. Die Ergebnisse eines derartigen Pumpversuches werden um so genauer sein, je mehr Beobachtungsbrunnen in der Umgebung des Versuchsbrunnens abgeteuft sind. Man stellt bei der Untersuchung eines Grundwassergebietes in der Regel mehrere Pumpversuche mit verschiedenen Förderleistungen an, wobei sich naturgemäß auch verschiedene Beharrungszustände ergeben. Eine zeichnerische Darstellung der Wasserspiegellagen des Versuchsbrunnens und aller Beobachtungsbrunnen erleichtert sehr die Übersicht.

d) Versuchspumpen, Antriebskraft. Meßeinrichtungen.

Zur Durchführung der Pumpversuche eignet sich im allgemeinen jede Pumpe, die die entsprechende Leistung besitzt.

Bei der Anstellung eines Pumpversuches an einem Einzelbrunnen bedient man sich vielfach einer Handpumpe, und zwar bei Flach-

brunnen einer Baupumpe und bei Tiefbrunnen einer einfachen Rohr-
pumpe, die in den Brunnen hineingehängt wird. Um einigermaßen
sorgfältige Ergebnisse zu bekommen, muß die Mannschaft in bestimmten
Zeitabständen gewechselt werden, sonst tritt Ermüdung ein und die
Ergebnisse werden ungenau und wertlos. Um die Gleichmäßigkeit des

Abb. 138. Pumpversuch an einem Rohrbrunnen mit Kreiselpumpe. (Königsberger Kühlhaus
und Kristalleisfabrik A.-G.)

Pumpenganges zu prüfen, zählt man zu verschiedenen Zeiten die Hübe
der Pumpe. Es ist wichtig, die Hubzahl der Handpumpe von vornherein nicht zu hoch zu wählen. Die Pumpenfabriken geben in ihren
Katalogen in der Regel bei Leistungen von Handpumpen als Hubzahl
45 Hübe in der Minute an. Diese Zahl ist hoch gegriffen und wird namentlich bei einer Tiefpumpe nicht erreicht werden.

Trotz aller Vorsichtsmaßregeln werden die Ergebnisse eines Hand-
pumpversuches immer unsicher bleiben. Es muß daher als Grundsatz

gelten, daß der Pumpversuch auch beim Einzelbrunnen mit maschinellem Antrieb durchgeführt wird, wenn die der ständigen Wasserförderung dienende Pumpe maschinellen Antrieb erhält.

Abb. 139. Pumpversuch an einem Rohrbrunnen mit Probe-Tiefbrunnenpumpe. (Ostdeutsche Hefewerke A.-G., Tilsit.)

Man wird also, wenn es irgend angängig ist, den Pumpversuch maschinell durchführen. Viel in Gebrauch sind Kreiselpumpen (Abb. 138), die unempfindlich gegen sandführendes Wasser, leicht aufzustellen und zu bedienen sind. Für Tiefbrunnen kommen wieder besondere Probetiefbrunnenpumpen (Abb. 139) zur Verwendung, die zweckmäßig mit einem Schwinghebel zur Einstellung verschiedener Hublängen versehen sind.

Als Antriebskraft empfiehlt es sich, wenn möglich, den elektrischen Strom zu wählen, weil hier tatsächlich die wenigsten Störungsmöglichkeiten vorhanden sind. Sonst arbeitet man mit einer Dampflokomobile oder mit einem Flüssigkeitsmotor.

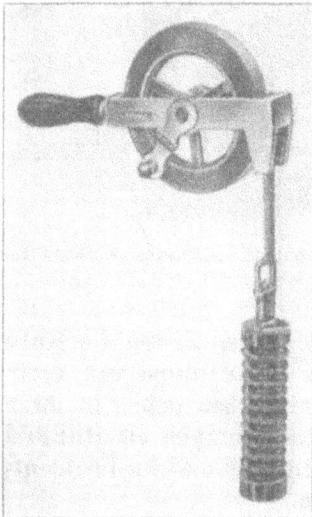

Abb. 140. Rangs Wasserspiegelmesser.

Die Messung des Wasserspiegels erfolgt durch ein einfaches Lot an einer Schnur, durch die Brunnenpfeife oder den Rangschen Brunnenmesser (Abb. 140). Ist der Raum zum Hinablassen der Brunnenpfeife sehr eng (z. B. bei Tiefbrunnenpumpen) so hat ein Stück Flacheisen, das mit Schreibkreide eingerieben war, oft schon gute Dienste geleistet.

Die Messung der geförderten Wassermenge erfolgt in geeichten Meßgefäßen, durch Wassermesser oder durch Überfallwehre. Registriereinrichtungen, die die Ergebnisse fortlaufend graphisch aufzeichnen, vereinfachen natürlich die Durchführung des Pumpversuches.

Zu beachten ist noch, daß der Pumpversuch ohne Unterbrechung Tag und Nacht durchgeführt wird. Es kann höchstens bei jeder Schicht eine Schmierpause von 5 bis 10 Minuten Dauer zugelassen werden. Für eine gute Ableitung des geförderten Wassers ist Sorge zu tragen. Wenn man das Wasser versickern läßt, so daß es ganz oder teilweise in den Brunnen gelangt, verlieren die Ergebnisse des Pumpversuches jeden Wert.

Es ist selbstverständlich, wird aber häufig genug nicht beachtet, daß eine geschulte, zuverlässige, an sorgfältige Messungen gewöhnte Mannschaft zur Durchführung des Pumpversuches erforderlich ist. Die Messungen werden zweckmäßig in einen Vordruck, wie hier abgebildet, eingetragen.

Pumpversuch: Monteur:

Vordruck für Pumpversuche

Zeit der Messung		Förderleistung der Pumpe	Minutliche Drehzahl der Pumpe	Wasserstände in den Rohrbrunnen										Bemerkungen (Beginn, Ende, Unterbrechungen, sonstige Beobachtungen und Vorfälle sind hier unter genauer Zeitangabe einzutragen!)
				1.		2.		3.		4.		5.		
Tag	Stunde	cbm/Std.		unter Oberkante Rohr	bezogen auf N.N.	unter Oberkante Rohr	bezogen auf N.N.	unter Oberkante Rohr	bezogen auf N.N.	unter Oberkante Rohr	bezogen auf N.N.	unter Oberkante Rohr	bezogen auf N.N.	
19														

XI. Die Untersuchung und Beurteilung des Wassers.

Nach dem Entsanden des Rohrbrunnens kann die Wasserprobe für die Untersuchung des Wassers entnommen werden. Die Untersuchung entscheidet darüber, ob das angetroffene Wasser und damit der ganze Rohrbrunnen den gewünschten Zwecken entspricht.

Da der Wert der Untersuchung in hohem Maße von der richtigen und sorgfältigen Entnahme der Wasserprobe abhängt, sei hier kurz angegeben, worauf bei der Entnahme der Wasserprobe zu achten ist.

1. Die Entnahme der Wasserprobe.

Man soll das Wasser in derselben Beschaffenheit zu entnehmen suchen, in der es im Untergrunde vorkommt, d. h. ohne Verunreinigung, Temperaturerhöhung oder -herabsetzung, unnötiges Schütteln usw. Ferner soll es unverzüglich der Untersuchungsstelle gut verpackt eingesandt werden.

Zur Wasseruntersuchung werden etwa 2 Liter Wasser gebraucht. Am zweckmäßigsten ist die Verwendung von keimfrei gemachten Probeflaschen aus weißem, klarem Glase mit eingeschliffenem Glasstopfen. Sind solche nicht zur Hand, so kocht man vorhandene Flaschen in geöffnetem Zustande mindestens 10 Minuten aus, entleert sie, läßt sie erkalten und spült sie unmittelbar vor der Entnahme mindestens dreimal mit dem zu untersuchenden Wasser aus. Es ist wichtig, diese Arbeiten hintereinander unmittelbar vor der Entnahme zu erledigen, da andernfalls bei einem Stehenlassen der gereinigten Flasche wieder Verunreinigungen eintreten können.

Der Rohrbrunnen muß etwa 20 Minuten hindurch langsam und gleichmäßig abgepumpt werden, wobei darauf zu achten ist, daß das geförderte Wasser nicht wieder in den Brunnen oder in den Pumpenschacht zurückgelangen oder in der Nähe versickern kann. Die Entnahme erfolgt in der Weise, daß man die Flaschen unter den freiablaufenden Strahl hält, jedoch so, daß die Finger nicht in die Nähe der Flaschenöffnung kommen. Sodann verschließt man die Flaschen mit einem neuen Kork und klebt ein Schild darauf, das etwa folgende Bezeichnungen enthält:

Wasserprobe aus einem Rohrbrunnen.

Ort:

Straße:

Auftraggeber:

Brunnentiefe:

entnommen am: um: Uhr durch:

Die Flaschen werden dann auf dem schnellsten Wege (Eilboten) möglichst in einer Kiste verpackt, die zum Schutz gegen Bruch und gegen die Einwirkungen von Wärme und Kälte mit Sägespänen oder Torfmull gefüllt ist, der Untersuchungsstelle eingesandt. Dieser ist es immer erwünscht, ausführliche Angaben über Bauart, Lage des Brunnens und Beschaffenheit der nächsten Umgebung zu erhalten, um eine Nachprüfung der gesamten Verhältnisse vornehmen zu können. Verschiedene Untersuchungsanstalten versenden Fragebogen, deren sorgfältige Ausfüllung nur empfohlen werden kann. Im Anhang S. 190 ist ein Vordruck der Preußischen Landesanstalt für Wasser-, Boden- und Lufthygiene betreffend die Untersuchung von Wasserproben mit Fragebogen als Muster wiedergegeben.

Bei einem Rohrbrunnen liegt die Gefahr der Verunreinigung von oben her oder durch Schmutzstätten in der Nähe nur selten vor, und zwar dann, wenn der Grundwasserträger keine oder nur eine sehr schwache Deckschicht hat. Es ist aber zu beachten, daß bei tieferen Rohrbrunnen nach dem Herausziehen der zum Vorbohren verwendeten Rohrfahrten, besonders wenn der Zwischenraum zwischen Mantelrohr und Boden schlecht verfüllt und die Sohle des Schachtes schlecht gedichtet ist, von der Erdoberfläche Wasser und Schmutz hinter die Mantelrohre und in den Rohrbrunnen gelangen können.

2. Die Untersuchung des Wassers.

Die Untersuchung kann sich auf die physikalische, chemische und biologische Beschaffenheit des Wassers erstrecken. Die bakteriologische Untersuchung, sowie die Bestimmung gelöster Gase (Kohlensäure, Sauerstoff usw.) liefert bei eingesandten Proben kein einwandfreies und sicheres Ergebnis. Ein solches ist nur dann zu erwarten, wenn diese Untersuchungen an Ort und Stelle von einem Sachverständigen vorgenommen werden. Der Verwendungszweck des Wassers (Trinkwasser, Kesselspeisewasser, Betriebswasser für gewisse gewerbliche Zwecke) bestimmt Art und Ausdehnung der Untersuchung. Nachstehend sind (nach Klut [77]) einige Musterbeispiele für die Untersuchung von Trink- und Betriebswässern aufgeführt, die lediglich Anhaltspunkte für den Umfang einer Untersuchung für die verschiedenen Zwecke der Praxis geben sollen:

1. Prüfung auf Brauchbarkeit zur Speisung k l e i n e r e r zentraler Wasserversorgungsanlagen für Gemeinden usw. (äußere Beschaffenheit, Reaktion, Gesamtmenge der suspendierten Stoffe, Salpetersäure, salpetrige Säure, Ammoniak, Chlor, Eisen, Mangan, Kaliumpermanganatverbrauch, Gesamthärte, temporäre Härte, bleibende Härte, freie Kohlensäure, Schwefelwasserstoff, mikroskopisch-biologischer Befund).

2. Prüfung auf Brauchbarkeit zur Speisung g r ö ß e r e r zentraler Wasserversorgungsanlagen mit besonderer Berücksichtigung der Verwendung für technische Zwecke (äußere Beschaffenheit, Reaktion, Gesamtmenge der suspendierten Stoffe, Salpetersäure, salpetrige Säure, Ammoniak, Chlor, Eisen, Mangan, Kaliumpermanganatverbrauch, Kalk, Magnesia, Gesamthärte, temporäre Härte, bleibende Härte, freie Kohlensäure, Schwefelwasserstoff, mikroskopisch-biologischer Befund).

3. Ausführliche Wasseruntersuchung (äußere Beschaffenheit, Reaktion, Alkalinität, Gesamtmenge der suspendierten Stoffe, Salpetersäure, salpetrige Säure, Ammoniak, Chlor, Eisen, Mangan, Kaliumpermanganatverbrauch, Kalk, Magnesia, Gesamthärte, temporäre Härte, bleibende Härte, Schwefelsäure, Gesamtmenge des Abdampfrückstandes, sein Glührückstand bzw. Glühverlust, freie Kohlensäure, Schwefelwasserstoff, mikroskopisch-biologischer Befund).

Man beauftragt zweckmäßig eine öffentliche Untersuchungsstelle, einen vereidigten Handelschemiker, ein Medizinal-Untersuchungsamt oder das Hygienische Institut einer Universität mit der Untersuchung des Wassers. Als Zentralstelle für derartige Untersuchungen und für die Begutachtung von Wasserversorgungsanlagen jeder Art ist die Preußische Landesanstalt für Wasser-, Boden- und Lufthygiene in Berlin-Dahlem bekannt und in hohem Ansehen. Für Wasseruntersuchungen für Brauereien, Mineralwasserfabriken, Färbereien, Wäschereien u. a. sind besondere Untersuchungsstellen vorhanden, deren Anschriften von den Fachverbänden dieser Gewerbe zu erfahren sind.

3. Die Beurteilung des Wassers nach den Untersuchungsergebnissen.

Obwohl die Auswertung der Ergebnisse einer Wasseruntersuchung in jedem Falle nur durch den Sachverständigen erfolgen darf, wenn man vor falschen Maßnahmen und Verlusten finanzieller Art bewahrt bleiben will, erscheint es doch wünschenswert, hier für den Auftraggeber des Rohrbrunnens eine kurze Anleitung zum Lesen der „Wasseranalyse" zu geben.

Die durch die physikalische und chemische Untersuchung gelieferten Ergebnisse schildern den äußeren Befund und besagen, welche Stoffe, z. B. ob und wieviel Eisen und wieviel Härtegrade das Wasser aufweist, ob eine durch Gifte z. B. Blei bedingte Gefahr vorhanden ist usw. Über die Infektionsmöglichkeit vermögen sie nur mittelbare Hinweise zu geben, die durch die bakteriologische und gegebenenfalls durch die biologische Untersuchung nachgeprüft werden müssen.

a) Die Ergebnisse der physikalischen Untersuchung.

Der Untersuchungsbericht enthält einige allgemeinere Angaben, die sich auf die äußere Beschaffenheit des Wassers beziehen, und zwar die Bestimmung der Durchsichtigkeit, der Farbe, des Geruches, des Geschmackes und der Temperatur.

Durchsichtigkeit. Einwandfreies Wasser muß klar sein. Trübungen nach Regen und während der Schneeschmelze deuten auf verunreinigende Zuflüsse und mangelnde Bodenfiltration hin. Zur Nachprüfung empfiehlt es sich, die Schichtenfolge im Bohrregister mit heranzuziehen.

Farbe. Das Wasser muß möglichst farblos sein. Moorwasser ist gelb bis gelbbraun und an sich nicht gesundheitsschädlich, regt aber infolge seines faden, moorigen Geruchs und Geschmacks nicht besonders zum Genusse an. Eisenhaltiges Wasser ist bei der Entnahme farblos, trübt sich aber bei Luftzutritt allmählich durch Eisenockerausscheidungen.

Geruch. Das Wasser muß vollständig geruchlos sein. Tiefere Brunnen der Norddeutschen Tiefebene liefern oft Wasser, das nach Schwefelwasserstoff (dem Geruch eines faulen Eis) riecht und schlecht schmeckt. Der Schwefelwasserstoff H_2S ist hier auf chemischem Wege durch Umsetzung von Schwefelkies entstanden und somit gesundheitlich nicht zu beanstanden, übrigens auch durch Belüftung leicht zu entfernen. Ein Teer-, Karbol- oder Gasgeruch im Wasser läßt vermuten, daß gewerbliche Abwässer den Grundwasserträger verunreinigen.

Geschmack. Gutes Wasser muß ohne besonderen Geschmack sein. Bereits ein Eisengehalt von 0,3 mg Fe im Liter gibt dem Wasser einen tintigen Beigeschmack. Weiches Wasser schmeckt fade; hartes Wasser dagegen angenehm, besonders wenn seine Härte durch Kalziumbikarbonat bedingt ist. Das Wasser darf natürlich nicht salzig schmecken, da es dann nicht durststillend ist. Ein geringer Salzgehalt verursacht einen faden, weichlichen Geschmack. Mit Rücksicht auf die Beeinträchtigung des Geschmackes durch die im Wasser gelösten Salze sollten im allgemeinen folgende Grenzwerte für ein Liter Wasser nicht überschritten werden:

250 mg Chloride (Cl),
168 mg Chlormagnesium ($MgCl_2$),
500 mg Chlorkalzium ($CaCl_2$),
400 mg Kochsalz (NaCl).

Die in vielen Wässern vorhandene freie Kohlensäure schmeckt man im allgemeinen nur bei großem Gehalt an solcher wie in Mineralwässern.

Temperatur. Gutes Trinkwasser soll kühl sein. Als angenehm und erfrischend werden Temperaturen von 7 bis 11° C empfunden. Grundwasser entspricht fast immer diesen Anforderungen.

b) Die Ergebnisse der chemischen Untersuchung.

Die chemische Untersuchung gibt meist zunächst an, ob die Reaktion neutral, alkalisch oder sauer ist. Die meisten Wässer reagieren infolge ihres Gehaltes an Erdalkalien schwach alkalisch. Saure Wässer, die z. B. freie Kohlensäure, Huminsäure usw. enthalten, greifen Metalle und Mörtel an. Stark alkalisch reagieren Wässer oft aus neuen, mit Zementringen versehenen oder mit Zementputz hergestellten Brunnen. Hierbei ist Kalziumhydroxyd im Wasser gelöst worden und dadurch ein laugenhafter Geschmack entstanden.

Weiterhin wird der Gehalt an Nitriten (salpetriger Säure N_2O_3), an Nitraten (Salpetersäure N_2O_5) und an Ammoniak NH_3 angegeben. Diese Stoffe bilden, falls die Umgebung des Brunnens an der Oberfläche oder der Brunnen selbst verunreinigt ist, ein Anzeichen dafür, daß gefährliche, tierische oder menschliche Abfallstoffe (Krankheitskeime) in in den Brunnen gelangen können. Ammoniak und salpetrige Säure sollen im Wasser gar nicht oder nur in Spuren vorkommen, während an Salpetersäure nicht mehr als höchstens etwa 30 mg im Liter vorhanden sein dürfen.

Es sei darauf hingewiesen, daß mit der Vornahme der Wasseruntersuchung eine genaue Ortsbesichtigung Hand in Hand gehen muß. Denn die soeben erwähnten drei Substanzen können sich in tieferen Brunnen, bei denen eine Verunreinigung des Wassers ausgeschlossen ist, auch aus der geologischen Zusammensetzung der Bodenschichten erklären. So findet sich in eisenhaltigen Grundwässern und in Moorwässern oft bis zu 1 mg Ammoniak im Liter, bisweilen auch noch mehr.

Chloride deuten, wie erwähnt, auf Salzgehalt hin. Vollkommen chloridfreie Wässer kommen kaum vor. Gute Trinkwässer weisen bis zu 30 mg Chlor (Cl) und 50 mg Kochsalz (NaCl) im Liter auf. Verunreinigte Wässer haben einen hohen Chlorgehalt, falls hier nicht auch die Beschaffenheit des Wassers durch die geologischen Bodenverhältnisse (Nähe des Meeres, Vorkommen von Steinsalz usw.) beeinflußt wird. Wenn in chlorarmen Gegenden Chlor gefunden wird, so hat man mit der Möglichkeit einer Verunreinigung durch Urin oder Abfälle des menschlichen Haushaltes zu rechnen.

Die Angabe des im Wasser vorhandenen Eisens ist für viele Fälle wichtig. Für die Bewertung der Zahlenangaben der Analyse mag folgende kleine Zusammenstellung dienen (nach Klut [76]):

Eisengehalt	Bewertung
von 0,2 bis 0,5 mg Fe im Liter	niedrig
„ 0,5 „ 1,0 mg „ „ „	mittel
„ 1,0 „ 3,0 mg „ „ „	hoch
über 3,0 mg „ „ „	sehr hoch

Bewertung des Eisengehalts im Wasser.

Im allgemeinen kann ein Eisengehalt bis etwa 0,2 mg im Liter zugelassen werden. Bei höherem Gehalt an Eisen muß eine Enteisenung des Wassers stattfinden. Der Gehalt an Eisen ist gesundheitlich ohne

Bedeutung. Eisenhaltiges Wasser ist jedoch in der Küche und bei der Wäsche nicht verwendbar. Auch verschiedene gewerbliche Betriebe, z. B. Molkereien benötigen eisenfreies Wasser.

Der Untersuchungsbericht wird ferner die Härte des Wassers in Härtegraden angeben. Man unterscheidet die vorübergehende oder Karbonathärte, die durch das Kalzium- und Magnesiumbikarbonat gebildet wird und beim Aufkochen des Wassers verschwindet, und die bleibende oder Mineralsäurehärte, die durch die Chloride, Nitrate, Sulfate, Phosphate und Silikate des Kalziums und des Magnesiums dargestellt wird und deren Beseitigung schwieriger ist. Ein deutscher Härtegrad entspricht 10 mg CaO in einem Liter Wasser. Für Umrechnungszwecke sei angegeben:

1 englischer Härtegrad   = 0,8 deutsche Härtegrade,
1 französischer Härtegrad = 0,56 deutsche Härtegrade.

Eine Übersicht über die Bezeichnung der Härtestufen eines Wassers gibt nachstehende Zusammenstellung (nach Klut [76]):

Gesamthärte in deutschen Härtegraden	Bewertung
0 bis 4°	sehr weich
4 „ 8°	weich
8 „ 12°	mittelhart
12 „ 18°	ziemlich hart
18 „ 30°	hart
über 30°	sehr hart

Bewertung der Härte eines Wassers.

In gesundheitlicher Beziehung haben weder hartes noch weiches Wasser eine Bedeutung. Trinkwasser kann ohne weiteres 10 bis 20 Grad aufweisen. Eine ganze Reihe städtischer Wasserversorgungen haben Wasser mit bis zu 50 Härtegraden. Hartes Wasser macht empfindliche Haut leicht rauh und spröde. Fleisch und Hülsenfrüchte kochen darin schwer weich. Bei verschiedenen Getränken, Kaffee, Tee auch Grog beeinträchtigt die durch Chlormagnesium bedingte Härte den Wohlgeschmack. Beim Waschen gehen die Kalk- und Magnesiumsalze mit den Fettsäuren der Seife unlösliche Verbindungen ein, verstopfen die Poren der Haut und setzen sich in die Fasern der Gewebe, die dadurch an Weiche und Biegsamkeit verlieren. Die Wäsche nimmt oft einen unangenehmen Geruch an. 20 Härtegrade vernichten in einem Kubikmeter etwa 2,4 bis 3,2 kg Seife, so daß beim Waschen ein erheblicher Mehrverbrauch an Seife entsteht.

Für gewerbliche Betriebe sei angegeben, daß Flammrohrkessel, Lokomobilkessel mit ausziehbarem Röhrensystem etwa 10 bis 15 deutsche Härtegrade vertragen. Bei Wasserrohrkesseln kann man 5 bis 6 Härte-

grade zulassen. Bei den Röhrenkesseln, die schwer zu reinigen sind, sollte
man jedenfalls nicht mehr als 5 Härtegrade gestatten. Am unangenehm-
sten ist Gips (schwefelsaurer Kalk) als Härtebildner, da er im Dampf-
kessel harte feste Krusten bildet.

An Sulfaten (Schwefelsäure SO_3) sollen im Wasser nicht mehr als etwa
60 mg nachzuweisen sein.

Phosphorsäure (P_2O_5) darf höchstens in Spuren vorkommen. Größere
Mengen zeigen Verunreinigungen des Wassers an.

Kaliverbindungen fehlen meist. Sind sie in größerer Menge im Wasser
anwesend (etwa über 10 mg K_2O im Liter), so lassen sie auf Verunreinigung durch gewerbliche Abwässer schließen.

Kohlensäure CO_2 und Sauerstoff O sind oft in Wässern vorhanden. Sie sind gesundheitlich ohne Belang, fördern im Gegenteil
sogar den Geschmack. Jedoch greifen sie oft Beton und Metalle an.

In der Regel sind alle mineralstoffarmen, weichen, salz- und kohlen-
säurereichen, nicht alkalisch reagierenden Wässer angriffslustig. Der
Angriff auf Eisenrohre bewirkt, daß bisher eisenfreies Wasser nunmehr
eisenhaltig wird. Der Angriff auf Bleirohre ist gefährlich, da schon ein
geringer Bleigehalt (0,3 mg im Liter) schwere Erkrankungen hervorrufen kann (Bleivergiftung).

Schließlich findet man in den Analysen noch die Angabe, daß zur
Oxydierung der organischen Stoffe eines Liters Wasser eine bestimmte
Anzahl Milligramm Kaliumpermanganat verbraucht sind. Die organi-
schen Stoffe sind vielfach unschädlich (Humusstoffe), stellen jedoch
einen Schönheits- oder einen Geschmacksfehler des Wassers dar. Reines
Trinkwasser soll jedenfalls keinen höheren Verbrauch an Kaliumperman-
ganat $KMnO_4$ haben, als etwa 12 mg für einen Liter. Die organische
Substanz soll nicht mehr als 50 mg im Liter ausmachen.

Der Verdampfungsversuch darf nicht mehr als etwa 500 mg mineralische und organische Abdampfrückstände ergeben.

c) Die Ergebnisse der bakteriologischen Untersuchung.

Die bakteriologische Untersuchung des Wassers stellt fest:

1. den Gesamtkeimgehalt,
2. das Vorhandensein von Bakterien, die auf eine Verunreinigung
   des Wassers durch menschliche oder tierische Abfälle hindeuten
   (Bacterium coli commune),
3. unter Umständen das Vorhandensein von Krankheitserregern.

Der Gesamtkeimgehalt wird ausgedrückt durch die Zahl der in 1 cm³
Wasser enthaltenen Keime. Das Wasser aus einwandfrei angelegten
Rohrbrunnen ist bei regelmäßiger Benutzung des Rohrbrunnens bak-
terienarm. Man findet darin nicht mehr als 10 bis 50 Keime in 1 cm³.
Im Kesselbrunnen werden sich stets eine größere Anzahl, oft mehrere

100 Keime in 1 cm³ vorfinden, weil in dem Brunnenkessel Gelegenheit zur Bakterienvermehrung gegeben ist. Für Kesselbrunnen ist also die Ermittlung der Keimzahl überflüssig, weil man nicht feststellen kann, ob die Keime der wasserführenden Schicht entstammen oder im Brunnenkessel entstanden sind.

Das wichtigste Verfahren der bakteriologischen Wasseruntersuchung ist der Nachweis des Bacterium coli commune. Dieser Keim ist ein Darmkeim, der unter denselben Wachstumsverhältnissen gedeiht, wie die Krankheitserreger verschiedener seuchenartiger Darmkrankheiten. In Wässern hygienisch einwandfreier Rohrbrunnen soll das bacterium coli nicht vorkommen. In kleineren Kesselbrunnen ist es öfters festzustellen. Nach B. Bürger [75] gibt ein Colikeim in 100 cm³ Wasser zu gesundheitlichen Bedenken noch keinen Anlaß. Wenn jedoch in 10 cm³ ein Colikeim nachgewiesen wird, kann man auf eine weniger harmlose Verunreinigung schließen. Der Nachweis von einem Bacterium coli in 1 cm³ Wasser zeigt mit Sicherheit eine gesundheitlich bedenkliche Verunreinigung des Wassers an.

In seuchenhygienischer Hinsicht ist die bakteriologische Untersuchung des Wassers von größtem Wert. Werden doch die Cholera, der Typhus, der Para-Typhus, die Ruhr und wahrscheinlich noch gewisse andere Magen- und Darmkrankheiten durch Kleinlebewesen, die sich im Wasser günstig entwickeln, auf Menschen übertragen. Von Tierkrankheiten, die durch verseuchtes Wasser verursacht sind, ist der Milzbrand zu nennen, außerdem werden wahrscheinlich auch der Rotlauf der Schweine, die Geflügelcholera, die Schweineseuche, die Hundestaupe, die Maul- und Klauenseuche und der Rotz durch verunreinigtes Wasser übertragen. Bei Rohrbrunnen wird immer der geologische Schichtenaufbau zur Beurteilung der Gesamtlage mit heranzuziehen sein.

d) Die Ergebnisse der biologischen Untersuchung.

Die biologische Untersuchung ist bei Rohrbrunnen im allgemeinen zu entbehren. Bei Kesselbrunnen dagegen ist es oft von Wichtigkeit, eine solche durchzuführen. Man stellt dabei nach Kolkwitz [75] zunächst die belebten und unbelebten Bestandteile nach Art und Menge fest, um ein Bild von der Natur des zu untersuchenden Wassers zu bekommen. Die Untersuchung wird nach Stehenlassen der Probe in der Regel am Bodensatz vorgenommen, und zwar zunächst makroskopisch, dann bei schwächerer Vergrößerung mit einer Lupe oder dem Planktoskop und schließlich bei stärkerer Vergrößerung mit dem Mikroskop. Die Belebtheit der Wässer ist viel größer, als man anzunehmen geneigt ist, da außer Bakterien sich Fadenpilze, Algen, Kleinkrebschen usw. im Wasser vorfinden. Aus dem biologischen Befund läßt sich häufig ersehen, ob eine durch die Umwelt erfolgte, nachteilige Beeinflussung des Wassers vorliegt.

In Rohrbrunnen finden sich belebte Stoffe nur in geringer Menge, dagegen können mineralische Bestandteile (Sand, Tonteilchen, Eisen-Oxydhydrat, Mankrümel), auch Holzfasern, Hanffasern von Dichtungen herrührend, vorhanden sein. In gesundheitlicher Beziehung sind diese Stoffe belanglos. In älteren Rohrbrunnen findet man oft Eisen- und Manganbakterien, die sich an den Wandungen der Rohre entwickelt haben und durch kräftiges Pumpen losgerissen sind.

Der biologische Befund gibt ein Urteil über die allgemeine Beschaffenheit eines Wassers und Auskunft auf die Frage, ob in dem untersuchten Wasser vermeidbare Fremdkörper mehr als zulässig enthalten sind.

Nachdem die Beurteilung des Wassers auf Grund der Ergebnisse der verschiedenen Untersuchungsverfahren nunmehr erörtert ist, sei mit Nachdruck darauf hingewiesen, daß die angegebenen Werte stets nur allgemeine Bedeutung haben. Es kommt in jedem Falle auf die Verhältnisse in ihrer Gesamtheit an. Das Vorhandensein einer Substanz, die in dem einen Falle nach der gesamten Sachlage für eine Verunreinigung spricht, kann in einem andern Falle ganz unverdächtig sein. Ferner muß immer betont werden, daß die Wasseruntersuchung keine Ortsbesichtigung ersetzt. Es ist erforderlich, die Wasserentnahmestelle selbst, sowie die Umgebung der Wasserentnahmestelle durch einen Sachverständigen besichtigen zu lassen und diesem alle zur Beurteilung der gesamten Wassergewinnung erforderlichen Unterlagen, wie geologisches Schichtenprofil (Bohrregister), Zeichnung des Brunnenschachtes mit Brunnenkopf, sonstige Bauzeichnungen usw. zugänglich zu machen.

Wer sich eingehender über Fragen der Wasseruntersuchung unterrichten will, sei auf das vortreffliche Buch von Klut, Untersuchung des Wassers an Ort und Stelle, Berlin 1927, [76] hingewiesen, dem wir auch in diesen Abschnitten im wesentlichen gefolgt sind.

4. Erfolgsaussichten bei der Wasserreinigung.

Über die Möglichkeiten, das Wasser zu reinigen und die Aussichten des Erfolges dabei, sei kurz das folgende gesagt:

Man kann verhältnismäßig leicht das Wasser klären, es von mechanischen Beimengungen sowie in besonderen Apparaten auch von einem Eisen- und Mangangehalt soweit befreien, daß unerwünschte Wirkungen nicht mehr auftreten können. Auch ein störender Geruch (z. B. von Schwefelwasserstoff) und ein Gehalt an freier Kohlensäure läßt sich durch Belüftung des Wassers in einfacher Weise entfernen. Schwieriger und kostspieliger ist es, eine Enthärtung des Wassers durchzuführen, obwohl es Enthärtungsapparate gibt, mit denen man das Wasser bis auf Null Grad herunter enthärten kann. Sehr schwierig ist es auch, die durch Huminstoffe bedingte Braunfärbung des Wassers aus moorigen

Schichten zu ändern. Die Beseitigung eines zu hohen Gehaltes an Kochsalz ist praktisch unmöglich.

Wieder sei hervorgehoben, daß im Rohrbrunnen eine Reinigung des Wassers unmöglich ist, sondern daß diese erst dann stattfinden kann, wenn das Wasser bis zur Erdoberfläche gehoben ist.

Enthält Brunnenwasser Bakterien, so können Filter verschiedener Bauart verwendet werden, die bei entsprechender Behandlung und Bedienung in einwandfreier Weise arbeiten. Es ist aber technisch und wirtschaftlich richtiger, gerade bei Brunnenanlagen den Ursachen der bakteriellen Verunreinigung nachzugehen (Ortsbesichtigung durch den Hygieniker!) und diese zu beseitigen zu suchen, als verhältnismäßig teure Filteranlagen zu beschaffen.

XII. Die Unterhaltung und Instandsetzung von Rohrbrunnen.

Für die bauliche Unterhaltung und die Instandsetzung von Rohrbrunnen ist es von Wert, Unterlagen über die Bauart des Brunnens in
Händen zu haben. Derartige Unterlagen sind das Bohrregister oder
wenigstens eine Darstellung der Schichtenfolge, die der Brunnenbau-
unternehmer dem Besteller auf Verlangen übergeben wird, sowie die
Rechnung über den Bau des Brunnens. Gerade der Rechnung kann
man oft, wenn andere Unterlagen fehlen, wichtige technische Angaben
entnehmen, z. B. die Durchmesser und Längen von Mantelrohr, Filter
und Aufsatzrohr und die Bauart des Filters. Die ursprüngliche Ergiebigkeit des Brunnens wird man ungefähr aus der Förderleistung der
Pumpe ersehen können, während die Absenkung des Wasserspiegels
fast immer aus der Steigerohrlänge bei Tiefbrunnenpumpen zu ermitteln
ist, da in der Regel die Unterkante des Steigerohrs beim abgesenkten
Wasserspiegel eben noch das Wasser berührt. Eine weitere wichtige
Unterlage für später zu treffende Entscheidungen auch bezüglich der
Erweiterung der Anlage und der Neubohrung von Brunnen ist die Nieder-
schrift der Messungsergebnisse des Pumpversuchs.

Bei größeren Wasserwerken, bei Behörden und industriellen Unternehmen ist die Aufbewahrung dieser Schriftstücke Selbstverständlichkeit. Es sollte aber auch jeder Besitzer oder Verwalter eines Einzelbrunnens die erwähnten Papiere sorgfältig aufbewahren, da sie die
Instandsetzung des Brunnens wesentlich vereinfachen und falsche Maßnahmen des Brunnenbauers verhüten werden.

1. Die bauliche Unterhaltung des Rohrbrunnens.

Für die bauliche Unterhaltung des Rohrbrunnens ist das wesentliche
getan, wenn man darauf achtet, daß dem Brunnen möglichst gleichbleibende Wassermengen bei nicht zu großer Spiegelsenkung entnommen
werden. Es bedarf keiner Begründung, daß die stoßweise Entnahme
größerer Wassermengen auf die Dauer von ungünstigem Einfluß auf
den Rohrbrunnen ist. Im übrigen empfiehlt es sich, wenn die Möglichkeit zu Messungen vorhanden ist, laufend die Absenkung des Wasserspiegels und die Größe der Liefermenge messen zu lassen. Man schafft
sich auch hierdurch wertvolle Unterlagen für die Beurteilung des Brunnens und der wasserführenden Schicht für den Fall, daß ein Nachlassen

der Ergiebigkeit festzustellen ist und eine Instandsetzung oder Erneuerung des Rohrbrunnens erforderlich werden sollte. Insbesondere
sind, wenn Beobachtungsfilter für die Messung des Filtereintrittswiderstandes eingebaut worden sind, in diesen sorgfältig Messungen vorzunehmen. Ist der Rohrbrunnen infolge seiner Bauart unzugänglich,
so sind derartige Messungen natürlich nicht durchzuführen. In vielen
Fällen wird es aber möglich sein, aus der Feststellung der Förderleistung
der Pumpe und der Beobachtung des Pumpenganges auf das Arbeiten
des Brunnens Schlüsse zu ziehen.

Rohrbrunnen mit artesischem Überlauf sind, wie S. 123 bereits erwähnt, nur bei Vorhandensein besonderer Sicherheitseinrichtungen
abzusperren, um das Hochfressen des unter Druck stehenden Wassers
außerhalb der Mantelrohre zu vermeiden. Bei diesen Brunnen werden sich
Messungen der Überlaufmengen leicht vornehmen lassen (vgl. Abb. 141).

Von Zeit zu Zeit muß eine Nachprüfung des baulichen Zustandes
der an der Erdoberfläche befindlichen Teile des Rohrbrunnens, des
Brunnenschachtes und des Brunnenkopfes stattfinden, damit die not-
wendigsten hygienischen Forderungen erfüllt sind. Zu diesem Zwecke
ist darauf zu achten, daß die Abdeckplatte dicht ist, daß die Abdichtung
des Brunnenkopfes in Ordnung ist und daß die Abdeckplatte und die
nähere Umgebung nicht verschmutzt wird. Es ist demnach nicht zu
gestatten, daß an Brunnen Wäsche gewaschen und gespült wird, daß
an den Brunnen auf Kasernenhöfen die Kochgeschirre gesäubert werden,
daß, wie auf kleineren Bahnhöfen oft, Brunnen und Abort dicht nebeneinander angelegt werden und ähnliches (siehe auch S. 116).

In gleicher Weise muß verhindert werden, daß nach Fertigstellung
des Rohrbrunnens in seiner Nähe Schmutzstellen, wie Dunggruben
oder Ställe mit durchlässigem Boden gebaut werden. Wenn der Rohrbrunnen auch nicht der Gefahr ausgesetzt ist, wie der Kesselbrunnen,
so sollte man derartige Umstände, die zu einer Gefahr werden können,
von vornherein auszuschalten suchen.

2. Die Lebensdauer von Rohrbrunnen.

Der Rohrbrunnen hat keine unbegrenzte Lebensdauer. Sie ist im
allgemeinen kürzer, als diejenige von Bauwerken des Hoch- oder Tief-
baus. G. Thiem [109] schreibt sehr treffend: „Im Gegensatz zu maschinellen Einrichtungen verlangt man vielfach von Rohrbrunnen, daß
sie von unbegrenzter Haltbarkeit und sozusagen von ewiger Lebensdauer sein sollten. Bei einem Bauwerk, das niemals beansprucht wird
und das der Wirkung von Luft und Wasser nicht ausgesetzt wird,
dürfte es wohl gelingen, es der Nachwelt unverändert zu erhalten;
jedoch ist jeder Rohrbrunnen mit einer Maschine zu vergleichen, jener
soll immer Wasser spenden und diese immer Energie leisten. Bei beiden
Einrichtungen vollziehen sich Bewegungsvorgänge, und darum ist es

unbillig, von einem Rohrbrunnen mehr zu verlangen, als von einer Maschine."

Die Lebensdauer des Rohrbrunnens wird bestimmt durch eine Reihe von Umständen, deren wichtigste sind: die Bauart des Rohrbrunnens, insbesondere die Bauart des Brunnenfilters, die Abmessungen des Rohrbrunnens, insbesondere Filterlänge und Filterdurchmesser, die Beschaffenheit des Kornes der wasserführenden Schicht, die Beschaffenheit des Wassers und die Beanspruchung des Brunnens. Was die letztere anbelangt, so soll damit nicht gesagt werden, daß Rohrbrunnen, die außer Betrieb und unbenutzt sind, eine längere Lebensdauer besitzen. Auch diese unterliegen den gleichen oder ähnlichen Erscheinungen (man könnte von „Alterserscheinungen" reden), wie sie bei dem in Betrieb befindlichen Rohrbrunnen beobachtet werden.

Fast jeder Rohrbrunnen zeigt im Laufe der Jahre oder Jahrzehnte ein Nachlassen der Ergiebigkeit, das sich in einer stärkeren Absenkung des Wasserspiegels ausdrückt. An sich braucht eine stärkere Absenkung nicht das Versagen des Rohrbrunnens anzuzeigen. Denn sie kann auch zurückzuführen sein auf eine allgemeine Senkung des Grundwasserspiegels der betreffenden Gegend.

Zur Feststellung, welcher dieser beiden Fälle vorliegt, dient der Beobachtungsfilter, mit dem man die Messung des Eintrittswiderstandes des Filters vornimmt (siehe S. 72), soweit nicht in anderen Brunnen die allgemeine Spiegellage gemessen werden kann.

Diese Erscheinungen (man spricht auch von Ermüdungserscheinungen), sind verursacht durch Vorgänge mechanischer und chemischer Art an der Wassereintrittsfläche im Grundwasserträger bzw. am Filter.

Die mechanischen Vorgänge bestehen darin, daß das Grundwasser mit der Zeit in seiner ständigen Bewegung nach dem Brunnen hin feine und feinste Sand- und Tonteilchen aus der wasserführenden Schicht nach dem Brunnen mitführt und daß diese Bodenteilchen die Poren, Spalten oder Klüfte der Wassereintrittsfläche und die Kiesschüttung oder Gewebeummantelung des Filters verstopfen. Die feinen Bodenteilchen in der Nähe des Filters sind, wie S. 127 geschildert, durch das Entsanden entfernt worden. Die Poren der wasserführenden Schicht sind daher bei der Inbetriebnahme des Rohrbrunnens offen und von diesen Teilchen gesäubert gewesen. Es läßt sich aber auf die Dauer nicht verhindern, daß dieses feine Material, welches in einiger Entfernung vom Rohrbrunnen in der Schicht noch vorhanden ist, wieder in die Nähe des Filters gelangt und die Poren zusetzt.

Die chemischen Erscheinungen der Verockerung, der Verkrustung und der Anfressung durch angriffslustiges Wasser sind bereits ausführlich S. 73 geschildert worden, so daß darauf verwiesen werden kann.

Es leuchtet ein, daß man nicht die Möglichkeit besitzt, diese Vorgänge zu verhindern. Sie wirken in der Regel fast immer zusammen

und verursachen Erscheinungen, denen nach und nach jeder Rohrbrunnen erliegt.

Es ist bei den ge-
wöhnlichen Rohrbrun-
nen, solange sie im Be-
triebe sind, nicht immer
leicht, diese Erscheinun-
gen zu beobachten und
festzustellen. Bei artesischen Brunnen ist es ein-
facher sich durch Mes-
sungen der Überlauf-
menge ein Bild von dem
Verlauf des Nachlassens
der Ergiebigkeit zu ma-
chen. Die Abb. 141 bringt
Schaulinien dreier artesischer Brunnen des Städti-
schen Wasserwerkes Me-
mel, die das zuerst plötzliche und sehr starke,
dann allmählich geringer
werdende Nachlassen der
Überlaufmenge veran-
schaulichen. Bei A ist
eine Beeinflussung durch
einen neuen Brunnen mit
einer wesentlich größe-
ren Überlaufmenge, der
in der Nähe erbohrt
wurde, zu erkennen und
hieraus der weitere un-
regelmäßige Verlauf zu
erklären. Der Verlauf des
Nachlassens, wie er sich
vermutlich ohne diese
Beeinflussung abgespielt
hätte, ist für den Brun-
nen I durch die ge-
strichelte Linie ange-
deutet. Diese Schau-
linien stimmen sehr gut

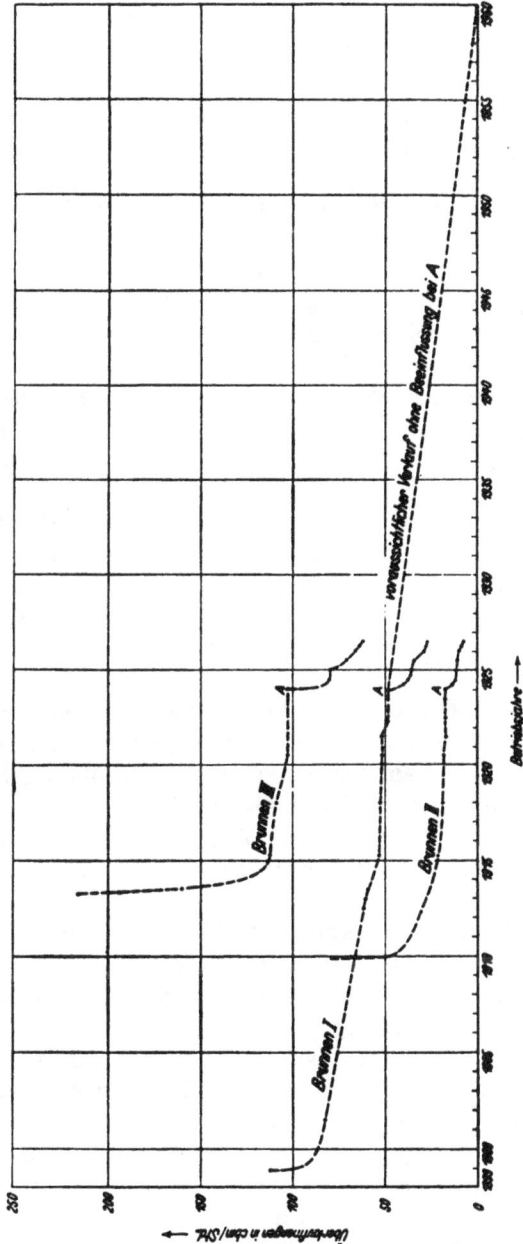

Abb. 141. Abnahme der Überlaufmengen der Rohrbrunnen I—III des Wasserwerks Memel.

mit einer Kurve überein, die Prinz im Handbuch der Hydrologie [17]
für das Nachlassen der Ergiebigkeit von Rohrbrunnen (Abb. 142) bringt.

Die Verringerung der Ergiebigkeit von Rohrbrunnen braucht nicht sofort zu einem vollständigen Versiegen des Brunnens zu führen. Wie erwähnt, gehen die Ausfällungsprozesse verschiedener Art langsam vor sich. Man hat deshalb die Möglichkeit, die Ermüdungsvorgänge aufzuhalten oder zu verlangsamen, indem man dem Brunnen durch Reinigungs- und Instandsetzungsarbeiten die alte Leistungsfähigkeit wiederzugeben sucht.

3. Instandsetzungsarbeiten an filterlosen Rohrbrunnen.

Bei filterlosen Brunnen sind im allgemeinen seltener Instandsetzungsarbeiten nötig, als bei Rohrbrunnen mit Filtern. Es tritt auch hier oft eine Verschlammung oder Versandung des Grundwasserträgers dadurch ein, daß feinste Bodenteilchen durch das Wasser in das Innere des Brunnens mitgerissen werden. Hört die Wasserentnahme beim Außerbetriebsetzen der Pumpen auf, so lagern sich diese Bodenteilchen als Schlamm oder feiner Sand im Innern des Brunnens ab oder bleiben, was noch unangenehmer ist, in der näheren Umgebung der Wassereintrittsfläche im Grundwasserträger sitzen und versperren die Öffnungen in dem Gestein, durch welche das Wasser in den Brunnen gelangt.

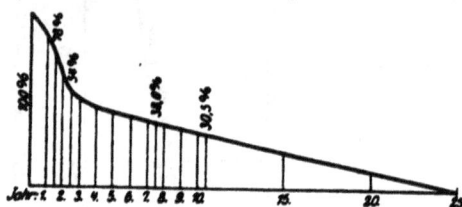

Abb. 142. Ergiebigkeitsabnahme einer Grundwasserfassung (nach Prinz).

Den Schlamm im Innern des Brunnens kann man leicht durch Auslöffeln mit dem Ventilbohrer (Abb. 143) beseitigen. Der Ventilbohrer wird an einem Drahtseil in den Brunnen gelassen. Man hebt und läßt ihn fallen, so daß er eine stauchende Bewegung ausführt. Der Schlamm tritt durch das untere Ventil in den Bohrer ein. Beim Emporheben schließt sich das Ventil, so daß der Bohrer gefüllt herausgezogen werden kann.

Eine Verschlammung der Eintrittsöffnungen in dem anstehenden Gestein, welches bei filterlosen Brunnen zugleich die Brunnenwand bildet, kann man durch verstärktes Pumpen beseitigen. Allerdings muß die Leistung der Pumpe ganz wesentlich über diejenige Menge hinaus gesteigert werden, die sonst dem Brunnen entnommen wird. Sehr wirksam ist die Entsandungsvorrichtung von Borsig, die S. 127 erwähnt und in den Abb. 133 und 134 abgebildet ist.

Auch das sogenannte Torpedieren, d. h. das Abschießen einer Ladung Sprengstoff auf der Sohle des Brunnens, kann dem Wasserzufluß die Spalten, Risse und Klüfte wieder öffnen. Das Torpedieren ist aber eine Gewaltmaßnahme, deren Wirkung sich leicht ins Gegenteil kehren kann, indem dem Wasser neue Wege freigemacht werden können, durch die es nach anderen Schichten abfließen kann. Das Torpedieren ist daher nur als letztes Mittel zur Instandsetzung eines Brunnens anzusehen, bevor man den Brunnen aufgibt.

4. Instandsetzungsarbeiten an Rohrbrunnen mit Filtern.

Ist das Wasser eines Rohrbrunnens sandführend oder hat man Ablagerungen von Sand im Innern des Brunnens festgestellt, so läßt dieser Umstand vermuten, daß das Filtergewebe oder die Kiesschüttung beschädigt sein muß. Bei eben fertiggestellten Brunnen erkennt man hieraus, daß der Brunnen entweder mit einer zu hohen Leistung beansprucht wird oder nicht genügend entsandet ist.

Das Versagen des Brunnens bei einer Beschädigung des Filters durch Zerfressungen tritt meist plötzlich ein. Oft versandet ein ganzer Brunnen in wenigen Stunden, während das Zusetzen (Verockern) der Gewebeöffnungen sich allmählich im Laufe von Jahren vollzieht. Man kann mithin vielfach aus der Plötzlichkeit oder aus dem langsamen Eintreten des Ergiebigkeitsrückganges auf dessen Ursache schließen.

Die Instandsetzungsarbeiten an Rohrbrunnen mit Filtern sind viel mannigfacherer Art.

Man hat zu unterscheiden die Reinigungs- und Instandsetzungsarbeiten, die von der Erdoberfläche aus mit besonderen Einrichtungen und Geräten, die von oben eingeführt werden, vorgenommen werden und die Instandsetzungsarbeiten, bei denen der Filter zutage emporgehoben wird.

a) Die Instandsetzungsarbeiten ohne Herausziehen des Filters.

Sandablagerungen werden durch Auslöffeln mit dem Ventilbohrer (Abb. 143) in derselben Art beseitigt, wie dieses schon bei der Instandsetzung filterloser Rohrbrunnen beschrieben wurde. Wenn man dann die Leistung des Brunnens herabsetzt, so wird man in vielen Fällen den Brunnen wieder gebrauchsfähig machen können.

Zur Beseitigung einer Verschlammung des Filters hat man versucht, den Filter an seiner Außenfläche mit durchlochten Reinigungsröhren zu umgeben und durch diese mit Hilfe von Pumpen die vor der Filterwandung abgelagerten Schlammteilchen abzusaugen. Dieses von Reuther [144] vorgeschlagene Verfahren dürfte eine durchgreifende Reinigung wohl kaum bewirkt haben. Über seine Anwendung ist weiteres auch nicht bekannt geworden.

Sind die Filtereintrittsöffnungen verstopft und verkrustet, so wird das bekannte Mittel des Stöpselns häufig mit Erfolg angewendet.

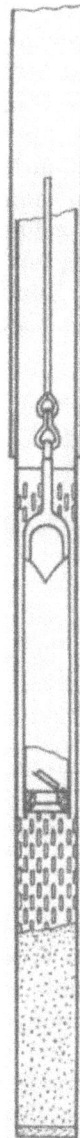

Abb. 143. Auslöffeln eines Rohrbrunnens mit dem Ventilbohrer.

Man läßt hierbei ein pfropfenähnliches Holzstück, welches mit Leder-
stücken besetzt ist (Abb. 144), in das Innere des Brunnenfilters hinab
und bewegt es kräftig auf und nieder. Es entsteht dadurch im Innern
des Brunnens eine stark saugende und drückende Bewegung, durch
die die verstopften Filteröffnungen gesäubert werden. Dieses Verfahren besitzt allen anderen gegenüber den Vorzug großer Einfachheit.
Es kann mit Gestänge und Dreibock ohne besondere Vorrichtungen
ausgeführt werden. Zweckmäßig nimmt man nachher ein Abpumpen
vor, um die Sinkstoffe zutage bringen zu können.

Häufig ist auch das schon oben erwähnte
kräftige Pumpen oder die Benutzung des Borsig-

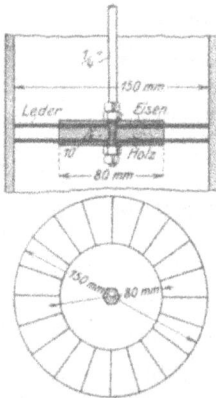

Abb. 144. Vorrichtung zum
„Stöpseln" der Rohrbrunnen
(nach Prinz).

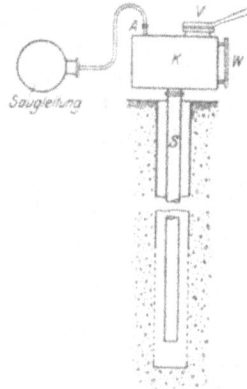

Abb. 145. Stoßvorrichtung
zum Entsanden von Rohr-
brunnen nach Prinz.

Abb. 146. Druckwasser-
Spritzrohr zum Reinigen
von Rohrbrunnen (nach
Prinz).

schen Saugstückes beim Pumpen ausreichend, um die Verstopfungen
des Filters zu beseitigen. Es werden dabei die im Gewebe sitzenden
Sand- oder Ockerteilchen in das Innere des Brunnens gerissen und
emporgepumpt.

Bei scharfkantigem Korn, bei dem die Sandteilchen vielfach keil-
förmige Form haben, wird man indes mit diesem Verfahren nicht viel
ausrichten. Man muß in solchem Falle bedacht sein, vom Innern des
Filters her einen Stoß nach außen hin zu erzeugen. Prinz [17] gibt
eine Filterreinigungseinrichtung an, bei der ein solcher Stoß durch
Wasser von innen her erzeugt wird (Abb. 145). Bei dieser Einrichtung
wird ein Kasten K auf das Saugerohr S heraufgesetzt. Der Kasten wird
mit einem Schlauch oder einem Rohr an die Saugeleitung der Anlage
angeschlossen. Nach dem Öffnen des Hahnes A wird der Kasten mit
Wasser vollgesaugt. Ist dieser gefüllt, so wird der Hahn geschlossen
und die Verschlußklappe V plötzlich geöffnet. Es stürzt sodann der

gesamte Wasserinhalt des Kastens in das Brunneninnere und erzeugt hiermit einen kräftigen Stoß auf die Filterwandung. Dieses Verfahren wird sich in erster Linie bei Filtern bewähren, bei denen die Versandung oder Verkrustung noch nicht sehr weit vorgeschritten ist.

Mit dem Einführen von Druckwasser durch ein Spritzrohr, welches unter Umständen noch mit Stahlbürsten (Abb. 146) versehen ist, kann man oft auch den Filter reinigen, ohne ihn herausziehen zu müssen. Um die Spritzwirkung möglichst zu steigern, muß man die Öffnungen des Spritzrohres verhältnismäßig klein halten, da nur mit kräftigem Wasserstrahl etwas erreicht werden kann. Auch hiermit lassen sich nur schwächere Reinigungswirkungen erzielen.

Häufig wird der Versuch gemacht, mit Salzsäure die Verkrustungen des Filters zu beseitigen. Die Salzsäure wird, da sie durch das Brunnenwasser eine starke Verdünnung erfährt, unverdünnt eingebracht. Am zweckmäßigsten geschieht dieses durch Einführen in ein Rohr, das bis zum Brunnenfilter hinabreicht. Die Menge Salzsäure, die im allgemeinen hineingeleitet wird, entspricht etwa dem Rauminhalt des zu reinigenden Filters. Mit Rücksicht auf die falschen Vorstellungen, die über die Verwendung von Salzsäure zum Reinigen von Brunnenfiltern herrschen, seien hier die chemischen Vorgänge und die daraus zu ziehenden Schlußfolgerungen ausführlicher dargelegt.

Salzsäure als Mittel zur Zerstörung der Verkrustungen bewährt sich deshalb, weil sie das Kupfer des Filters nicht angreift, das Kupfergewebe also nicht zerstört, dagegen die Verkrustungen, den kohlensauren Kalk und das kohlensaure Eisen auflöst, wie die folgenden Gleichungen erläutern:

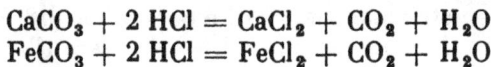

$$CaCO_3 + 2\,HCl = CaCl_2 + CO_2 + H_2O$$
$$FeCO_3 + 2\,HCl = FeCl_2 + CO_2 + H_2O$$

Es bilden sich also außer Kohlensäure und je einem Molekül Wasser Chlorkalzium sowie Eisenchlorür. Da diese beiden Salze im Wasser löslich sind, wird auf diesem Wege die Verkrustung im Brunnenwasser aufgelöst und das Kupfergewebe wird wieder durchlässig. Nimmt man an, daß sich im Laufe der Zeit das kohlensaure Eisenoxydul teilweise zu kohlensaurem Eisenoxyd oxydiert hat, so wird sich durch Einwirkung der Salzsäure außer dem Eisenchlorür $FeCl_2$ auch Eisenchlorid $FeCl_3$ bilden, welches letztere ebenfalls leicht wasserlöslich ist. Bei ungeschickter Einbringung der Salzsäure in den Rohrbrunnen werden die Futterrohre und die Verzinkung der Futterrohre durch die herabfließende Salzsäure aufgelöst, wobei sich nach der Gleichung

$$Zn + 2\,HCl = ZnCl_2 + 2\,H$$

Chlorzink und Wasserstoffgas bilden. Die Verwendung von Salzsäure ist also nur dann möglich, wenn der Filter in allen seinen Teilen aus annähernd säurefestem Material, z. B. Kupfer, besteht.

Die Durchführung des Salzsäureverfahrens erfordert Sachkenntnis und ist nicht ganz ungefährlich, weil größere Mengen Kohlensäure und bei einem Angriff der Salzsäure auf die Verzinkung auch Wasserstoff entstehen — beides unatembare Gase, die in kurzer Zeit tödliche Vergiftungen hervorrufen können. Besondere Vorsicht ist erforderlich, wenn das Eingießen der Salzsäure in den Rohrbrunnen in einem geschlossenen Raum, z. B. in einem Brunnenschacht, stattfindet. Es ereignete sich hierbei ein Unglücksfall [100], bei dem die aus dem Rohrbrunnen aufsteigende Kohlensäure, die sich infolge ihrer Schwere an der Sohle des Schachtes angesammelt hatte, zuerst den Salzsäure eingießenden Brunnenbauer betäubte und sodann einen Gutsinspektor, der ihm zu Hilfe geeilt war. Beide fanden dabei den Tod.

Verschiedene Filterreinigungsverfahren beruhen darauf, daß mit Hilfe von Dampf im Brunnen Stöße erzeugt werden, mit deren Hilfe man die Ablagerungen am Filter beseitigen will. Derartige Verfahren sind nur mit Vorsicht anzuwenden. Man darf nicht vergessen, daß das Filtergewebe und auch die Kiesschüttung sehr empfindliche Teile sind, die durch grobe Eingriffe zerstört oder so verändert werden können, daß sie für die Zwecke der Wassergewinnung unbrauchbar werden.

Bei dem Verfahren von Böttcher [153] wird hochgespannter Dampf durch ein Hohlgestänge bis zur Filtersohle heruntergeführt. Nachdem er das Wasser erhitzt und zum Sieden gebracht hat, sammelt er sich dort an. Sobald nun seine Spannung den Druck der auf ihm ruhenden Wassersäule übersteigt, schleudert er die Wassermassen vermischt mit dem im Filter abgelagerten Schlamm nach Art eines Geisers empor. Durch die dabei entstehende Saugwirkung werden die Absatzstoffe am Filter in das Innere hineingerissen und bei der darauffolgenden Dampfeinführung hinausgeschleudert. Die Wirkung dieses Verfahrens wird je nach dem Stande des Wasserspiegels im Brunnen sehr verschieden sein. Der Dampfdruck muß um so höher sein, je höher der Wasserstand im Brunnen ist. Die durch die Explosion des Dampfes entstehende Saugwirkung wird hier also größer sein, als in einem Brunnen mit sehr tiefliegendem Wasserspiegel, in dem der Dampf nur den Druck einer kleinen Wassersäule zu überwinden hat. In letzterem Fall ist es sogar zweifelhaft, ob der geringe Dampfdruck genügt, die Schlammassen über Tage hinauszuschleudern. Sie müßten nötigenfalls auf andere Weise, z. B. durch den Ventilbohrer, beseitigt werden. Da der Dampf das Wasser zuerst zum Sieden bringen muß und zur Reinigung des Filters eine mehrmalige Wiederholung des Verfahrens nötig ist, wird man mit einem nicht unerheblichen Dampfverbrauch zu rechnen haben. Daß auch dieses Verfahren durch Unvorsichtigkeit zu einer Gefahr für die Ausführenden werden kann, braucht nicht besonders betont zu werden.

Nach Boedecker[165] wird Dampf oder auch Preßluft in ein in den Brunnen hängendes Rohr, das unten offen und oben durch ein Ventil geschlossen ist, eingeführt und dadurch der Wasserspiegel in diesem Rohr auf einen bestimmten Stand hinabgedrückt. Das Ventil wird dann durch einen Kniehebelverschluß plötzlich geöffnet und es entsteht ein so starker Wasserstrom, daß die Sinkstoffe im Brunnenfilter und in seiner Umgebung aufgewühlt und mit nach oben gerissen werden, wo sie sich in den im Rohr befindlichen Fangtaschen absetzen. Das Verfahren wird nach einer Pause mehrere Male wiederholt, bis der Filter gereinigt ist. Durch die plötzliche Öffnung des Ventils wird hier ein außerordentlich kräftiger Wasserstrom erzeugt, der Schlamm und Verkrustungen mit nach oben reißt. Indes stellt auch dieses Verfahren ein Gewaltmittel dar, welches das Filtergewebe und den Filterkörper leicht beschädigen kann. Seine Anwendung erscheint besonders für Kiesfilter bedenklich, weil dadurch die Kiesschüttung durcheinandergewühlt und unbrauchbar werden kann. Das Verfahren mit Druckluft wird in derselben Weise durchgeführt.

Es ist zu beachten, daß durch das Hineingelangen größerer Sauerstoffmengen die chemischen Vorgänge der Ausscheidungen bestimmter Verbindungen beschleunigt werden können. Ähnlich verhält es sich mit der Erwärmung des Wassers bei der Einführung von Dampf. Man wird jedenfalls in vielen Fällen mit diesen Maßnahmen im Endergebnis das Gegenteil von dem erreichen, was man beabsichtigt hat, d. h. eine Beschleunigung der chemischen Ablagerungs- oder Anfressungserscheinungen, deren Folgen man zu beseitigen suchte.

Bei der Beseitigung von Krustenbildungen an Filtern werden gelegentlich auch Vorrichtungen benutzt, mittels deren die Krusten auf mechanischem Wege abgestoßen werden. Eine derartige Vorrichtung ist diejenige von Hübener[156], bei welcher ein an einem Stellrahmen hin und her beweglicher Stichel vor die Filteröffnungen geführt und durch ein Gestänge von Tage aus in das umgebende Erdreich hineingestoßen wird. Das Verfahren ist beschränkt auf gewebelose Filter und auch nur auf solche, deren Öffnungen in wagerechter Richtung durchstoßen werden können. In geringer Tiefe mag es sich bewähren. Bei sorgfältiger Durchführung ist es überaus langwierig. Mit größerer Tiefe vermehren sich naturgemäß die Schwierigkeiten der Durchführung. Es ist auch zu bedenken, daß die Verkrustungen durch den Stichel nur in die wasserführende Schicht hineingestoßen und bei der Entnahme von Wasser und der dadurch entstehenden Bewegung nach dem Rohrbrunnen hin wieder an die Filteröffnungen herangeführt werden.

Die Vorrichtung der Firma Otten in Achim[157] benutzt ebenfalls einen Stichel zum Durchstoßen der Öffnungen; doch erfolgt der Antrieb durch Druckwasser, das in einem Hohlgestänge in den Arbeitszylinder gelangt und hier den Stichel betätigt. Der Stichel selbst ist hohl ausgebildet und spritzt beim Vorwärts- und Rückwärtsgange Wasser in die durchstoßene Kiesschicht, wodurch zugleich eine kräftige Spülwirkung während des Arbeitens des Stichels stattfindet. Im Gegensatz zu der vorher beschriebenen mechanischen Reinigungsvorrichtung ist hier der Antrieb technisch vollkommener durchgebildet. Die Verwendung beschränkt sich daher nicht auf geringe Tiefen.

Die Firma Heinrich Scheven in Düsseldorf verwendet Druckwasser zum Spülen des Filters [164]. Es ist hierbei an eine, in bestimmten Zeitabständen zu wiederholende Durchspülung gedacht und die Spülvorrichtung wird bei der Fertigstellung des Brunnens zugleich mit vorgesehen. Sie besteht in einer wasserdichten Kammer, die das obere Ende des Mantelrohres im Brunnenschacht umgibt und Anschluß an eine Druckwasserleitung hat. Das Druckwasser tritt in das Mantelrohr ein und steigt nach kräftiger Spülung im Saugerohr wieder empor. Da bei der Anwendung dieses Verfahrens auch Luft in den Filter hineingepreßt werden kann, ist es nicht unbedenklich. Prinz [17] empfiehlt überhaupt größte Vorsicht bei einem Durchspülen eines Filters mit Druckwasser.

b) Das Herausziehen des Filters.

In vielen Fällen wird es nicht zu umgehen sein, daß der Filter ganz herausgezogen und über Tage gereinigt wird.

Die bisher erläuterten Verfahren zur Reinigung von Filtern sind mit verhältnismäßig geringen Kosten durchzuführen, weil man dabei die Geräte nur von oben in den Rohrbrunnen einführt und damit den Filter im Untergrund säubern kann. Die Reinigungswirkung wird häufig nicht allzu groß sein. Auch ist man bei diesen Instandsetzungsverfahren bezüglich der Feststellung der Ursache des Versiegens des Brunnens auf Vermutungen angewiesen. Das Herausziehen des Filters gewährt dagegen den großen Vorteil, daß man die Veränderungen oder Zerstörungen des Filters über Tage unmittelbar durch Besichtigung feststellen kann (Abb. 58). Man ist hiernach in der Lage, die erforderlichen Maßnahmen zur Erneuerung des Filters, gegebenenfalls auch zum Ersatz des Filters durch einen neuen oder durch eine andere Bauart, mit größerer Sicherheit zu treffen.

Bei den gewöhnlichen Rohrbrunnen erfolgt das Herausziehen des Filters in folgender Weise (Abb. 147):

Das Aufsatzrohr trägt an seinem oberen Ende ein grobes Muffengewinde. Man faßt nun von oben her mit einem Gestänge, an dessen unterem Ende ein Gewindedorn (Schwanzstück) befestigt ist, das Aufsatzrohr, indem man den Gewindedorn in das Aufsatzrohr hineinschraubt, und hebt den Filter empor. Bei einfacheren Ausführungen ist das Aufsatzrohr mit einem umklappbaren Bügel versehen, der mit einem Haken gefaßt wird. Filter aus wenig widerstandsfähigem Material

besitzen oft in ihrem unteren Teil eine Bodenplatte mit einer Öse, an
der der Filter gefaßt und gehoben werden kann, ohne daß der Filter auf
Zug beansprucht wird. Es werden auch Auskleidungsrohre nach Walter
[150] in den Filter hinabgelassen, um ein Abreißen des Filters zu verhüten. Die beiden letzteren Arten den Filter zu fassen, kommen aber
nur in Frage, wenn der Filter im Innern nicht versandet ist. Das Herausziehen des Filters gelingt in den meisten Fällen leicht, auch bei einem
Ziehen aus größeren Tiefen. Ist der Auftrieb des Wassers jedoch sehr
groß und die wasserführende Schicht feinsandig, so sitzt der Filter sehr

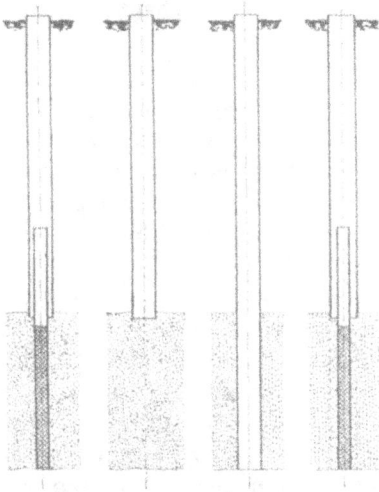

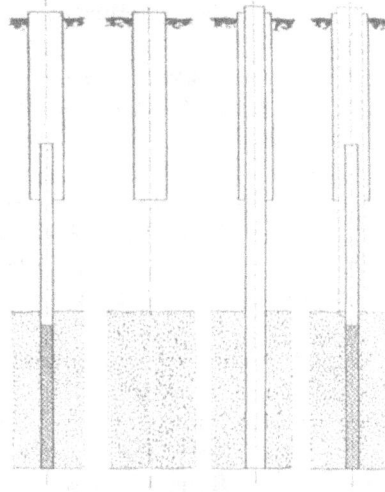

Abb. 147. Herausziehen des Filters in der gewöhnlichen Art.   Abb. 148.   Herausziehen des Filters mit loser Rohrfahrt.

oft so fest in der Sandschicht oder in den Mantelrohren, daß es nur
unter Anwendung sehr bedeutender Zugkräfte möglich ist, ihn zu ziehen.
Man läuft hierbei die Gefahr, den Filter abzureißen. In diesem Falle ist
es ratsamer, den Filter zusammen mit dem Mantelrohr (Bohrrohr)
herauszuziehen und sodann von oben her die Mantelrohre nochmals
in das Bohrloch hinunterzutreiben. Hat man den Filter zutage gefördert,
ro wird die wasserführende Sandschicht von neuem mit den Mantel-
sohren durchbohrt. Zu diesem Zweck muß man die Mantelrohre wieder
durch den Grundwasserträger hindurchtreiben — eine Arbeit, die namentlich dann, wenn die Mantelrohre sich lange im Erdboden befunden
haben, Schwierigkeiten bereitet. Sobald mit den Rohren die frühere
Tiefe des Rohrbrunnens erreicht ist, setzt man den gereinigten oder
erneuerten Brunnenfilter in der alten Tiefe wieder ein und zieht die
Mantelrohre um die Länge des Filters empor. Der Rohrbrunnen ist dann
wieder betriebsfertig.

Die Schwierigkeiten beim Filterziehen bestehen, wenn man von der Gefahr des Abreißens des Filters beim Herausheben absieht, vor allem in dem Inbewegungsetzen der Bohrrohre. Dieses ist erforderlich, um nach dem Herausheben des Filters die wasserführende Schicht von neuem durchteufen zu können. Jeder Bohrtechniker weiß, wie wichtig es ist, daß die Bohrrohre während des Bohrens „lose" bleiben und daß es sehr schwer ist, Bohrrohre, die einmal im Boden fest geworden sind, wieder in Bewegung zu bringen. Es ist klar, daß es noch wesentlich schwieriger sein muß, Bohrrohre zu bewegen, die jahre- oder jahrzehntelang im Boden gestanden haben, besonders wenn sie in plastischen, quellenden Tonen sitzen oder durch chemische Vorgänge eine rauhe Oberfläche erhalten haben.

Um diese Schwierigkeiten zu umgehen, benutzt man die auf S. 37 erläuterte Sonderbauart des Rohrbrunnens mit loser Rohrfahrt (Abb. 148) in den Fällen, wo man von vornherein damit rechnen muß, den Filter in kürzeren Zeitabständen herauszuziehen. Diese Brunnenausführung sieht eine besondere „lose" Rohrfahrt vor, um die wasserführende Schicht zum Zweck des Einsetzens des Filters zu durchbohren. Das Ziehen des Filters spielt sich hier in folgender Weise ab:

Nachdem der Filter wie oben beschrieben herausgezogen ist, läßt man die Mantelrohre unberührt und setzt die lose Rohrfahrt, die natürlich einen kleineren Durchmesser als die Mantelrohre haben muß, hindurch. Man durchbohrt mit dieser Rohrfahrt die wasserführende Schicht und baut den Filter in der bisherigen Tiefe ein. Die lose Rohrfahrt wird wieder ganz herausgezogen. Bei gleichem Filterdurchmesser erfordert diese Bauart einen größeren Durchmesser des im Boden verbleibenden Mantelrohres. Das größere Mantelrohr verteuert daher die Anlagekosten. Dafür werden die Instandsetzungskosten geringere sein.

In ähnlicher Weise geht man vor, wenn es beim Filterziehen nicht gelingt, die Bohrrohre in Bewegung zu bringen. Man setzt dann eine Rohrfahrt von kleinerem Durchmesser hindurch und durchteuft mit dieser die wasserführende Schicht. Der Filter, den man danach einsetzt, wird natürlich einen kleineren Durchmesser haben, als der ursprüngliche Filter des Rohrbrunnens. Dieses muß unter den gegebenen Verhältnissen in Kauf genommen werden.

Über die verschiedenen Rohrbrunnen-Ausführungen mit auswechselbaren Filtern ist Seite 111 berichtet worden. Eine größere Bedeutung haben diese Ausführungen indessen nicht erlangt.

Das Filterziehen ist kein Mittel, das man beliebig oft anwenden kann, um Rohrbrunnen wieder ergiebig zu machen. Beim Ziehen des Filters wird zwar der Gewebeüberzug oder die Kiesschüttung erneuert. Es hat sich aber gezeigt, daß viele Rohrbrunnen nach dem Filterziehen nicht mehr denselben Zeitraum über leistungsfähig bleiben, den sie bisher in Betrieb gewesen sind. Wenn zum Beispiel bei einem Rohrbrunnen in bestimmten Wasserverhältnissen nach 12 Jahren zum erstenmal der Filter gezogen wird, so arbeitet er vielleicht weitere 10 Jahre, bis wieder der Filter instandgesetzt werden muß, und sodann 7 Jahre und schließlich vielleicht nur noch 4 Jahre. Ein weiteres Filterziehen dürfte kaum von Erfolg begleitet sein. Der Grund für diese zunächst überraschende Tatsache liegt im folgenden:

Es läßt sich nicht verhindern, daß beim Herausziehen des Filters und Wiederdurchbohren des Grundwasserträgers Teile der Deckschicht und auch der Auflageschicht, des Hangenden und des Liegenden, die meist undurchlässige Lehm- oder Tonschichten sind, mit der wasserführenden Kiesschicht durcheinandergemengt werden, wodurch diese verunreinigt wird. Wenn es sich außerdem um ein Wasser handelt, das zu Verkrustungen irgendwelcher Art neigt, so treten diese Verkrustungen nicht nur in der Filtereintrittsfläche auf, sondern im Laufe der Jahre auch in den um den Filter herumliegenden Teilen der wasserführenden Schicht [109]. Es finden also Veränderungen der wasserführenden Schicht statt, die zu verhindern, der Brunnenbauer nicht in der Lage ist.

Man erkennt, daß es in vielen Fällen zwecklos ist, die Kosten für das Herausziehen des Filters nochmals aufzuwenden und daß es wirtschaftlich richtiger ist, zu einer Neubohrung des Brunnens zu schreiten. Man ersieht aber auch hieraus, daß es falsch ist, Neubohrungen von Brunnen in alten Bohrlöchern vornehmen zu lassen, selbst dann, wenn man eine völlig anders geartete Filterausführung verwendet. Neubohrungen dürfen stets nur an neuen Bohrpunkten angesetzt werden. Von Fall zu Fall wird dabei die Frage zu entscheiden sein, ob man bei einer Neubohrung den Brunnen noch innerhalb des alten Pumpenschachtes anlegen darf, um etwa vorhandene Fundamente und ein bereits bestehendes Pumpenhaus benutzen zu können.

XIII. Die Vergebung von Rohrbrunnenaufträgen.

Da die Arbeiten bei der Herstellung von Rohrbrunnen für den Laien nicht leicht zu übersehen und zu beurteilen sind, zumal sich der Arbeitserfolg der unmittelbaren Nachprüfung durch das Auge entzieht, ist es für den Auftraggeber wichtig, gerade bei der Vergebung von Rohrbrunnenaufträgen klare Vereinbarungen zu treffen.

1. Die Kostenberechnung.

Es ist üblich, die Herstellung von Rohrbrunnen zu Meterpreisen zu vergeben. Es werden dabei sowohl die Bohrung wie die in diese eingesetzten Rohre und Filter nach der Tiefe bzw. nach der Länge in Metern veranschlagt und berechnet.

Zur Erläuterung seien die Berechnungsart und die Preise des Preisverzeichnisses für Brunnenbau, das der Reichsverband für das deutsche Brunnenbau- und Bohrgewerbe [36] herausgibt, als Beispiel angeführt.

Die Kosten eines Rohrbrunnens setzen sich nach diesem Preisverzeichnis aus den Aufwendungen für folgende Posten zusammen:

1. Bohrung,
2. Filtereinbau,
3. Mantelrohr,
4. Filter,
5. Aufsatzrohr.

Die Posten 1 und 2 sind reine Arbeitsleistungen, während die Posten 3, 4 und 5 Materiallieferungen darstellen.

Zu den einzelnen Berechnungsposten ist folgendes zu sagen:

a) Die Kosten der Bohrung.

Die Kosten der Bohrung umfassen die gesamten Bohrarbeiten bis zur Durchteufung der wasserführenden Schicht einschließlich der Nebenarbeiten (siehe S. 33), die Vorhaltung des vollständigen Bohrzeuges und der Rohrfahrten, die gegebenenfalls zum Vorbohren verwendet werden, die Gestellung des Bohrmeisters und auch die Gestellung der Hilfsarbeiter. In vielen Fällen gestellt der Auftraggeber die Hilfsarbeiter und übernimmt namentlich auf dem Lande die Unterbringung und Verpflegung des Bohrmeisters. Die Bohrkosten ändern sich, wie aus den Schaulinien der Abb. 149 ersichtlich ist, mit dem Bohrdurch-

messer der Endverrohrung und mit der Bohrtiefe. Die Abstufung mit
fallender Tiefe erfolgt nach dem Preisverzeichnis von 10 zu 10 m. Es
sind jedoch auch größere Preisstufen von je 25 und 50 m gebräuchlich und
gerechtfertigt. Die Preise ändern sich selbstverständlich, wenn die
Beförderungskosten eingeschlossen sind und wenn bei maschinellem
Bohrbetrieb die Antriebskraft, die Betriebsstoffe, das Spülwasser usw.
vom Auftraggeber geliefert werden. Für kleinere Brunnenbohrungen
bis rund 50 m Tiefe sind außer dem Bohrmeister 3 Hilfsarbeiter erforderlich. Bei größeren Tiefen und Durchmessern werden mehr Hilfsarbeiter bis zu 5 oder 6 Mann für die einzelne Schicht gebraucht.

Nach dem Preisverzeichnis gelten die Bohrpreise für leichten Boden
(Sand). In schwerem Boden (Ton, harter Lehm usw.) tritt ein Zu-
schlag von 100 v.H. auf die
Bohrpreise hinzu. Dieser
wird auf Grund der Schichtenfolge im Bohrregister für
die durchfahrenen schweren
Bodenschichten nach ihrer
Mächtigkeit berechnet.

Die Beseitigung von
Steinen und anderen Bohr-
hindernissen erfolgt im Stundenlohn durch Meißelarbeit
zu den jeweiligen Lohn-
sätzen und Vorhaltungsge-
bühren für das Bohrzeug.

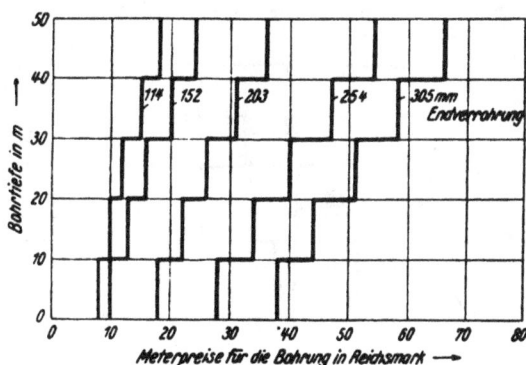

Abb. 149. Kosten der Bohrung.

Sprengschüsse werden besonders berechnet, und zwar die erforderliche Zeit im Stundenlohn und der Verbrauch an Sprengstoff mit
Zündern für den einzelnen Schuß je nach der Größe der Patrone.
In vielen Fällen wird die Veranschlagung der Bohrpreise jedoch so
gewünscht, daß das Beseitigen von Steinen und Bohrhindernissen
in diesen bereits enthalten ist. Es leuchtet ein, daß dann der
Brunnenbauer daran interessiert ist, rasch und wirksam die erforderlichen Maßnahmen für die Beseitigung der Hindernisse zu ergreifen.
Bezüglich des Beseitigens von Steinen im Bohrloche durch Sprengung ist folgendes zu beachten: Es ist nicht möglich, jedes Hindernis
durch Sprengschüsse zu beseitigen. In das Bohrloch hineingefallene
eiserne Werkzeuge usw. können nur durch Fanggeräte herausgehoben
werden. Eine Sprengung würde hier unwirksam sein oder das Hindernis
durch Auseinandertreiben der schmiedeeisernen Teile noch vergrößern.
Es lassen sich daher nur Steine und allenfalls brüchige Metalle und
Materialien (z. B. Gußeisen) sprengen. Liegt das Hindernis in geringer
Tiefe, etwa bis zu 15 m unter der Erdoberfläche, oder wird der Rohrbrunnen in der Nähe von Gebäuden angelegt, so kommt eine Sprengung

ebenfalls nicht in Frage. Falls in solchem Falle das Hindernis durch
Meißelarbeit nicht beseitigt werden kann, bleibt nichts anders übrig,
als das Bohrloch zu versetzen, d. h. die Rohre herauszuziehen und die
Bohrung an einer anderen Stelle von neuem zu beginnen. In diesen
Fällen ist das aufgegebene Bohrloch vom Auftraggeber zu bezahlen,
da der Brunnenbauer keine Möglichkeit weiter besitzt, das Bohrhindernis
zu beseitigen.

b) Die Kosten des Filtereinbaus.

Die Kosten des Filtereinbaus umfassen folgende Arbeiten: Säubern
des Bohrloches, Einbauen des Filters und des Aufsatzrohres, Hoch-
ziehen der Mantelrohre um die Länge des Filters, Herausziehen der etwa
zum Vorbohren verwendeten Rohrfahrten, Entsanden (Klarpumpen)

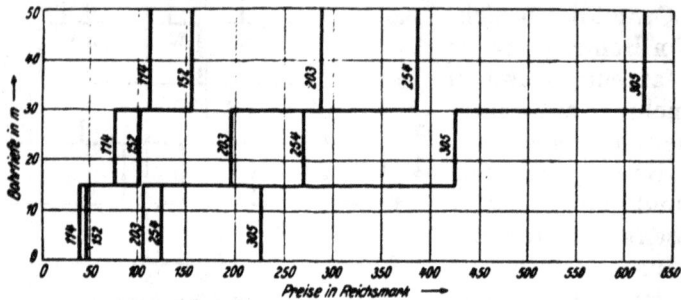

Abb. 150. Kosten des Filtereinbaus.

des Rohrbrunnens und Abrüstung des Bohrzeuges. Wie aus den Schaulinien der Abb. 150 hervorgeht, wachsen auch diese Kosten mit der
Tiefe und dem Enddurchmesser der Brunnenbohrung.

Vielfach wird vom Auftraggeber verlangt, daß der Brunnenbauer
die Kosten des Filtereinbaus in die Bohrkosten einrechnen soll. Diesem
Wunsche läßt sich nachkommen, wenn die Bohrtiefe im voraus bekannt
ist. Wenn dagegen in einem Gelände mit unbekannten Bodenverhältnissen gebohrt wird, fehlen für die Einrechnung der Kosten des Filtereinbaus die rechnerischen Grundlagen und es ist klarer, diese Kosten
getrennt zu berechnen, wie das Preisverzeichnis es vorsieht. Es tritt
auch der Fall ein, daß probeweise der Filter in einer wasserführenden
Schicht eingesetzt, aber wieder gezogen wird, weil die Schicht sich als
zu wenig ergiebig erweist. Die Bohrung wird fortgesetzt und der endgültige Filtereinbau wird in einer tieferen Schicht vorgenommen. Auch
in solchen Fällen ist eine getrennte Berechnung zweckmäßiger, da dadurch Streitigkeiten bei der Abrechnung vermieden werden.

Bei nicht fündig gewordenen Bohrungen wird in der Regel das
Herausziehen sämtlicher Rohre im Stundenlohn vereinbart.

c) Die Kosten der Rohre.

Unter den Materiallieferungen ist der bedeutendste Posten die Aufwendungen für das Mantelrohr (Bohrrohr). Die Kosten des Aufsatzrohres treten weniger in Erscheinung. Die Abb. 151 zeigt in einer Schaulinie die Bohrrohrpreise für die Durchmesser von 76 bis 318 mm. Die Preise gelten für schmiedeeisernes, patentgeschweißtes oder nahtlos gezogenes Rohr (Handelsbezeichnung Siederohr) einschließlich der Gewindeverbindung nach System I oder II mit Flachgewinde oder mit Spitzgewinde in schwarzer (unverzinkter) Ausführung. Die Rohre werden außerdem asphaltiert oder verzinkt geliefert. Zur Berechnung kommt die Baulänge, d. h. die Rohrfahrt wird in zusammengeschraubtem Zustande gemessen. Beim Aufmessen auf dem Lagerplatz läßt man daher die Länge des Außengewindes fort. Die Preise der Schneideringe (Rohrschuhe) entsprechen den Kosten von 1,00 bis 1,50 m Rohrlänge des betreffenden Durchmessers.

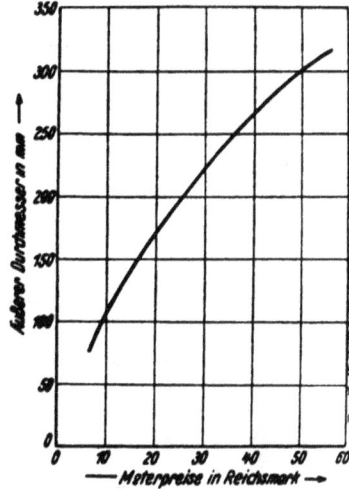

Abb. 151. Kosten der Rohre (Mantelrohr, Aufsatzrohr und Ablagerungsrohr).

Die in der Schaulinie dargestellten Preise gelten zugleich für das Aufsatzrohr und das Ablagerungsrohr.

d) Die Kosten des Filters.

Die Preise für einfache Gewebefilter in Kupfer- und Eisenausführung sind in den Schaulinien der Abb. 152 dargestellt. Der Kupferfilter besteht aus einem kupfernen Rohr von 1,5 bis 2 mm Wandstärke, welches mit kupfernen Unterlagsdrähten und einem kupfernen Tressen- oder Köpergewebe, dessen Maschenweite der Korngröße des angetroffenen Sandes entspricht, versehen ist, einschließlich einem Eisenboden und einem eisernen Rohrstutzen für die Verbindung mit dem Aufsatzrohr. Bei dem Eisenfilter besteht das Filterrohr aus verzinktem Eisen und ist mit verzinkten eisernen Unterlagsdrähten und einem Tressen- oder Köpergewebe aus Messing umgeben.

Der Durchmesser der Gewebefilter wird stets außen über dem Gewebe gemessen. Die Länge des Filters ergibt sich aus der Gewebelänge. Der Rohrstutzen mit Gewinde wird zum Aufsatzrohr gerechnet.

Für die zahlreichen sonstigen Filterausführungen können an dieser Stelle naturgemäß Preise nicht genannt werden.

e) Die Kosten für Stundenlohnarbeiten.

Die für Stundenlohnarbeiten, z. B. bei der Beseitigung von Bohrhindernissen, vom Brunnenbauer geforderten Stundensätze für den
Bohrmeister und die Hilfsarbeiter werden vielfach vom Auftraggeber
für zu hoch gehalten. Leider ergibt aber die Verteilung der Unkosten
auf die produktiven Löhne (das sind vor allem die Bohrmeisterlöhne),
verhältnismäßig hohe Unkostenzuschläge, woraus sich die Höhe der
Stundensätze erklärt. Man muß bedenken, daß hinter dem eigentlichen Brunnenbaubetrieb, für den Auftraggeber unsichtbar, eine Bohr-
schmiede mit Reparaturwerkstatt arbeitet, die lediglich die Aufgabe
hat, das von den Bohrstellen zurückkommende Bohrgerät durchzusehen,

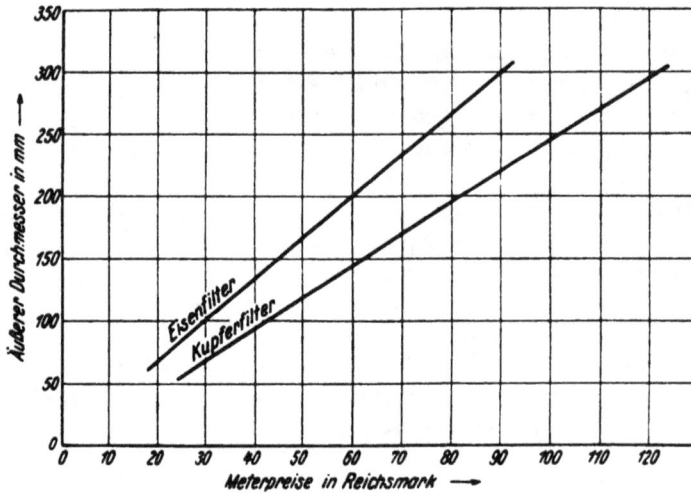

Abb. 152. Kosten für einfache Gewebefilter.

instandzusetzen oder für besondere Verhältnisse zu ändern. Und die
Abnutzung und der Verbrauch an Bohrgerät ist sehr groß! Es handelt
sich bei einer solchen Reparaturwerkstatt um einen Betrieb mit eigener
Schmiede, oft auch mit einer Gießerei, ferner mit einer Dreherei, einer
Schlosserei usw., dessen Aufwendungen in ihrer Gesamtheit als Unkosten zu verrechnen sind. Weiterhin belasten oft Reise- und Frachtkosten nicht unerheblich das Unkostenkonto.

Eine zahlenmäßige Angabe des Unkostenzuschlages ist allgemein
nicht möglich, da die Art und der Aufbau des Unternehmens (Hand-
werksbetrieb oder größerer Betrieb mit eigenem Ingenieurbüro) von erheblichem Einfluß sind. Man wird im Brunnenbau im allgemeinen mit einem
Unkostenaufschlag von 150 bis 200 v.H. auf die gezahlten produktiven
Löhne rechnen müssen. Beim maschinellen Betrieb, insbesondere bei
der Rotationsbohrung mit der Diamantkrone oder der Volomitkrone,

wird sich der Unkostenzuschlag noch um ein bedeutendes höherstellen, falls man nicht die gesonderte Berechnung des Diamantoder Stahlspitzenverbrauchs vereinbart.

f) Die Gesamtherstellungskosten.

Die beiden Schaulinien in der Abb. 153 zeigen die Gesamtherstellungskosten von Rohrbrunnen für 50 und 100 m Tiefe und verschiedene Enddurchmesser.

Sämtliche Preisangaben sind hier lediglich als Beispiel für den Verlauf des Steigens und Fallens bei verschiedenen Durchmessern und Tiefen genannt. Eine Beurteilung der Höhe der Preise liegt nicht im Rahmen dieses Buches.

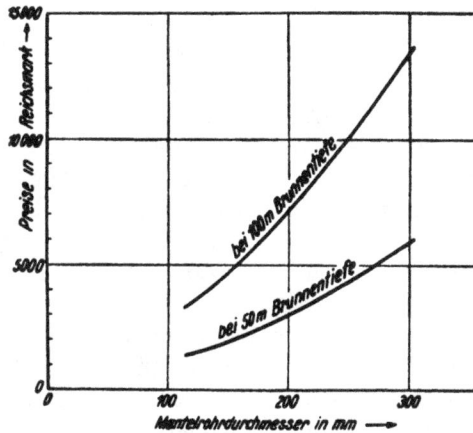

Abb. 153. Gesamtherstellungskosten von Rohrbrunnen.

2. Ist vom Brunnenbauer eine Gewähr für das Antreffen von Wasser zu verlangen?

Eine Schwierigkeit, die sich bei der Vergebung von Rohrbrunnenarbeiten gelegentlich erhebt, soll des näheren erörtert werden. Es handelt sich um die Frage, ob es gerechtfertigt ist, vom Brunnenbauer eine Gewährleistung für das Antreffen von Wasser zu verlangen.

a) Die Wünsche des Auftraggebers und die Leistungsmöglichkeiten des Brunnenbauers.

Wer sich zum erstenmal mit der Vergebung eines Rohrbrunnens zu befassen hat, wird ohne weiteres der Ansicht sein, daß der Brunnenbauer dafür verantwortlich sein muß, wenn keine wasserführende Schicht erschlossen wird. Der Auftraggeber will sein Geld selbstverständlich nicht für eine unter Umständen nutzlose Bohrung hingeben, sondern nur dann Zahlung leisten, wenn Wasser in genügender Menge erbohrt wird.

Tatsächlich liegt bereits im Begriff des Wortes „Brunnen" die Forderung, daß dieser imstande sein soll, eine bestimmte Menge Wasser zu liefern. Ohne Wasser ist ein Rohrbrunnen eben kein Brunnen.

Im allgemeinen wünscht der Auftraggeber, wenn er über die Ausführung eines Rohrbrunnens verhandelt:

1. Der Rohrbrunnen soll Wasser in ausreichender Menge und in einwandfreier Beschaffenheit liefern;

2. Der Rohrbrunnen soll eine bestimmte Tiefe haben, d. h. die Herstellungskosten sollen sich im voraus übersehen lassen.

Wenn der Untergrund genau bekannt ist, ist die Lage verhältnismäßig einfach. Die Wünsche des Auftraggebers werden dann wohl zu erfüllen sein, obwohl Störungen im Aufbau des Untergrundes oft genug Überraschungen bringen können. Der Brunnenbauer wird aus diesem Grunde auch nur bei allergenauester Kenntnis des Untergrundes Bindungen eingehen können.

In vielen Fällen handelt es sich aber darum, in unbekannten Bodenverhältnissen einen Rohrbrunnen anzulegen. Es leuchtet ein, daß das Verlangen des Auftraggebers überhaupt nur dann zu erfüllen ist, wenn die Untergrundverhältnisse des Geländes, in dem der Rohrbrunnen angelegt wird, die Voraussetzungen hierfür bieten. Denn der Brunnenbauer kann nur diejenige Wassermenge durch einen Rohrbrunnen erschließen, die an der betreffenden Stelle im Erdreich vorhanden ist. Er kann weder Wasser in den Untergrund schaffen, noch die Menge des etwa vorhandenen Wassers steigern, noch das Wasser in seiner Beschaffenheit im Untergrunde irgendwie verändern. Er hat überhaupt keinen Einfluß auf die Beschaffenheit des Untergrundes und der wasserführenden Schicht, die doch einen wesentlichen und wichtigen Teil des Rohrbrunnens darstellt.

Die Herstellung eines Rohrbrunnens spielt sich auch nicht, wie diejenige eines anderen Bauwerkes, z. B. eines Hauses ab, dessen Ausführungsart und Abmessungen vorher genau festgelegt sind; sondern beim Bau eines Rohrbrunnens richten sich die Bauart und Hauptabmessungen vollständig nach der Beschaffenheit des Untergrundes. In einzelnen Fällen wird es überhaupt unmöglich sein, an einer bestimmten Stelle einen Rohrbrunnen anzulegen. Der Brunnenbauer kann daher nur die von der Natur gebotenen Verhältnisse so günstig und so wirksam wie möglich auszunutzen suchen mit dem Ziel, einen möglichst ergiebigen Rohrbrunnen herzustellen.

Eine besondere Schwierigkeit erhalten diese Verhältnisse dadurch, daß es in den meisten Fällen unmöglich ist, die Gesamtkosten für den Rohrbrunnen im voraus anzugeben, weil sich diese nach der Tiefenlage des Grundwasserträgers richten, die ebenfalls nicht bekannt ist.

Man erkennt also bereits, daß die an sich berechtigten Wünsche des Auftraggebers mit den im Rahmen des Möglichen liegenden Leistungen des Brunnenbauers nur schwer in Einklang zu bringen sind.

Man hört häufig den Hinweis, die Erfahrungen des Brunnenbauers müßten doch so weit gehen und die Verfahren zur Feststellung von Wasservorkommen so weit ausgebildet sein, daß er mit einiger Sicherheit das Vorkommen von Wasser voraussagen und eine entsprechende Gewähr übernehmen könne. Dem ist leider nicht so, wenn man von örtlich begrenzten Gebieten, wo der Untergrund erschlossen ist, absieht. Bevor wir die in diesem Abschnitt aufgeworfene Frage endgültig beantworten, wollen wir zunächst untersuchen, in welchem Umfange es heute möglich ist, vor der Herstellung eines Rohrbrunnens das Vorkommen von Wasser festzustellen und Voraussagen bezüglich der Tiefenlage, der Mächtigkeit und der Ergiebigkeit des Grundwasserträgers zu machen. Wir werden dabei erkennen, wie gering und wie wenig zuverlässig die Möglichkeiten sind, die sich dem Brunnenbauer darbieten.

b) Die Verfahren, Wasservorkommen festzustellen, und ihre Bedeutung für den Brunnenbauer.

Der Brunnenbauer kann vier Gruppen von Verfahren, mit Hilfe deren er Wasservorkommen festzustellen sucht, unterscheiden, und zwar:

a) die Arbeit des Geologen,
b) das Wassersuchen mit der Wünschelrute,
c) die geophysikalischen Verfahren und
d) die Abteufung von Probebohrungen.

α) Die Arbeit des Geologen.

Die Arbeit des Geologen erstreckt sich zunächst auf die Feststellung der Zusammenhänge im Aufbau des Untergrundes und wird bezüglich des Vorkommens von Wasser eine Reihe sehr wichtiger grundsätzlicher Feststellungen liefern können. In Gegenden, die einigermaßen gleichmäßig gebaut sind, und durch eine Reihe von Bohrungen in ihrem Schichtenaufbau erschlossen sind, wird der Geologe auch im einzelnen Falle ein vollkommen zutreffendes Bild der Schichtenfolge und der Wasseraussichten in dieser Gegend entwerfen können. Und es sind große und wichtige Bohrerfolge dem Rate der Geologen zu verdanken.

Andererseits gibt es wieder Gegenden, in denen der Aufbau der Schichten ganz unregelmäßig ist und oft jäh wechselt. In solchen Bezirken ist der Geologe nicht in der Lage, genaue Angaben zu machen. Wie außerordentlich schwierig und schnell selbst im norddeutschen Flachlande gelegentlich die Bodenverhältnisse bis in größere Tiefen wechseln, haben in diesem Jahre die Bohrungen auf Wasser für die Molkerei Seeburg (Ostpr.) gezeigt. Hier hat eine Bohrung von der Oberfläche bis 102 m Tiefe durchgehend grauen Geschiebemergel erschlossen, während eine nur 50 m davon entfernte Bohrung bis in über 35 m Tiefe kiesigen Sand ergeben hat, der ausreichende Wassermengen führt. Ein gleiches Beispiel von dem raschen Wechsel des Untergrundes hat vor längerer Zeit bereits Professor Heß v. Wichdorff aus dem Untergrunde der Kreisstadt Naugard i. Pom. [90] mitgeteilt. Hier ist bei der Strafanstalt Naugard 60 m kiesiger Sand mit reichen Wasser-

mengen erbohrt und beim Amtsgericht Naugard unweit davon derselbe
Kies erst unter einer Deckschicht von 90 m Geschiebemergel nachgewiesen worden.

Ein geologisches Gutachten wird deshalb in der Regel nur die Wahr-
scheinlichkeit aussprechen können, in einer bestimmten Tiefe einen
Wasserhorizont zu erschließen. Unbedingt verbindliche Voraussagen
bezüglich des Vorhandenseins von Wasser, auf Grund deren der Brunnenbauer ein finanzielles Risiko übernehmen kann, werden nur vereinzelt
gemacht werden können. Denn allein schon örtlich begrenzte Störungen,
wie Verwerfungen, Einlagerungen, Auskeilen von Schichten u. a. bedingen erhebliche Abweichungen von dem sonst bekannten Aufbau des
Untergrundes, so daß von der Übernahme einer Gewährleistung für
das Antreffen wasserführender Schichten auf Grund geologischer Gutachten nicht gesprochen werden kann.

β) Das Wassersuchen mit der Wünschelrute.

Die Wünschelrutenfrage ist noch allzu umstritten, als daß man
hierüber etwas Abschließendes sagen könnte. Es muß anerkannt werden,
daß mit der Wünschelrute eine Reihe unerwarteter Erfolge erzielt worden
sind. Es sind aber auch eine große Anzahl von Mißerfolgen nicht zu
leugnen. Wie das Verhältnis von Erfolgen zu Mißerfolgen zahlenmäßig
ist, entzieht sich einer genauen Nachprüfung, weil eine einwandfreie
Statistik fehlt und die Aufstellung einer Statistik beträchtliche Schwierigkeiten bietet, da ja die Menge des Wassers und auch seine Beschaffenheit von den Bedürfnissen des jeweiligen Auftraggebers abhängt. Die in
dem einen Fall als Wünschelrutenerfolg bewertete Feststellung einer
Wassermenge, die für einen kleinen Besitzer ausreicht, muß in einem
anderen Fall, wo der Großbedarf eines Industrieunternehmens gedeckt
werden muß, als Mißerfolg gelten. Und durch die Wünschelrute fest-
gestelltes stark chlorhaltiges Wasser, das als Kühlwasser eines Kraft-
werkes noch zu gebrauchen ist, wird eine Brauerei oder Wäscherei
als unbrauchbar ablehnen. Was hier Erfolg ist, gilt dort als Mißerfolg.

Daß das Ausschlagen der Rute in der Hand des Rutengängers eine
vom Willen unbeeinflußte Reaktion ist, zieht wohl niemand in Zweifel.
Wohl aber ist der vom Rutengänger behauptete ursächliche Zusammenhang zwischen dem Ausschlagen der Rute und dem Vorkommen von
Wasser oder anderen Bodenschätzen bisher wissenschaftlich nicht erwiesen und noch vollständig ungeklärt. Die Nachprüfung der Angaben
des Rutengängers ist auch, abgesehen von der Feststellung des Erfolgs-
und Mißerfolgsbegriffs, schwierig und unterbleibt in den meisten Fällen,
weil das einzig sichere Verfahren, die Abteufung von Bohrungen, nicht
unerhebliche Kosten erfordert.

Bei den Angaben des Rutengängers ist zu unterscheiden:

1. Der Ausschlag der Rute, der ohne Willensäußerung des Rutengängers erfolgt und der nach der Behauptung des Rutengängers das Vorkommen von Wasser oder Bodenschätzen anzeigt;

2. die auf Grund der Erfahrungen des Rutengängers nach der Stärke der Ausschläge oder nach anderen Kennzeichen meist mit Hilfe von Erfahrungsformeln errechneten Angaben über Tiefenlage, Mächtigkeit und Ergiebigkeit der wasserführenden Schicht.

Wenn man sich zu der Anschauung bekennt, daß ein Zusammenhang zwischen Rutenausschlag und Wasservorkommen vorhanden ist, so wird man die lediglich durch die Veranlagung des Rutengängers bedingte Anzeige durch den Rutenausschlag selbst als einwandfrei betrachten können. Bei den weiteren Angaben über Tiefe, Mächtigkeit und Ergiebigkeit sind erklärlicherweise große Fehlerquellen vorhanden, weil es, wie erwähnt, schon der Kosten wegen praktisch nicht möglich ist, jeden Wünschelrutenausschlag durch eine Versuchsbohrung nachzuprüfen und deshalb das Sammeln von Erfahrungen beim Rutengänger in dieser Hinsicht auf unsicheren Grundlagen ruht.

Zusammenfassend ist zu sagen, daß, so warm man der Wünschelrutenfrage gegenüberstehen mag, der Brunnenbauer auf Grund der Angaben eines Rutengängers eine Gewähr für das Antreffen von Wasser nicht übernehmen und finanzielle Bindungen nicht eingehen kann.

γ) Die geophysikalischen Verfahren.

In den letzten Jahren hat die Geophysik auf dem Gebiet der Bodenuntersuchung Untersuchungsverfahren ausgebildet, die auch für die Wasserversorgung mehr und mehr an Bedeutung gewinnen. Einige Unternehmungen (so die Kommandit-Gesellschaft Piepmeyer & Co. in Cassel-Wilhelmshöhe und die Seismos G. m. b. H. in Hannover) haben es sich zur Aufgabe gemacht, diese Verfahren der Erforschung der Bodenverhältnisse auf geophysikalischem Wege weiter auszubilden und praktisch auszuüben.

Das Bestreben geht dahin, sich durch die in verschiedener Weise zu beobachtenden Fernwirkungen der Stoffe der Erdrinde unmittelbar Kenntnis von einzelnen Bodenschichten zu verschaffen.

Bei der Beobachtung und Feststellung der Fernwirkungen kann man nach E. Link und R. Schober [129] auf zweierlei Weise vorgehen.

Entweder werden die von den gesuchten Stoffen ausstrahlenden Naturkräfte gemessen (Schwerkraftmessungen, magnetische Messungen, radioaktive Messungen, Wärmemessungen) oder es werden künstliche Kräfte in den Boden geleitet und das Verhalten des Untergrundes gegenüber diesen Kräften festgestellt (Nachprüfung der Einwirkung elektrischer Gleich- oder Wechselströme, elektrischer Wellen oder Erschütterungswellen auf die zu untersuchenden Bodenschätze). Es handelt sich hierbei um eine verhältnismäßig sehr junge Wissenschaft, bei der rasche Erfolge wegen der Mannigfaltigkeit der Bodenverhältnisse und der Kosten der experimentellen Untersuchungen nicht zu erwarten sind. Es wäre aber sehr zu wünschen, wenn von den geophysikalischen Verfahren ein größerer Gebrauch gemacht würde, damit insbesondere die Erforschung der Grundwasserverhältnisse, die bisher nur in geringem Umfange durchgeführt wurde, weiter ausgestaltet werden kann. Während über die geophysikalische Feststellung von Erdöl schon größere Erfahrungen vorliegen, kommen diese Verfahren für die Voraussagen über Vorkommen von Grundwasser z. Z. nur in Ausnahmefällen in Betracht.

δ) Die Abteufung von Probebohrungen.

Das sicherste Verfahren der Feststellung von Grundwassermengen ist die Abteufung von Probebohrungen und der probeweise Betrieb eines Versuchsbrunnens in einem Dauerpumpversuch. Allerdings handelt es sich hierbei nicht mehr um die Voraussage von Wasservorkommen, sondern bereits um deren Aufschließung. Selbstverständlich wird die Herstellung von Probebohrungen nur bei Zentralwasserversorgungen oder bei größeren Einzelversorgungen wirtschaftlich sein. Leider herrscht selbst bei der Schaffung größerer Versorgungen eine gewisse Abneigung, sorgfältige Vorarbeiten durchführen zu lassen, obwohl der erfahrene Hydrologe die Kosten von Probebohrungen und Pumpversuchen durch richtigen Ansatz der Bohrpunkte und sachgemäße Durchführung des Pumpversuchs sehr niedrig halten kann. Die Kosten können auch dadurch ermäßigt werden, daß der Versuchsbrunnen bei ausreichender Bemessung als endgültiger Brunnen Verwendung finden und bestehen bleiben kann.

In der Zusammenfassung läßt sich feststellen, daß die Verfahren des Wassersuchens in ihren Ergebnissen heute noch sehr unsicher sind und für den Brunnenbau keine sichere Grundlage zur Übernahme von geldlichen Verpflichtungen bieten. Da die Durchführung von Probebohrungen bei der Anlegung von Einzelbrunnen nicht in Frage kommt, scheidet diese letztere Art der Grundwasserfeststellung bei den weiteren Betrachtungen aus.

c) Eine Gewähr für das Antreffen von Wasser kann nicht verlangt werden.

Der Brunnenbauer kann daher bei der Vergebung von Rohrbrunnen keine Gewährleistung für das Antreffen von Wasser in ausreichender Menge und in einwandfreier Beschaffenheit übernehmen. Nach Lage der Dinge kann er auch kaum von der Herstellung eines Rohrbrunnens sprechen, sondern lediglich von der Abteufung einer Bohrung auf Wasser, solange es nicht gelingt, Untersuchungsverfahren auszubilden, die im voraus die Feststellung von Wasservorkommen ermöglichen. Es ist daher nicht gerechtfertigt, Vereinbarungen wegen Übernahme der erwähnten Gewährleistung zu treffen. Sie verleiten den Brunnenbauer auch, minderwertige Arbeit zu leisten oder Nachforderungen zu erheben.

Aber auch wenn keine Vereinbarungen bezüglich einer Gewährleistung für das Antreffen von Wasser vorliegen, wird bei einer ergebnislosen Bohrung an den Brunnenbauer oft das Verlangen gestellt, auf die vereinbarten Preise einen Nachlaß zu gewähren, weil der Bohrzweck nicht erreicht sei. Ein solches Vorgehen bedeutet eine Ungerechtigkeit gegenüber dem Brunnenbauunternehmer, so verständlich an sich das Verhalten des Auftraggebers ist. Denn auch im Brunnenbau muß der Grundsatz in Geltung bleiben, daß für ordnungsgemäße Arbeit der vereinbarte Preis gezahlt wird.

d) Welche Risiken muß der Brunnenbauer übernehmen?

Man wird nun die Frage aufwerfen, wenn der Brunnenbauer nicht einmal das Risiko einer Fehlbohrung eingehen könne, welches Risiko er dann übernehmen müsse?

Hierzu ist folgendes auszuführen:

Von großer Wichtigkeit ist es, daß der Brunnenbauer seine Maßnahmen so trifft und seine Arbeiten so ausführt, daß bei Antreffen einer genügend ergiebigen wasserführenden Schicht in diese ein Filter von entsprechendem Durchmesser eingebracht werden kann, der die Entnahme einer gewissen Wassermenge und eine möglichst lange Lebensdauer gewährleistet. Es empfiehlt sich deshalb zu vereinbaren, daß eine bestimmte Tiefe, in der man Wasser vermutet, mit bestimmtem Durchmesser durchteuft werden muß. Der Unternehmer wird in vielen Fällen für das Gelingen dieser Arbeit eine Gewähr übernehmen können.

Man muß sich aber dabei vergegenwärtigen, daß das Bohren in Bodenschichten von unbekannter Beschaffenheit genug der Schwierigkeiten bietet und daß durch eine Reihe von Zufällen, die nicht vom Brunnenbauer verschuldet sind, wie z. B. Antreffen größerer Steinlagerungen, ungewöhnlich harter Schichten, Brüche der Bohrrohre und des Gestänges, Hineinfallen von Werkzeug usw., die Weiterbohrung oft überhaupt unmöglich wird. Vielfach werden auch die Rohre im Erdreich fest und der Brunnenbauer muß früher, als es vorgesehen, eine kleinere Rohrfahrt einbauen. Es ist also dieses bohrtechnische Risiko, das der Brunnenbauer trägt, keineswegs zu unterschätzen.

Bezüglich der Gewährleistung für die Erreichung einer bestimmten Tiefe wird in der Regel vereinbart, daß der Auftraggeber, falls die vereinbarte Tiefe nicht erreicht wird, keine Bezahlung zu leisten hat, daß er jedoch dem Brunnenbauer in solchen Falle Gelegenheit zu geben hat, an einer anderen Stelle ein neues Bohrloch abzuteufen. Gelingt auch dieser zweite Versuch nicht, so sind beide Teile berechtigt, vom Vertrage zurückzutreten.

Wird keine wasserführende Schicht von genügender Ergiebigkeit angetroffen, so werden die Rohre herausgezogen und vom Brunnenbauer ohne sonstige Gegenleistungen zurückgenommen. Der Auftraggeber hat in diesem Falle lediglich die Bohrarbeiten zu den vereinbarten Meterpreisen und das Herausziehen der Rohre im Stundenlohn zu bezahlen.

Es sei noch darauf hingewiesen, daß der Brunnenbauer auch durch die Vereinbarung fester Meterpreise ein nicht unbeträchtliches Risiko übernimmt. Jeder mit den Verhältnissen einigermaßen Vertraute weiß, wie verschieden die Bohrleistungen je nach der Beschaffenheit des Untergrundes, der Bohrtiefe und des Bohrdurchmessers sind, und daß eine Reihe anderer Umstände häufig von Einfluß sind, so daß unter sonst gleichen Arbeitsbedingungen oft Erschwernisse eintreten, die von vornherein nicht zu erkennen und daher nicht zu vermeiden sind.

3. Einige Bohrdiagramme als Beispiele für Bohrleistungen.

Die nachfolgenden Bohrdiagramme sollen ein Bild von den Bohrleistungen geben, mit denen man bei Brunnenbohrungen rechnen kann. Sie veranschaulichen zugleich die Schwierigkeiten der Preisermittlung im Brunnenbau, der Vorkalkulation. Über die Darstellungsart und den Zweck der Bohrdiagramme ist bereits auf S. 33 gesprochen worden. Die Zeichenerklärung folgt hier. Die Endverrohrung ist in die Diagramme eingetragen worden.

A	Aufbau des Gerätes (Aufbau eines neuen Gerätes)
Z	Abbau des Gerätes
S	Sonn- und Feiertage
R	Rohre vorgetrieben oder eingesetzt
R↑	Rohre gezogen
O	nicht gearbeitet
×	Fangarbeiten
⚡	Sprengschuß
◇	auf Stein oder harter Schicht gearbeitet
F	Filtereinbau
E	Entsanden (Klarpumpen)
P	Pumpversuch oder Messung der Überlaufmenge
T	Transport von Gerät und Material
I	Instandsetzungen am Gerät.

Zeichenerklärung für die Bohrdiagramme.

Gute Bohrleistungen weisen die Bohrdiagramme Missionshaus St. Adalbert Mehlsack (Abb. 154), Molkerei Hermsdorf (Abb. 155) und Gutsverwaltung Thegsten (Abb. 156) auf.

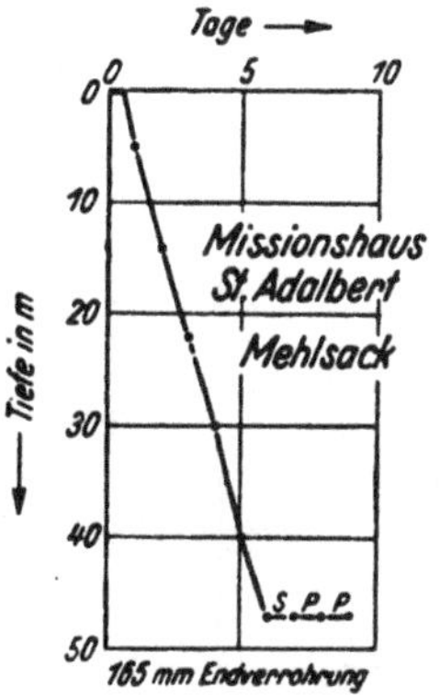

Abb. 154. Bohrdiagramm
Missionshaus St. Adalbert
Mehlsack.

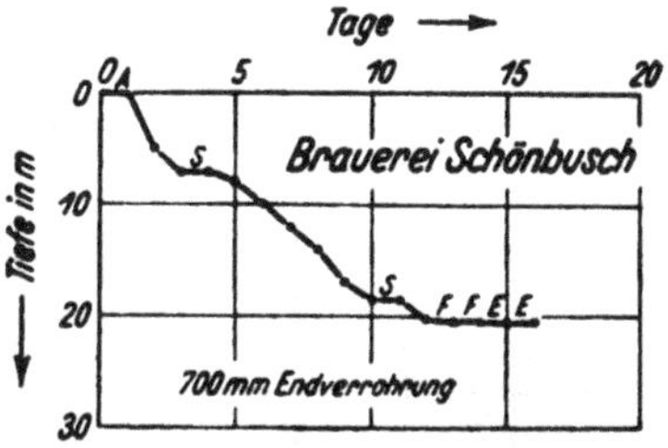

Abb. 157. Bohrdiagramm Brauerei Schönbusch.

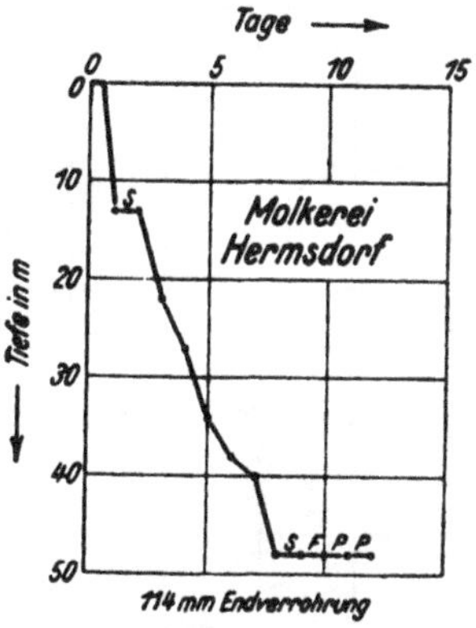

Abb. 155. Bohrdiagramm
Molkerei Hermsdorf.

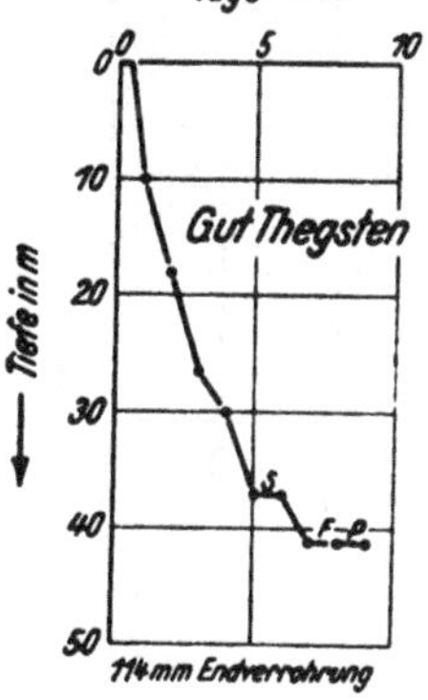

Abb. 156. Bohrdiagramm
Gut Thegsten.

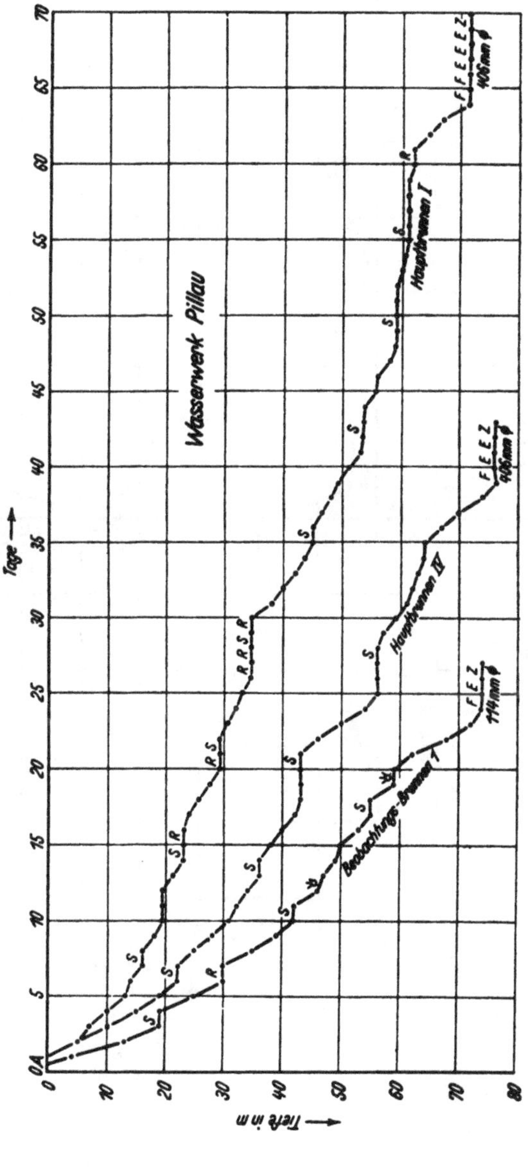

Abb. 158. Bohrdiagramme Wasserwerk Pillau.

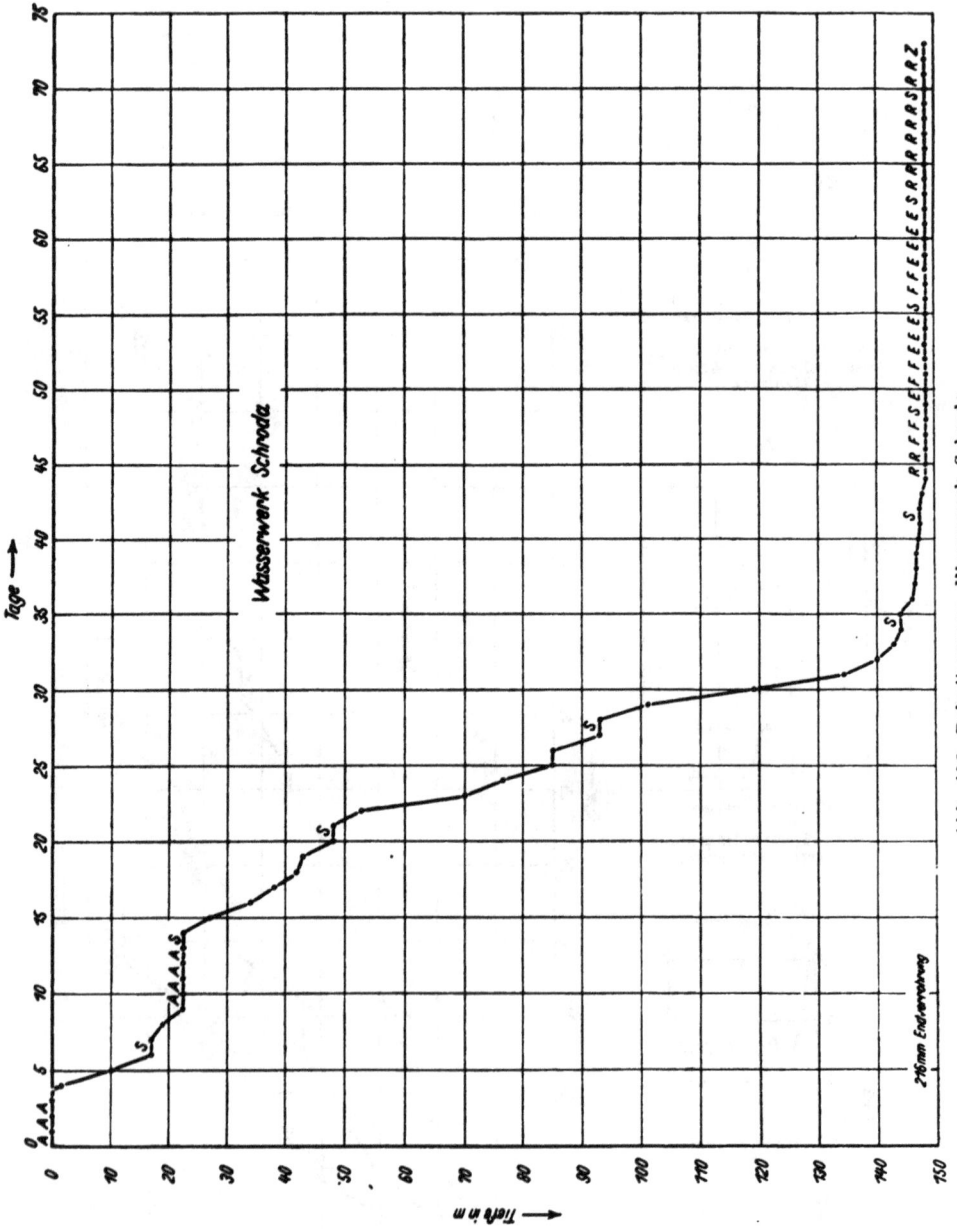

Abb. 159. Bohrdiagramm Wasserwerk Schroda.

Einen günstigen Bohrfortschritt zeigt auch das Bohrdiagramm Brauerei Schönbusch (Abb. 157), dessen Bohrung mit 700 mm Endverrohrung niedergebracht ist. Es ist deutlich der Einfluß des größeren Durchmessers auf die Bohrleistung zu erkennen. Interessant ist der Ver

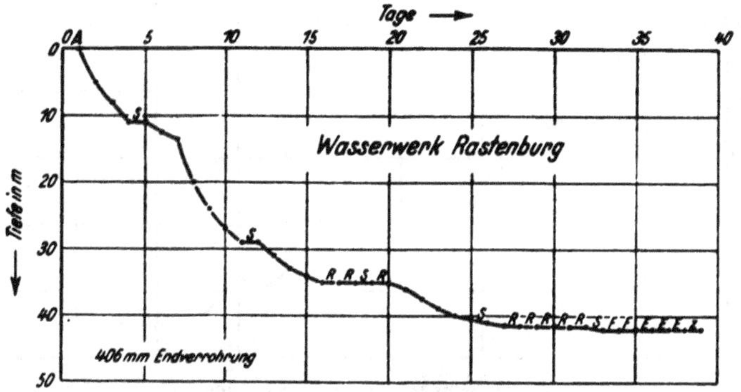

Abb. 160. Bohrdiagramm Wasserwerk Rastenburg.

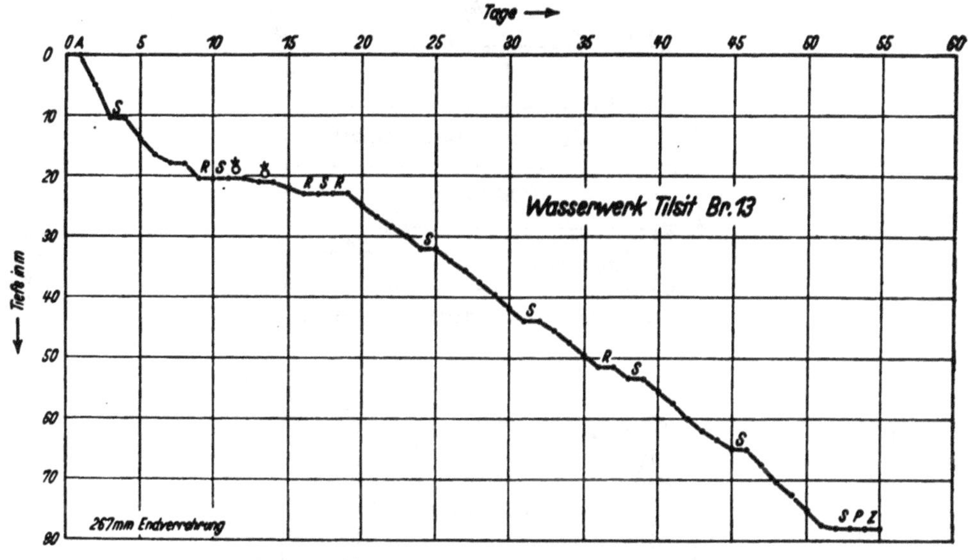

Abb. 161. Bohrdiagramm Wasserwerk Tilsit, Br. 13.

gleich der Diagramme dreier Bohrungen für das Wasserwerk Pillau (Abb. 158). In Pillau wurden für die hydrologischen Vorarbeiten zunächst Beobachtungsbrunnen niedergebracht und später die für den Betrieb bestimmten Hauptbrunnen. Zum Vergleich sind in der Abb. 158 die Diagramme des Beobachtungsbrunnens 1, der Hauptbrunnen I und IV vereinigt. Man ersieht daraus, daß der Beobachtungsbrunnen mit 100 mm Endverrohrung mit einigermaßen günstigem Bohrfortschritt nieder

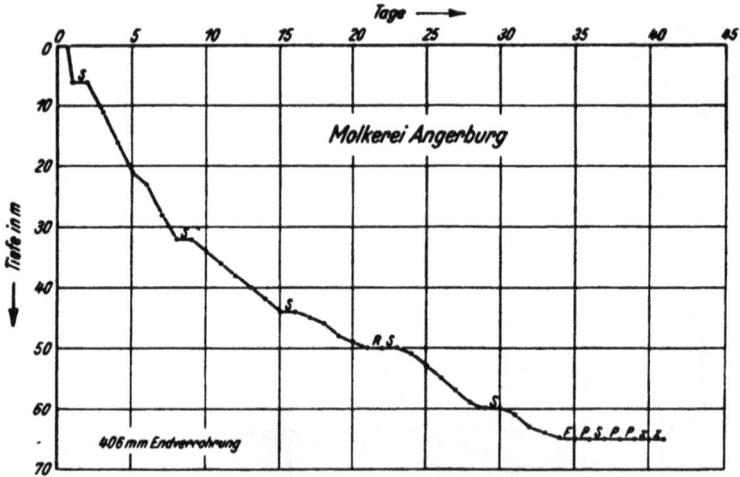

Abb. 162. Bohrdiagramm Molkerei Angerburg.

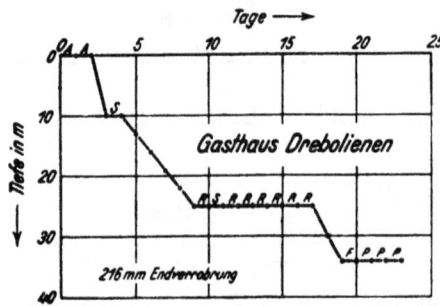

Abb. 163. Bohrdiagramm Gasthaus Drebolienen.

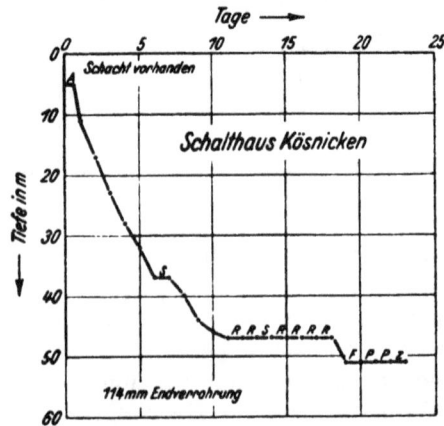

Abb. 164. Bohrdiagramm Schalthaus Kösnicken.

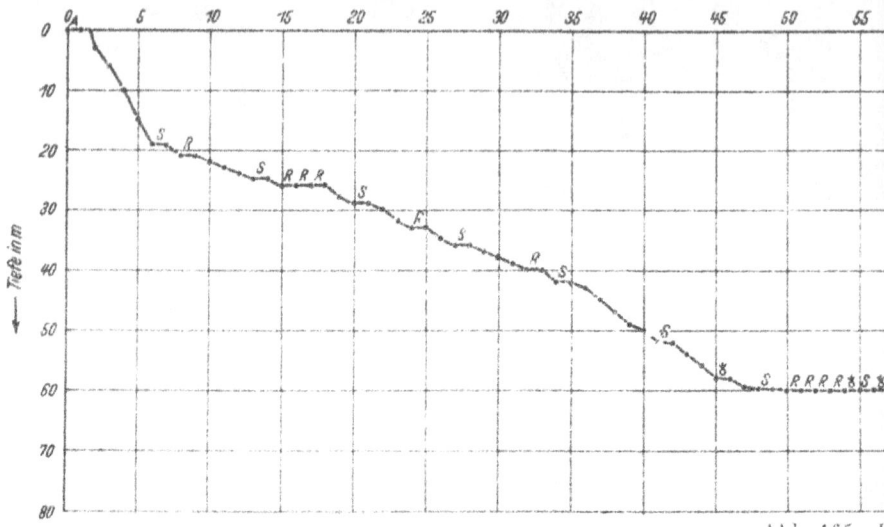

Abb. 165.

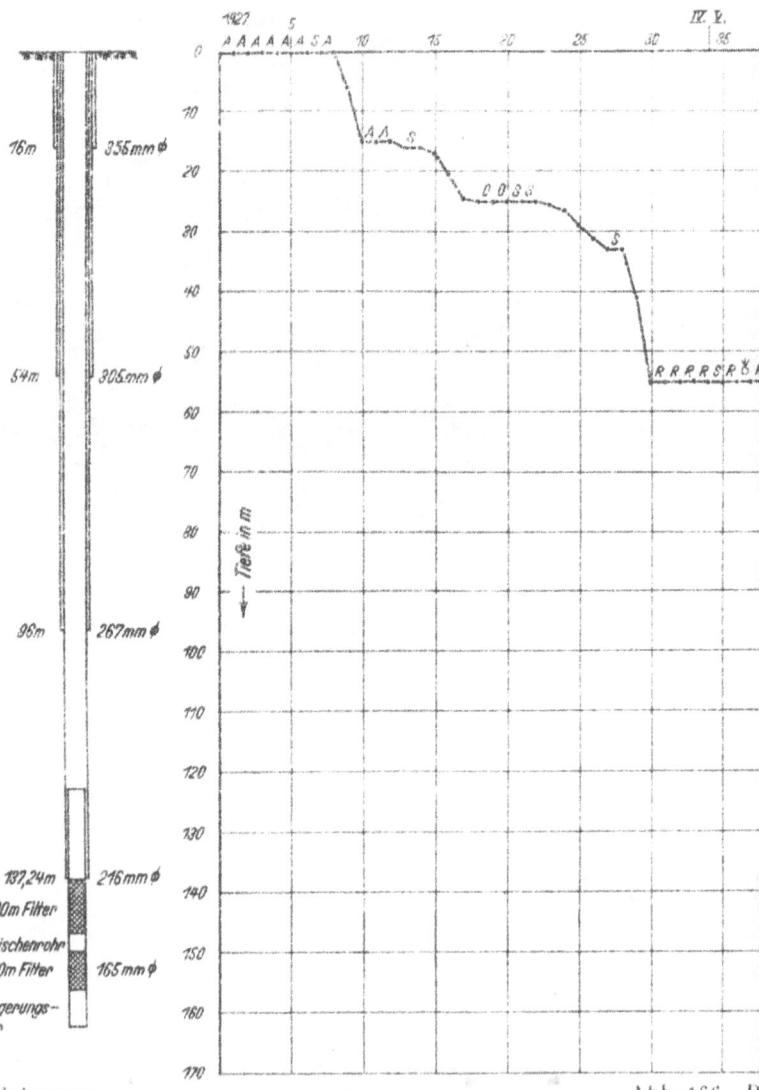

Bieske, Rohrbrunnen.

Abb. 166.

70　75　80　85　90　95　100　105　110　115　120　125　130

Heilsberg

ℓ S S P R R R R S S S　S　S　ℓ　S　S　S R　S　RRSFFPPPPSZZ

Wasserwerk Heilsberg.

ellungszeit in Tagen →　V.,VI.　　　　　　　　　　VI.,VII.　　1927
50　55　60　65　70　75　80　85　90　95　100　105

Wasserwerk Cranz

R

S

R

S

S

RRSFFPPPPSPPPPPPPSPPPPPSRRARRRSRRZZZ

Wasserwerk Cranz.　　　　　　　Verlag von R. Oldenbourg. München und Berlin.

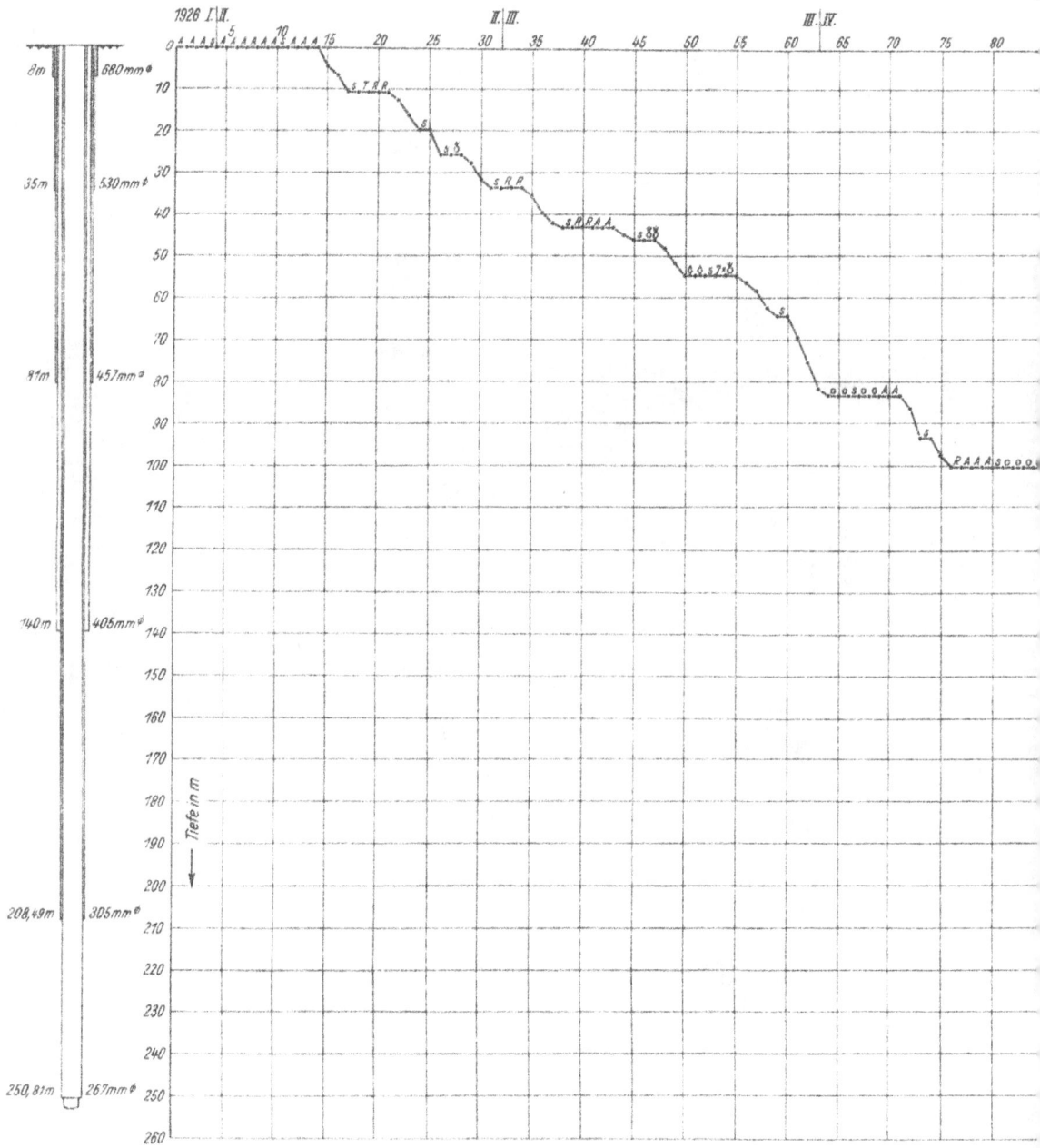

1926 I.\II.   II.\III.   III.\IV.

0 5 10 15 20 25 30 35 40 45 50 55 60 65 70 75 80

8m   680 mm ⌀
35m   530 mm ⌀
81m   457 mm ⌀
140m   405 mm ⌀
208,49m 305 mm ⌀
250,81m 267 mm ⌀

Tiefe in m

0 10 20 30 40 50 60 70 80 90 100 110 120 130 140 150 160 170 180 190 200 210 220 230 240 250 260

s.T.R.R.
s.
s.S.
s.R.P.
s.R.R.A.A.
s.S.S.
o.o.s.7.S.
s.
o.o.s.o.o.A.A.
s.
R.A.A.A.s.o.o.o.

Abb. 167. Bohrdi...

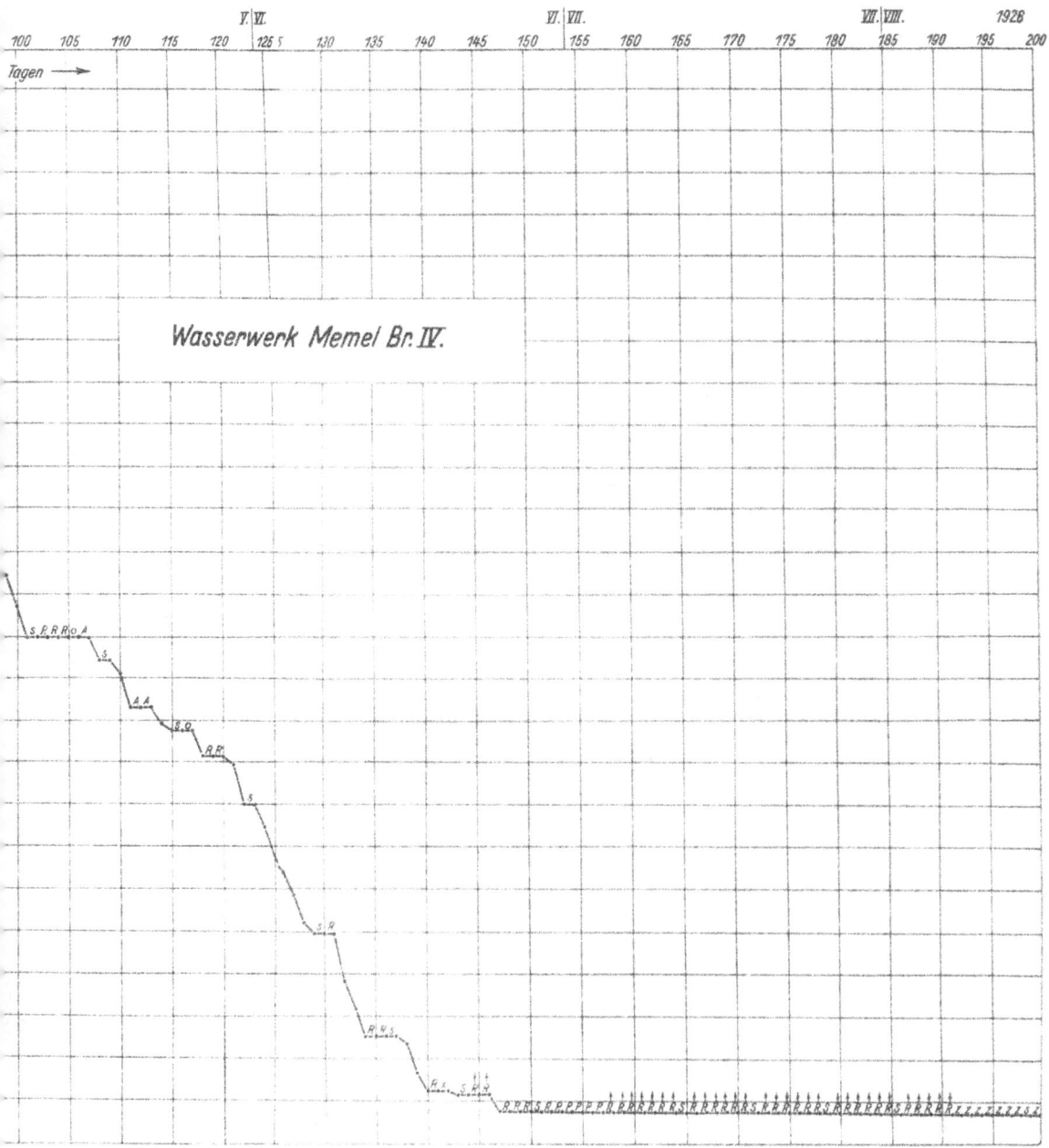

Tagen ⟶

Wasserwerk Memel Br. IV.

gebracht wurde. Die Bohrzeit beträgt hierbei 24 Tage. Der Hauptbrunnen I mit 406 mm Endverrohrung gebrauchte zu seiner Fertigstellung 64 Tage, während der Hauptbrunnen IV bereits in 39 Tagen hergestellt wurde. Es ist also daraus einmal wieder der Einfluß des Bohrdurchmessers zu ersehen, dann aber auch, in welchem Maße die Kenntnis der bohrtechnischen Beschaffenheit des Untergrundes die Bohrarbeit erleichtert (vgl. die Arbeitszeit der Hauptbrunnen). Man erkennt zugleich, wie schwierig es ist, in unbekannten Bodenverhältnissen Bohrungen zu vorher fest vereinbarten Preisen auszuführen.

Das Diagramm Wasserwerk Schroda (Abb. 159) zeigt einen selten günstigen Bohrverlauf, wobei zu beachten ist, daß die ganze 148 m tiefe Bohrung mit einem Handbohrgerät, allerdings in günstigen Schichtenverhältnissen, niedergebracht wurde. Die Bohrdiagramme Wasserwerk Rastenburg (Abb. 160), Wasserwerk Tilsit (Abb. 161) und Molkerei Angerburg (Abb. 162) weisen mittlere Bohrfortschritte auf. Wasserwerk Tilsit besitzt Brunnen ohne Filter, daher die geringen Nebenarbeiten nach Beendigung der eigentlichen Bohrarbeiten.

Die Diagramme Gasthaus Drebolienen (Abb. 163) Schalthaus Kösnicken (Abb. 164) und Wasserwerk Heilsberg (Abb. 165) seien als Beispiele für ungünstig verlaufene Bohrungen, wie sie keineswegs selten sind, angeführt. Bei den beiden ersteren Bohrdiagrammen sind in den wagerechten Teilen Störungen zu erkennen. Es entstand dort ein größerer Aufenthalt durch Festwerden der Bohrrohre. Das Bohrdiagramm Heilsberg ist ein krasses Beispiel für eine ungünstig verlaufene Brunnenbohrung. Bis 58 m Tiefe ist der Bohrverlauf nicht ungünstig. Dann bringen die bohrtechnisch ungewöhnlich schwierigen Schichtenverhältnisse (fest gelagerte Geröllschichten) die Bohrarbeiten zum Stillstand und gestatten nach mühseligen Versuchen mit anderen Bohrverfahren nur geringe Fortschritte. Schließlich seien noch zwei Bohrdiagramme größerer maschineller Bohrungen angeführt. Zunächst das Bohrdiagramm Wasserwerk Cranz (Abb. 166), welches mit Seilschlagbohrung abgeteuft wurde. Man ersieht, daß die Bohrleistungen ziemlich gut sind, daß jedoch die Nebenarbeiten für das Einrichten und Umändern der Bohreinrichtungen erhebliche Zeit in Anspruch nehmen. Die 252 m tiefe Bohrung des Brunnens IV des Wasserwerkes Memel (Abb. 167) mit 267 mm Endverrohrung wurde bis 80 m unter Tage mit einem Handbohrgerät durchgeführt, sodann wurde mit einem Exzenter-Stoßbohrapparat und mit Kernbohrung (Volomitbohrkrone) weiter gearbeitet und ausreichende Bohrleistungen erzielt. Das Herausziehen der im Erdboden sehr fest steckenden Rohre nahm nach Fertigstellung der Bohrarbeiten viel Zeit in Anspruch. Die Abb. 168 zeigt die maschinelle Bohreinrichtung und die Abb. 169 den artesischen Überlauf dieser Brunnenbohrung.

Abb. 168. Maschinelle Bohreinrichtung des Rohrbrunnens IV des Wasserwerks Memel.

Abb. 169. Artesischer Überlauf am Rohrbrunnen IV des Wasserwerks Memel.

4. Einige weitere Fragen bei der Vergebung von Rohrbrunnen.

Eine schwierige Frage erhebt sich gelegentlich beim Einbau von Tiefbrunnenpumpen. In Rohrbrunnen von geringerem Durchmesser übernehmen verschiedene Pumpenfabriken nur dann eine Gewähr für einwandfreies Arbeiten der Pumpe (gleich ob Kolbenpumpe oder Kreiselpumpe), wenn der Rohrbrunnen genau lotrecht abgeteuft ist. Es entstehen somit Schwierigkeiten und Streitigkeiten, wenn es sich herausstellt, daß der Brunnen schief gebohrt ist. Deshalb taucht die Frage auf, ob und in welchem Umfange der Brunnenbauer dafür verantwortlich zu machen ist, wenn der Rohrbrunnen von der Lotrechten abweicht.

Die Beantwortung dieser Frage ist schwierig, weil die Abweichung von der Lotrechten sowohl durch Nachlässigkeit des Brunnenbauers entstanden sein kann als auch in Umständen ihre Erklärung findet, auf die der Brunnenbauer ohne Einfluß ist.

Was der Brunnenbauer dazu tun kann, daß der Rohrbrunnen lotrecht abgeteuft wird, ist im großen und ganzen dreierlei:

1. Er muß dafür sorgen, daß die Bohrrohre genau lotrecht in den Boden gesetzt werden.

2. Er muß für Beseitigung von Bohrhindernissen in ausreichender Weise Sorge tragen.

3. Wenn mehrere Rohrfahrten im Boden stehen, muß er darauf achten, daß nach dem Herausziehen der äußeren Rohrfahrten das stehenbleibende Rohr an seinem äußeren Umfange gleichmäßig und sorgfältig umfüllt wird, damit es sich nicht auf die Seite legt.

Hat er dieses beachtet, so liegt eine Nachlässigkeit oder Fahrlässigkeit des Brunnenbauers nicht vor.

Ein Bohrloch wird vor allem dann schief, wenn man im Untergrunde ein Hindernis trifft, das nur wenig in den Rohrquerschnitt hineinragt. Ein solches Hindernis liegt oft so ungünstig, daß man mit dem Meißel gar nicht herankommt, und auch ein Sprengschuß keinen Erfolg hat. Läßt sich ein derartiges Hindernis nicht beseitigen, so wird das unterste Rohr meistens etwas nach der Seite gedrückt und fängt nun an, von der Lotrechten abzuweichen. Der Brunnenbauer hat im allgemeinen keine Möglichkeit, eine solche Abweichung von der Lotrechten festzustellen und sie überhaupt zu verhindern. Denn mit dem Bohrzeug über Tage läßt sich kein Hebeldruck ausführen oder eine Wirkung erzielen, durch welche die Rohrfahrt eine bestimmte Richtung einzuschlagen gezwungen wird. Wenn er sich dazu entschließt, das Bohrloch aufzugeben, um eine neue Bohrung an einer anderen Stelle anzusetzen, so läuft er in steinführenden Schichten, z. B. in dem in Norddeutschland weitverbreiteten Geschiebemergel, Gefahr, abermals auf ein Hindernis zu stoßen und wieder schief zu bohren. Wenn der Brunnenbauer bei der Abteufung der Bohrung demgemäß nicht fahrlässig oder nachlässig gehandelt hat,

kann er für das Schiefwerden einer Brunnenbohrung nicht haftbar gemacht werden.

Es sei noch kurz erwähnt, daß zur genauen Feststellung der Abweichung von der Lotrechten (ein einfaches Abloten ist meist nicht
möglich) verhältnismäßig komplizierte Einrichtungen erforderlich sind,
deren Anschaffung so erhebliche Kosten verursacht, daß wohl kein
Brunnenbauunternehmen im Besitze dieser Einrichtungen ist. In der
Regel werden diese Ein-
richtungen auch nicht
verkauft, sondern die
Messung der Bohrloch-
neigung wird von Spezial-
unternehmungen (z. B.
von Anschütz & Co., Kiel-
Neumühlen und der Ge-
sellschaft für nautische
Instrumente G. m. b. H.,
Kiel) vorgenommen.

Als Beispiel ist in der
Abb. 170 der Verlauf eines
Rohrbrunnens des Was-
serwerkes Brackwede in
der Horizontalprojektion
dargestellt. Der 200 mm
weite Rohrbrunnen
zeigte bis 40 m von 0,58 m
Abweichung Tiefe eine
von der Lotrechten.

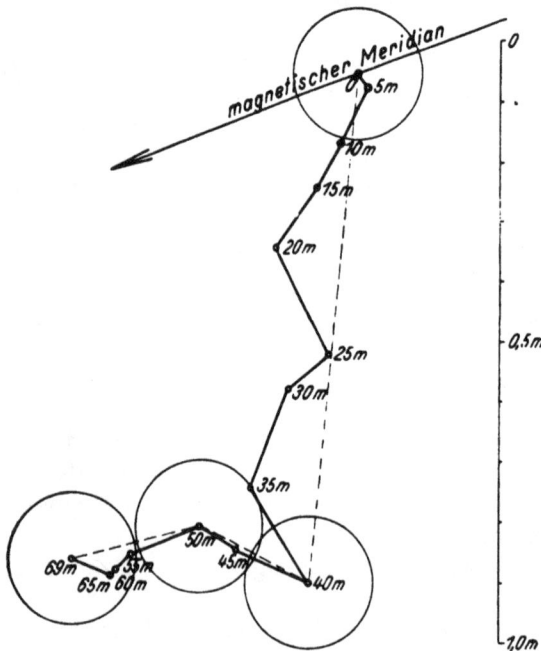

Abb. 170. Verlauf eines Rohrbrunnens des Wasserwerks
Brackwede in der Horizontalprojektion.

Es liegt nicht im In-
teresse des Auftraggebers,
dem Brunnenbauer Vorschriften über den Durchmesser der zum Vorbohren vorzuhaltenden Arbeitsrohrfahrten oder auch über die Verwendung bestimmter Bohrverfahren zu machen. In der Regel wird dem
Auftraggeber die notwendige Kenntnis zur Beurteilung der Verhältnisse fehlen. Es ist auch grundsätzlich falsch, von einem Unternehmer
die Einhaltung weiterer Vorschriften zu verlangen, als technisch und
vom Standpunkt des Auftraggebers begründet ist.

Wichtig ist es, daß der Bohrmeister angewiesen wird, vor dem Einbau der Rohre und des Filters diese vor dem Auftraggeber oder dessen
Beauftragten vorzumessen. Wird dieses Messen einwandfrei vorgenommen,
so ist damit eine Quelle von Mißverständnissen und Streitigkeiten bei
der Abrechnung verstopft.

Auch die Entnahme von Boden- und Wasserproben (siehe Anhang S. 186 und 190) und die Einsendung der Proben an Untersuchungsanstalten, sowie die laufende Führung eines Bohrregisters ist zu vereinbaren.

———————

Der Auftraggeber wird gern den Zeitpunkt der Fertigstellung festlegen wollen. Bei vorsichtiger Schätzung wird der Brunnenbauer diesen angeben können. Es ist jedoch nicht gerechtfertigt, bei Überschreitung der angegebenen Herstellungsdauer eine Verzugsstrafe festzusetzen. Der Brunnenbauer ist an sich durch die Vereinbarung der Meterpreise daran interessiert, die Herstellung des Rohrbrunnens so rasch als möglich zu vollenden. Er wird daher immer, auch bei Bohrunfällen und Zufälligkeiten aller Art, die im Bohrbetriebe leider eine große Rolle spielen, bestrebt sein, die Arbeiten auf das äußerste zu beschleunigen. Die Vereinbarung einer Verzugsstrafe ist daher überflüssig.

———————

Angesichts der Normungsbestrebungen auf allen Gebieten braucht nicht darauf hingewiesen zu werden, daß es unhaltbar ist, die Verwendung anormaler Materialien, z. B. von Rohren mit besonderen Wandstärken oder besonderen Gewindeverbindungen vorzuschreiben, falls nicht ganz besonders wichtige Gründe dazu zwingen.

———————

Schließlich sei noch unter Hinweis auf die S. 172 bis 177 gezeigten Bohrdiagramme daran erinnert, daß die Kalkulationen des Brunnenbauers auf Jahresdurchschnittswerten beruhen, die teils unter-, teils überschritten werden. Es müssen also Fehlbeträge, die bei schwierigeren Brunnenbohrungen entstehen, durch Gewinne an günstiger verlaufenden Bohrungen gedeckt werden. Man begegnet jedoch häufig dem Verlangen, daß der Brunnenbauer, wenn er eine Bohrung in verhältnismäßig kurzer Zeit fertiggestellt hat, nachträglich in eine Ermäßigung der Preise einwilligen soll. Daß dieses Verlangen nicht gerechtfertigt ist, bedarf nach dem Vorhergesagten keiner Begründung.

Als Beispiel für Ausschreibungen ist im Anhang S. 196 der Text eines Kostenanschlages für die Herstellung einer Bohrung zur Erschließung von Wasser angegeben, der die in diesem Abschnitt erörterten Grundsätze unter Anpassung an die Preisberechnung des Preisverzeichnisses des Reichsverbandes für das deutsche Brunnenbau- und Bohrgewerbe verwertet.

5. Die Vergebung von Instandsetzungsarbeiten.

Instandsetzungsarbeiten an Rohrbrunnen können nur im Stundenlohn (Tagelohn) veranschlagt und ausgeführt werden, da deren Dauer und Arbeitserfolg von vornherein nicht zu übersehen sind. Eine Ausnahme bilden allenfalls Instandsetzungen, die in bestimmten Zeiträumen ständig von demselben Unternehmer an denselben Rohrbrunnenanlagen in geringerer Tiefe ausgeführt werden.

Es ist üblich, außer den geleisteten Arbeitsstunden des Bohrmeisters und der Hilfsarbeiter eine Gebühr für das Vorhalten der Geräte und Werkzeuge in Rechnung zu setzen und Frachten und Reisekosten getrennt zu berechnen.

Die Instandsetzungsarbeiten selbst sind so mannigfacher Art, daß nur einige der wichtigsten hier herausgegriffen und besprochen werden können.

Jeder Instandsetzung eines Rohrbrunnens muß selbstverständlich die Feststellung der Ursache des Versagens des Brunnens vorausgehen. In der Regel wird also zunächst die Brunnen- und Pumpenanlage daraufhin zu untersuchen sein, ob der Grund des Versagens an der Pumpe, der Saugeleitung oder Heberleitung oder am Rohrbrunnen liegt. Die Pumpe kann versagen, durch Anfressungen der Sauge- oder Steigerohre, durch Abnutzung der Lederteile des Kolbens, Undichtwerden der Saugeleitung (Heberleitung), Bruch des Gestänges u. a. Man wird dabei durch Abloten festzustellen suchen, ob der Brunnen versandet ist. Ist die Pumpe betriebsfähig, so kann das Versagen nur am Brunnen liegen, falls nicht eine allgemeine Senkung des Grundwasserspiegels der ganzen Gegend stattgefunden hat. Dieses allgemeine Nachlassen der Wasserführung kann nur da einwandfrei festgestellt werden, wo ein Beobachtungsfilter vorhanden ist, der zur Feststellung des Eintrittswiderstandes des Rohrbrunnens dient. Sonst kann man gelegentlich aus dem Grundwasserspiegel benachbarter Brunnen, falls diese ihre Wasser derselben Schicht entnehmen, entsprechende Schlüsse ziehen. Empfehlenswert ist es auch, in das Bohrregister des Rohrbrunnens Einsicht zu nehmen und die Schichtenfolge daraufhin nachzuprüfen, ob eine allgemeine Senkung des Grundwasserspiegels wahrscheinlich ist.

Wenn festgestellt ist, daß der Brunnen selbst die Ursache des Versagens der Wassergewinnungsanlage ist, so wird man zu entscheiden haben, ob man mit Reinigungsgeräten von der Erdoberfläche her die Reinigung und Instandsetzung des Brunnens versuchen will oder ob man den Filter herauszieht. Das erstere wird nur dann in Frage kommen, wenn die Bauart und die Abmessungen des Filters genau bekannt sind; in dem anderen Falle wird man es vorziehen, den Filter herauszuziehen.

Da das Filterziehen die wichtigste Instandsetzungsarbeit am Rohrbrunnen ist, sei sie etwas ausführlicher behandelt.

Das Herausziehen und Reinigen des Filters spielt sich in folgenden 5 Arbeitsgruppen ab:
1. Fassen und Herausziehen des Filters,
2. Instandsetzen des Filters,
3. Wiederherunterbohren durch die wasserführende Schicht hindurch,
4. Einsetzen des instandgesetzten Filters,
5. Emporziehen der Bohrrohre um die Länge des Filters.

Zu diesen Arbeitsgruppen kommt noch das Ausbauen und Wiedereinbauen der Pumpe, der Sauge- oder Heberleitung hinzu.

Die unter 2 genannte Arbeit wird meistens in der Filterbauerei des Brunnenbauunternehmens ausgeführt, an die der Filter sogleich nach dem Herausziehen abgesandt wird. Das Wiederherunterbohren nimmt fast immer so viel Zeit in Anspruch, daß der Filter bei nicht zu großer Entfernung nach seiner Instandsetzung wieder rechtzeitig an der Bohrstelle eintrifft. Über die Schwierigkeiten des Filterziehens sind S. 156 bereits ausführliche Mitteilungen gemacht worden. Eine Zeitdauer für diese Arbeiten läßt sich allgemein nicht angeben. Als ungefährer Anhalt mag dienen, daß das Filterziehen bei einfachen Gewebefilterbrunnen von 100 bis 200 mm Durchmesser etwa folgende Zeitdauer erfordert:

bei einem 30 m tiefen Brunnen 12 Tage
„   „   50 „   „   „   18 „
„   „   100 „   „   „   24 „

Eine Gewähr für das Gelingen des Filterziehens kann vom Brunnenbauer nicht übernommen werden, und zwar deshalb nicht, weil es vor Beginn der Arbeiten unmöglich ist, festzustellen, in welchem Zustande sich der Filter, der herausgezogen werden soll, und die Rohre, mit denen man wieder herunterbohren muß, befinden.

Ein Muster für die Abfassung des Kostenanschlages bei der Vergebung des Filterziehens ist im Anhang auf S. 198 enthalten.

6. Technische Vorschriften für Bauleistungen, Brunnenarbeiten.

Das vom Reichsverdingungsausschuß im Rahmen der „Technischen Vorschriften für Bauleistungen" herausgegebene DIN-Blatt 1983 „Brunnenarbeiten" dient heute vielfach als Grundlage für die Vergebung von Brunnenarbeiten. Leider ist es in vieler Hinsicht unzulänglich.

Die darin enthaltenen Vorschriften, namentlich bezüglich der Werkstoffe, sind teils zu ausführlich und teils wieder so dürftig, daß z. B. Vorschriften über Sonderwerkstoffe, wie Filterkies, Filtergewebe, säurefeste Werkstoffe überhaupt fehlen.

Ferner gehen die Begriffe „Brunnen" und „Pumpe" ständig durcheinander. Der Brunnen ist die Wassergewinnungsanlage, die mit dem Boden verbunden und als Bauwerk anzusprechen ist. Die Pumpe dagegen stellt die Wasserförderungsanlage, also eine Maschine dar, die meist nur in den Brunnen hineingehängt wird. Teile des Brunnens sind: Filter, Aufsatzrohr und Mantelrohr. Zur Pumpe gehören: Saugeventil, Saugerohr, Zylinder, Kolben, Steigerohr, Brunnenpfosten, Schwengel, Fußventil und Rückschlagklappe.

In dem DIN-Blatt 1983 fehlen außerdem von tatsächlichen Unrichtigkeiten abgesehen vollständig Vorschriften darüber, wie die Verrechnung erfolgt, wenn der Unternehmer die wasserführende Schicht infolge Bohrunfalls überhaupt nicht erreicht, oder wenn kein Wasser oder nicht ausreichend Wasser erbohrt wird. Es müßte also die Verrechnung des Herausziehens des Filters und der Rohre aus dem Erdboden und deren entschädigungslose Rücknahme erwähnt sein. Erwünscht wären auch Vorschriften darüber, daß die wasserführende Schicht stets bis zur undurchlässigen Schicht zu durchbohren ist, daß der Brunnenbauer keine Gewähr für das Antreffen von Wasser, dagegen eine solche für die Erreichung einer bestimmten Tiefe zu leisten hat. Es wäre auch zweckmäßig, grundsätzlich die Überlassung sämtlicher Boden- und Wasserproben an die in Frage kommenden Untersuchungsinstitute vorzuschreiben.

Es sind Bestrebungen im Gange, das DIN-Blatt 1983 über Brunnenarbeiten umzugestalten und den tatsächlichen Erfordernissen anzupassen.

XIV. Schlußwort.

In der vorliegenden Arbeit ist versucht worden, die Wirkungsweise, den Bau, die Ausführungen des Rohrbrunnens und seinen Einfluß auf die Ausgestaltung der ganzen Wasserversorgungsanlage unter Hervorhebung des Grundsätzlichen darzustellen. Es sind daran Ausführungen über die Unterhaltung und Instandsetzung von Rohrbrunnen sowie über die Vergebung von Rohrbrunnenaufträgen geknüpft werden.

Der Leser wird erkannt haben, daß der Bau von Rohrbrunnen ein Gebiet ist, auf dem man mit theoretischen Erwägungen, mit einer rechnerischen Erfassung der auftretenden Vorgänge und Erscheinungen, sowie mit einer im voraus erfolgenden Festlegung der Abmessungen und Einzelheiten der Ausführung nicht sehr weit kommt, bei dem hingegen die Erfahrung in jeder Hinsicht eine bedeutende und oft ausschlaggebende Rolle spielt. Man soll deshalb das Maß der Erfahrung, welches Brunnenbauunternehmungen in jahrzehntelanger Arbeit auf diesem Sondergebiet gesammelt haben, nicht unterschätzen.

Der Leser wird auch den Eindruck gewonnen haben, daß der Bau von Rohrbrunnen in viel höherem Maße als die Ausführung anderer Bauvorhaben Vertrauenssache ist. Der ganze Arbeitsvorgang bei der Bohrung, beim Einbau des Filters, beim Herausziehen der Rohre, beim Reinigen des Filters usw. geht, der Sicht und Nachprüfung durch das Auge entzogen, im Bohrloch in größerer Tiefe, oft mehrere hundert Meter unter der Erdoberfläche, vor sich. Der Bohrmeister selbst ist vielfach nur auf seinen Tastsinn und sein Ohr angewiesen und der die Baustelle überwachende Unternehmer oder Ingenieur muß sich in vieler Hinsicht auf die Angaben und auf die Persönlichkeit des Bohrmeisters verlassen. Es ist deshalb keine Selbstverständlichkeit, wenn hier betont wird, daß für den Bau einwandfreier Rohrbrunnenanlagen nur Unternehmungen mit umfangreichen Erfahrungen, die sich in langjähriger Tätigkeit Vertrauen erworben haben und über einen Stamm geschulter zuverlässiger Arbeiter verfügen, in Frage kommen können, wenn man vor Enttäuschungen und vergeblichen Geldausgaben bewahrt bleiben will.

Anhang.

1. Anweisung zur Entnahme von Bodenproben und zur Anfertigung des Bohrregisters.

I. Die Entnahme von Bodenproben.

Bodenproben sind im allgemeinen von jedem bei der Bohrung durchteuften Meter zu entnehmen, bei einem Wechsel der Schichten innerhalb eines Meters außerdem auch von jeder Schicht. Wenn das durchteufte Profil z. B. folgende Schichten aufweist:

0,00 bis 0,45 m Ackerboden	so ist je	0,00 bis 0,45 m	Ackerboden
0,45 „ 2,10 „ sandiger Lehm	eine Probe zu	0,45 „ 1,00 „ ⎫ 1,00 „ 2,10 „ ⎭	sandiger Lehm
2,10 „ 2,40 „ Kies	entnehmen aus folgenden Tiefen:	2,10 „ 2,40 „	Kies
2,40 „ 8,10 „ steiniger blauer Ton		2,40 bis 3,00 m 3,00 „ 4,00 „ 4,00 „ 5,00 „ 5,00 „ 6,00 „ 6,00 „ 7,00 „ 7,00 „ 8,10 „	steiniger blauer Ton

Für die Aufbewahrung und Versendung der Bodenproben dienen hölzerne Fächerkästen mit Deckeln. Jedes Fach besitzt etwa $8 \cdot 8$ cm Grundfläche und 8 cm Höhe. Die Tiefen, aus denen die betreffenden Bodenproben stammen, sind an die Fächer mit Tintenstift heranzuschreiben. Etwa vorhandene Bezeichnungen bei gebrauchten Kisten sind sorgfältig zu entfernen.

Die Bodenproben sind, wenn irgend angängig, so zu entnehmen, daß die Probe die Schicht in ihrer ursprünglichen Lagerung erkennen läßt. Jedes Durcheinandermischen, Rühren und Sieben ist zu vermeiden.

Bei der Handbohrung sind die Bodenproben unmittelbar dem Bohrer zu entnehmen und sofort in die Probenkiste zu legen. Die Proben dürfen nicht in die Fächer der Kisten eingestampft werden. Beim Meißeln suche man möglichst große Bruchstücke aufzubewahren.

Bei der Spülbohrung ist ein gesäubertes Blechgefäß unter den auslaufenden Spülstrom zu halten. Nachdem der Bohrschmand sich abgesetzt hat, und das Wasser abgegossen ist, wird die Probe dem Bodensatz entnommen. Eine Entnahme der Probe aus dem Klärbehälter der Spülanlage darf nicht stattfinden.

Bei der Kernbohrung ist unmittelbar nach dem Abschrauben des Kernrohres auf jedem Bohrkern die Tiefe, aus der er stammt, mit Tintenstift heraufzuschreiben (auch auf die Bruchstücke). Außerdem ist das obere und untere Ende des Kernes durch die Aufschrift „oben" und „unten" zu kennzeichnen. Bohrkerne dürfen keinesfalls zerkleinert werden, sondern sind getrennt in dem Zustande aufzubewahren, in dem sie gefördert wurden.

Besondere Funde (Mineralien, Kristalle, Versteinerungen, Münzen, Altertümer), sind sorgfältig aufzubewahren und vollständig abzuliefern.

Werden Bodenproben in Pappschächtelchen einer geologischen Anstalt eingesandt, so ist auf dem Deckel zu vermerken:

Bezeichnung des Bohrloches,
Bezeichnung der Schicht,
Tiefenlage der Schicht.

Außerdem ist die Bezeichnung und die Tiefenlage der Schicht zur Vermeidung von Verwechselungen beim Öffnen der Schächtelchen auch auf die Schachtel selbst heraufzuschreiben. Jeder Sendung Bodenproben ist ein Bohrregister und eine Karte oder ein Lageplan (s. unten) beizufügen.

II. Die Festlegung des Bohrpunktes in der Karte.

Zur Festlegung des Bohrpunktes benutzt man zweckmäßig Karten im Maßstabe 1 : 25000 (Meßtischblätter). Die Markierung erfolgt zunächst in der Weise, daß man den Bohrpunkt auf der Karte mit einer Nadel durchsticht und die Bezeichnung des Bohrloches auf die Rückseite der Karte an die durchstochene Stelle heranschreibt.

III. Die Anfertigung des Bohrregisters.

An jedem Bohrloche ist vom Bohrmeister ein Bohrregister zu führen, das nach Beendigung der Arbeiten abzuliefern ist.

Das Bohrregister muß Angaben enthalten über:

1. Die fallende Tiefe,
2. die Schichtenfolge,
3. die Verrohrung,
4. den Wasserstand in jeder durchbohrten wasserführenden Schicht,
5. den Bohrfortschritt,
6. die Nebenarbeiten,
7. alle sonstigen, die Arbeit betreffenden Vorkommnisse.

Für jede dieser Angaben ist im Bohrregister eine Spalte mit der entsprechenden Bezeichnung vorgesehen.

1. Tiefe.

In die erste Spalte von links wird die Tiefe in Metern eingetragen. Der Maßstab wird am besten so gewählt, daß immer fünf Linien auf einen Meter kommen. Die Tiefe wird stets von der Erdoberfläche an gerechnet. Eine Tiefenangabe lautet z. B. „26,80 m unter Tage".

2. Schichtenfolge.

Die durchteuften Schichten werden in die senkrechte Spalte Schichtenfolge nach ihrer Tiefe und Mächtigkeit eingezeichnet und farbig angelegt. Für die Anlegung sind folgende Farben zu verwenden:

Mutterboden, aufgefüllter Boden . . . . . . schwarz,
Torf, Braunkohle . . . . braun,
Sandige Schichten . . . . gelb,
Tonige Schichten. . . . . blau,
Schwimmsand . . . . grün,
Harte Gesteine . . . . grau.

Die Bezeichnung der Schicht wird hinzugeschrieben. Sie hat stets die natürliche Färbung zu enthalten. Ferner ist anzugeben, ob die Schicht hart oder weich ist, ob Steine, Geschiebe, Gerölle darin enthalten sind usw. Bei sandigen Schichten ist die Korngröße des Sandes durch die Bezeichnungen fein, mittelgrob und grob zu kennzeichnen und außerdem einzutragen, ob der Sand tonig, verunreinigt oder sauber, ob die Schicht wasserführend oder trocken ist. Bei festen Gesteinsschichten ist zu vermerken, ob die Schicht gleichmäßig hart, oder ob sie mit härteren Bänken durchsetzt ist. Bietet die Durchbohrung einer Schicht außergewöhnliche Schwierigkeiten, so ist dieses in der Spalte Bemerkungen unter Angabe der Gründe zu vermerken.

3. Verrohrung.

In die Spalte Verrohrung sind sämtliche bei der Abteufung gebrauchten Rohrfahrten und der eingebaute Filter mit dem Ablagerungs- und dem Aufsatzrohr derart für den Zeitpunkt nach dem Einsetzen und vor dem Freiziehen des Filters einzuzeichnen, daß ihre Tiefe genau abgelesen werden kann. Der Maßstab für die Tiefe ist im Bohrregister ein anderer, als der für die Rohrweiten. Daher sind an die hineingezeichneten Rohre die Durchmesser heranzuschreiben. Auf der letzten Seite des Bohrregisters ist in die Spalte Bemerkungen das in der Erde verbleibende Material (Bohrrohr, Filter, Ablagerungs- und Aufsatzrohr) mit genauer Angabe von Länge und Durchmesser einzutragen.

4. Wasserstand.

Der Wasserstand ist in jeder durchbohrten, wasserführenden Schicht genau zu messen und in die betreffende Spalte in der Tiefe der wasserführenden Schicht einzutragen. Die Messung des Wasserstandes darf niemals während des Bohrens vorgenommen werden, sondern nur nach einer größeren Arbeitspause, also am Morgen vor Beginn der Arbeit oder Nachmittags nach der Mittagspause.

Ist artesisches Wasser erbohrt worden, d. h. tritt das Wasser aus dem Bohrloch über Tage aus, so ist die Überlaufmenge zu messen und in die Spalte Wasserstand mit der Bezeichnung „Überlauf" in der jeweiligen Bohrtiefe einzuschreiben. Die Messung der Überlaufmenge muß an jedem Tag mindestens einmal erfolgen und außerdem jedesmal bei einer deutlichen Zunahme oder Abnahme der Überlaufmenge.

5. Bohrfortschritt.

Der Bohrfortschritt ist in die dafür bestimmte Spalte in der Weise farbig einzuzeichnen, wie es das beigefügte ausgefüllte Bohrregister (Abb. 28) zeigt. Es ist stets das Datum heranzuschreiben und die auf das Bohren verwendete Zeit in Stunden in die kleine Spalte daneben einzutragen. Als Farben sind zu benutzen, für Bohrung von Hand grün, für maschinelle Bohrung blau. Die Art des Bohrsystems ist in der Spalte Bemerkungen zu vermerken.

6. Nebenarbeiten.

Nebenarbeiten sind alle zur Herstellung des Rohrbrunnens erforderlichen Arbeiten, bei denen kein Bohrfortschritt erzielt wird, z. B. Aufstellen des Bohrgerätes, Einsetzen einer neuen Rohrfahrt, Vortreiben der Rohre, Einsetzen des Filters, Entsanden, Sprengen, Fangarbeiten usw. Die Nebenarbeiten werden unter Angabe des Datums und der darauf verwendeten Arbeitsstunden durch schriftliche Eintragung in die dafür vorgesehene Spalte vermerkt.

7. Bemerkungen.

Die Spalte Bemerkungen soll außer den schon genannten Angaben alle beim Bau des Brunnens eintretenden Vorfälle enthalten, z. B. Gerätebrüche, Bohrunfälle, Bohrhindernisse und Arbeitsunterbrechungen aller Art. Auch besondere Funde (Mineralien, Versteinerungen, Altertümer) sind hier zu vermerken.

---

2. Verzeichnis der Deutschen Geologischen Landesanstalten.

Preuß. Geologische Landesanstalt, Berlin N 4, Invalidenstr. 44.

Sächs. Geologische Landesuntersuchung, Leipzig, Talstr. 35.

Bayer. Geologische Landesuntersuchung, Geognost. Abteilung des Bayer. Oberbergamts, München, Ludwigstr. 16.

Geologische Abteilung des württemberg. statist. Landesamtes, Stuttgart, Büchsenstr. 56.

Badensche Geologische Landesanstalt, Freiburg i. Br., Bismarckstr. 7 und 9.

Hessische Geologische Landesanstalt, Darmstadt, Paradeplatz 3.

Mecklenb. Geolog. Landesanstalt, Rostock, Neues Museumsgeb.

Thüringische Geologische Landesuntersuchung, Jena, Geolog. Institut der Universität.

Österr. Geolog. Staatsanstalt, Wien III, 2, Rasumoffskygasse 23.

---

3. Anweisung zur Entnahme von Wasserproben (mit Fragebogen).

Preuß. Landesanstalt für Wasser-, Boden- und Lufthygiene, Berlin-Dahlem, Ehrenbergstr. 38—42. Bahnstation: Lichterfelde West (Wannseebahn).

Betr. Untersuchung von Wasserproben.

A. Vorbemerkung.

Die Untersuchung von Wasserproben, die unserer Anstalt eingesandt werden, kann sich auf die physikalische, chemische und biologische (mikroskopische) Beschaffenheit erstrecken. Die Bestimmung gelöster Gase (Kohlensäure, Sauerstoff usw.) und die bakteriologische Untersuchung, z. B. die Bestimmung der sog. („Gesamt"-) „Keimzahl" oder des Gehaltes an Coli-Bakterien, liefert an eingesandten Proben kein einwandfreies Ergebnis. Ein solches ist im allgemeinen nur dann zu erhalten, wenn die Proben von einem Sachverständigen selbst entnommen werden und ihre Untersuchung von ihm an Ort und Stelle eingeleitet ist.

B. Anweisung zur Entnahme von Wasserproben.

I. Allgemeine Vorschriften.

1. Menge. Von jeder zu untersuchenden Probe sind im allgemeinen etwa 2 Liter zu entnehmen.

2. Versandflaschen. Zur Versendung sind vollkommen reine, mit dem zu untersuchenden Wasser mindestens 3 mal vorgespülte Glasflaschen zu verwenden, möglichst solche mit Glasstopfen. Andernfalls sind die Flaschen mit neuen Korken zu verschließen, die ebenfalls mindestens 3mal mit dem Wasser abgespült sind. Uns stehen Flaschen zur leihweisen Abgabe nicht zur Verfügung.

3. Füllen der Flaschen. Die Flaschen dürfen bei Frostgefahr nicht ganz gefüllt werden, weil sie sonst zerspringen und auslaufen können.

4. **Beschriftung.** Sie sind mit Angaben über Ort und Zeit der Probeentnahme und sonstigen Bezeichnungen so zu versehen, daß jede Verwechslung ausgeschlossen ist.

5. **Begleitschreiben.** Diese Bezeichnungen sind im Begleitschreiben zu wiederholen. In diesem muß angegeben sein, wer den Auftrag zur Untersuchung erteilt, wer sie bezahlt und wohin das Untersuchungsergebnis zu senden ist.

6. **Versiegeln.** Im allgemeinen sind die Flaschen nicht zu versiegeln. Ist eine Versiegelung angezeigt, so ist der Kork zu verschnüren und das Siegel an der Verschnürung, nicht aber auf dem Korken anzubringen.

II. **Besondere Vorschriften.**

1. **Wasserleitungen.** Bei Wasserleitungen muß das Wasser unmittelbar vor der Entnahme mindestens 20 Minuten lang ablaufen außer bei Untersuchung auf Bleiaufnahme; in diesem Falle wird als Probe am besten frühmorgens das Wasser entnommen, das die Nacht über in der Leitung gestanden hat.

2. **Brunnen mit Pumpe.** Ein Brunnen soll, bevor sein Wasser zur Untersuchung aufgefangen wird, unmittelbar vorher etwa 20 Minuten hindurch langsam und gleichmäßig abgepumpt werden, wobei darauf zu achten ist, daß das ausgepumpte Wasser nicht wieder in den Brunnen zurückläuft oder in seiner Nähe versickert. Ist kurz vor der Entnahme zu irgendwelchen anderen Zwecken schon eine größere Wassermenge abgepumpt worden, so kann die Zeitdauer des oben geforderten Abpumpens entsprechend beschränkt werden; dies muß geschehen, wenn der Brunnen nur wenig Wasser hat, weil sonst etwa vorhandener Bodenschlamm aufgewirbelt werden kann.

3. **Brunnen ohne Pumpe.** Bei Brunnen ohne Pumpenrohr wird ein vorher in derselben Weise wie die Versandflaschen sorgfältig außen und innen gereinigtes Entnahmegefäß (Flasche, Eimer oder dgl.) in den Brunnenkessel hinabgelassen und zum Schöpfen des Wassers benutzt.

4. **Quell- und Oberflächenwasser.** Quell-, Fluß-, Teich- und andere Oberflächenwässer werden ohne weiteres in die — wie oben näher beschrieben — vorbereiteten und ausgespülten Flaschen gefüllt.

C. **Angaben über die örtlichen Verhältnisse der Wassergewinnungsanlage.**

Im allgemeinen ist für jede zu untersuchende Wasserprobe, d. h. für jede Wasserversorgungsanlage z. B. für jeden einzelnen Brunnen — nicht für jede Flasche des Wassers — ein Fragebogen (siehe nachstehend) sachgemäß auszufüllen und uns zu übersenden, bei Wiederholungsuntersuchungen durch uns nur dann, wenn sich die örtlichen Verhältnisse gegen die uns früher gemachten Angaben verändert haben.

Vordrucke liefert unsere Anstalt unentgeltlich.

Fragebogen
betreffend die Wasserversorgungsanlage

von .... in .... (Ortsangabe)

Kreis .... Regierungsbezirk ....

(Zutreffendes ist, wo angängig, zu unterstreichen.)
Sollte der Raum für etwa erforderliche nähere Ausführungen nicht ausreichen, so füge man sie als Anlage bei.)

1. Anlaß, aus welchem die Untersuchung beantragt wird (Forderung der Aufsichtsbehörde? Klagen über die Wasserbeschaffenheit, welcher Art?, Verdacht auf Verseuchung usw.)

2. Zweck der Untersuchung des Wassers? (Angabe, ob es sich um Trink- und Wirtschaftswasser oder um Kesselspeisewasser handelt, oder um Gebrauchswasser für bestimmte andere, gewerbliche Zwecke und für welche)?

3. Art der Wassergewinnungsanlage: Bohrbrunnen (näheres s. Ziffer 4), Kesselbrunnen (Ziffer 5), Quelle (Ziffer 10), Oberflächenwasser (Wasserlauf, See, Teich: Ziffer 11), Wasserleitung (Ziffer 17), gespeist durch Quell-, Bohrbrunnen-, Kesselbrunnen- oder Oberflächenwasser usw.?

   Vorrichtung zur Wasserhebung (Hand-, Dampf- oder elektrische Pumpe, Zieheimer usw.)?

4. Wenn es sich um einen Bohr- oder Schlagbrunnen handelt:
   a) Wie tief ist der Brunnen?
   b) Wie tief unter Gelände tritt das Grundwasser in den Brunnen ein? (Oberkante des sog. Brunnenfilters, bei mehreren Filtern des obersten).
   c) Wie tief unter Gelände steht der Wasserspiegel? im Brunnen? im umgebenden Gelände?
   d) Ändert sich der Wasserstand mit der Jahreszeit? bei Regengüssen? oder mit dem Wasserspiegel eines benachbarten Wasserlaufes? und wie groß sind die Änderungen?
   e) Wie ist der Bohrbrunnen gebaut? Hat er oben einen Einsteigeschacht?
   Mündet er oben in einen Kesselbrunnen?
   Ist er vollständig in den Boden eingebaut?

5. Wenn es sich um einen Kessel-(Schacht-)brunnen handelt:

a) Wie tief ist der Brunnen?

b) Wie tief unter Gelände steht der Wasserspiegel?

c) Ändert sich der Wasserstand mit der Jahreszeit? bei Regengüssen? oder mit dem Wasserspiegel eines benachbarten Wasserlaufes? und wie groß sind die Änderungen?

d) Beschaffenheit der Wände des Brunnens: (Baustoff: Holz, Feldstein, Ziegel; Fugen: gemauert, zementiert oder mit Moos oder anderem Material verstopft usw.;
Verputz: außen:, innen:)
Bis wie tief unter Gelände ist die Brunnenwand sicher wasserdicht hergestellt?
Weist die Innnenwand einen schleimigen, schimmeligen oder grünlichen Besatz auf.

e) Beschaffenheit der Brunnensohle?

f) Ist der Brunnenkessel über Gelände hochgeführt? Wie hoch?
Befindet sich der Brunnenrand in gleicher Höhe wie das den Brunnen umgebende Gelände?
Liegt er unter Gelände? Wie tief?
Ist der Brunnenkessel offen oder abgedeckt? Womit ist er abgedeckt? (z. B. Holzdeckel aus gefugten Bohlen, zweiteilige Stein- oder Zementplatte, Eisendeckel und dgl.)
Greift der Brunnendeckel über den Kesselrand über oder nicht?
Ist der Deckel befestigt oder nur lose aufgelegt? Schließt er wasserdicht? auch am Pumpenschaft?

g) Ist das Pumpenrohr, falls ein solches vorhanden, nach oben oder seitlich aus dem Brunnenkessel herausgeführt?

6. Wie fließt das beim Pumpen vorbeilaufende Wasser ab? Wird es durch eine wasserdichte Rinne oder Röhre fortgeleitet? Wie weit? Ist etwa die Möglichkeit vorhanden, daß es in den Brunnenkessel zurückfließt? oder in unmittelbarer Nähe des Brunnens versickert?

7. a) Wann ist der Brunnen angelegt?
   b) Sind in der Zwischenzeit Ausbesserungen ausgeführt worden? welcher Art sind sie gewesen?
   c) Ist der Brunnen augenblicklich in gutem Zustande?

8. a) Wieviel Personen werden durch den Brunnen mit Wasser versorgt?
   b) Wie groß ist die dem Brunnen bei gewöhnlichem Gebrauche durchschnittlich täglich entnommene bzw. zu entnehmende Wassermenge?
   c) Findet dabei eine Absenkung des Wasserspiegels statt?
   d) Ist etwas Genaues über die Ergiebigkeit bekannt?

9. Wie lange unmittelbar vor der Entnahme der Wasserprobe wurde der Brunnen abgepumpt?

10. Wenn es sich um eine Quelle handelt:
 - a) Ist ihre Ergiebigkeit durch Messung festgestellt?
 - b) Wie groß ist sie in trockener Jahreszeit?
 - c) Ist die Temperatur der Quelle gleichmäßig oder wechselnd in den verschiedenen Jahreszeiten? Liegen systematische Messungen der Temperatur vor?
 - d) Ist die Quelle gefaßt und in welcher Weise?

11. Wenn es sich um Oberflächenwasser (Fluß, Bach, See, Teich, Kanal) handelt:
 - a) Ist das Bett natürlich oder künstlich?
 - b) Sind zur Reinigung des Wassers Filter in Anwendung? Welcher Art sind diese?

12. a) Liegt die Wassergewinnungsanlage (Brunnen, Quelle) in Überschwemmungsgebiet? welchen Wasserlaufes?
 - b) Wie häufig im Jahre und zu welchen Jahreszeiten sind Überschwemmungen beobachtet worden?
 - c) Wann zum letzten Male vor der jetzigen Probeentnahme?

13. Ist die obere Erdschicht natürlich oder aufgeschüttet? Eventuell: Womit ist sie aufgeschüttet (Sand, Bauschutt usw.)?

14. Was ist über den geologischen Aufbau der Erdschichten, worin sich die Wassergewinnungsanlage befindet, insbesondere über die wasserführenden Schichten bekannt (bei Brunnen Angabe der Bohrergebnisse)?

15. Wo liegt die Wassergewinnungsanlage?
 (Man bezeichne die Stelle so genau, daß sie in einer Karte 1:25000 gefunden werden kann.[1]))
 Befinden sich menschliche Niederlassungen in ihrer Nähe?
 In welcher Entfernung davon liegt die nächste, z. B. das vom Brunnen versorgte Haus (betr. Skizze s. unten[1]))?

16. Sind in der Nähe der Wasserentnahmestelle (des Brunnens, der Quelle usw.) und in welcher Entfernung davon Abortanlagen? Mistgruben? Ställe? Fabriken (welcher Art)? oder sonstige Anlagen (z. B. Friedhöfe), die ihrer Lage nach einen ungünstigen Einfluß auf das Wasser haben können? Führen in der Nähe der Wasserentnahmestelle öffentliche Wasserläufe? Abzugsgräben? Abflußkanäle? oder Rinnsteine vorbei? wie ist ihr Gefälle? in welcher Bodenart liegen sie? und wie sind ihre Wandungen beschaffen (betr. Skizze s. unten[1]))?

---

[1]) Zu Ziffer 15—17 ist die Ergänzung der obigen Angaben durch eine Lageplanskizze mit Einzeichnung der Entfernung der Wassergewinnungsanlage vom nächsten Wohnhaus, der nächsten Verunreinigungsstelle (Stall, Abortgrube, Düngerhaufen und dgl.) und dem nächsten näher zu bezeichnenden Verkehrsweg dringend erwünscht. U. U. eignet sich dazu ein Deckblatt zum Meßtischblatt 1:25000.

17. Wenn die Entnahme aus einer Wasserleitung erfolgte (auch die in Betracht kommenden Fragen der Ziffern 3 bis 16 sind oben zu beantworten).

    a) Kommt die Leitung von einer Quelle her? von Bohr- oder Kessel-Brunnen? (Zahl derselben) von welcher sonstigen Wassergewinnungsanlage?

    b) Führt die Leitung zu öffentlichen Brunnen? in Wohnhäuser?

    c) Ist diese Leitung offen? geschlossen? Sind die Röhren aus Holz, Ton, Zement, Eisen (Guß-, Schmiede-) Blei oder aus welchem sonstigen Baustoff gefertigt? aus welchem Stoff bestehen die Hausanschlüsse? (z. B. Blei, Eisenrohr verzinkt oder asphaltiert?)

    d) Wie lang ist die Leitung? Führt sie durch menschliche Niederlassungen?

    e) Wann ist die Leitung gelegt? Sind in der Zwischenzeit Ausbesserungen ausgeführt worden? welcher Art sind diese gewesen?

    f) Wie lange unmittelbar vor der Entnahme ließ man die Leitung ablaufen?

18. Ist ein (sind mehrere) Vorratsbehälter für das Wasser in Anwendung? wo ist er (sind sie) angeordnet? (z. B. unter dem Dach des Wohn-[Stall-]gebäudes)? in einem Wasserturm? als Erdbehälter? Ist er (sind sie) offen? überdeckt? zutreffenden Falles, wie? sicher staub- bzw. wasserdicht?

19. Wird das Wasser enteisenet? Zutreffenden Falles in einer offenen oder in einer geschlossenen Anlage? Sind Enteisenungsfilter in Anwendung? welcher Art?

20. Wie sind Aussehen? (klar? trüb? gefärbt?) Geschmack? Geruch? und Temperatur? des Wassers gewöhnlich, und wie waren sie z. Zt. der Probenentnahme?

21. Zeigt das Wasser zuweilen Veränderungen? Welcher Art sind diese? Trübt sich gelegentlich das sonst klare Wasser (z. B. nach Regengüssen oder nach längerem Regenwetter)?

22. An welchem Tage ist die Wasserprobe entnommen?

23. Wie hoch war die Lufttemperatur z. Zt. der Probeentnahme?

.................................., den............ten.. 19......

(Unterschrift)

4. Kostenanschlag für die Herstellung einer Bohrung zur Erschließung von Wasser.

I. Einheitspreise.

a) Arbeiten.

1. 1 m Bohrloch bis zu einer Tiefe von etwa ... m ab Bohrgelände mit einer Endverrohrung von ... mm abzuteufen, einschließlich der Gestellung sämtlicher Arbeitskräfte, der Vorhaltung der zur Abteufung erforderlichen Bohrrohre, Bohrgeräte und Rüstungen, der Ausführung aller zur Erreichung des Bohrzweckes dienlichen Nebenarbeiten, der Entnahme von Erd- und Wasserproben, der Führung eines Bohrregisters sowie einschließlich der Reisekosten des Bohrmeisters und des Unternehmers und Beförderung der Bohrgeräte und Brunnenbaustoffe zur Verwendungsstelle und zurück

    a) in einer Tiefe von ... bis ... m unter Tage   RM. ...
    b) „ „ „ „ ... „ ... „ „ „ „ ...
    c) „ „ „ „ ... „ ... „ „ „ „ ...
    d) „ „ „ „ ... „ ... „ „ „ „ ...

2. 1 Filter der unter lfd. Nr. 5 angegebenen Bauart und Größe mit Aufsatzrohr gegebenenfalls mit Ablagerungsrohr, einzubauen, die Mantelrohre um die Filterlänge emporzuziehen, die etwa zum Vorbohren verwendeten Rohrfahrten herauszuziehen, den Brunnen zu entsanden, das Bohrzeug abzurüsten, einschließlich der Gestellung sämtlicher Arbeitskräfte,

    a) in einer Tiefe von ... bis ... m unter Tage   RM. ...
    b) „ „ „ „ ... „ ... „ „ „ „ ...
    c) „ „ „ „ ... „ ... „ „ „ „ ...
    d) „ „ „ „ ... „ ... „ „ „ „ ...

(Maßgebend ist die Tiefe der Unterkante des Filters).

3. 1 Sprengschuß zur Beseitigung eines Bohrhindernisses abzugeben, einschließlich Lieferung des Spreng- und Zündmaterials, Vorhalten der Sprengvorrichtung mit Kabel sowie einschließlich der Vorbereitungs- und Nacharbeiten

    a) in einer Tiefe von ... bis ... m unter Tage   RM. ...
    b) „ „ „ „ ... „ ... „ „ „ „ ...
    c) „ „ „ „ ... „ ... „ „ „ „ ...
    d) „ „ „ „ ... „ ... „ „ „ „ ...

(Ist die Beseitigung eines Bohrhindernisses durch Sprengung unmöglich, so wird das Bohrhindernis durch Meißelarbeit beseitigt und die hierbei verwendete Zeit zu den unter II angegebenen Sätzen für Löhne und Vorhalten der Geräte berechnet).

b) Lieferungen.

4. 1 m schmiedeeisernes, patentgeschweißtes oder nahtloses Mantelrohr (Bohrrohr) mit Außen- und Innengewinde zum Ineinanderschrauben versehen, in Baulängen gemessen, schwarz, zu liefern

    a) von ... mm äußerem Durchmesser   RM. ...

    b) ,, ... ,,   ,,   ,,   ,, ...

    c) ,, ... ,,   ,,   ,,   ,, ...

    d) ,, ... ,,   ,,   ,,   ,, ...

5. 1 m Brunnenfilter, Bauart................................... zu liefern

    a) für Mantelrohr von ... mm äußerem Durchmesser RM. ...

    b) ,,   ,,   ,, ... ,,   ,,   ,,   ,, ...

    c) ,,   ,,   ,, ... ,,   ,,   ,,   ,, ...

    d) ,,   ,,   ,, ... ,,   ,,   ,,   ,, ...

6. 1 m schmiedeeisernes, patentgeschweißtes oder nahtloses Filteraufsatzrohr (bzw. Ablagerungsrohr) mit Außen- und Innengewinde zum Ineinanderschrauben versehen, in Baulängen gemessen, schwarz zu liefern

    a) für Mantelrohr von ... mm äußerem Durchmesser RM. ...

    b) ,,   ,,   ,, ... ,,   ,,   ,,   ,, ...

    c) ,,   ,,   ,, ... ,,   ,,   ,,   ,, ...

    d) ,,   ,,   ,, ... ,,   ,,   ,,   ,, ...

II. Bemerkungen.

Auf Grund der unter I genannten Einheitspreise werden die Arbeiten und die im Boden verbleibenden Rohre und Filter nach Aufmaß berechnet. Ein Beispiel für eine Kostenberechnung ist die unter III befindliche Kostenzusammenstellung.

Der Unternehmer übernimmt die Gewähr dafür, daß bei der Bohrung eine Tiefe von ... m erreicht wird. Ist es ihm unmöglich, diese Bedingung zu erfüllen, so hat er keinen Anspruch auf Vergütung. Der Besteller ist indes in diesem Falle verpflichtet, ihm die Möglichkeit zu geben, an einer anderen Stelle zu den Bedingungen dieses Kostenanschlages ein neues Bohrloch abzuteufen. Erweist sich auch die Ausführung dieses zweiten Versuches als unmöglich, so sind beide Teile berechtigt, vom Vertrage zurückzutreten.

Der Unternehmer übernimmt keine Gewähr dafür, daß Wasser überhaupt oder in einer bestimmten Menge und Beschaffenheit angetroffen wird. Wird die Bohrung aufgegeben, weil der beabsichtigte Bohrzweck nach des Unternehmers und des Bestellers übereinstimmender Ansicht nicht erreicht wurde, so ist der Besteller lediglich verpflichtet, die Bohrarbeiten und das Herausziehen der Rohre und des Filters zu nachfolgenden Stundensätzen zu vergüten. Der Unternehmer nimmt in diesem Falle die infolge des Auftrages gelieferten Brunnenrohre und Brunnenfilter ohne Berechnung für das Vorhalten zurück.

Stundensätze:

1 Bohrmeisterstunde	RM. ...
1 Hilfsarbeiterstunde	„ ...
1 Arbeitstag Vorhalten des Bohrgerätes und der Rüstungen	„ ...

III. Kostenzusammenstellung.

(Beispiel einer Kostenberechnung.)

Unter der Voraussetzung, daß die Bohrung eine Tiefe von ... m erreicht, berechnen sich die Kosten der Bohrung mit Bohrrohren von ... mm Durchmesser in folgender Weise:

1. ... m Bohrloch nach lfd. Nr. 1a	RM.	...
... „ „ „ „ „ 1b	„	...
... „ „ „ „ „ 1c	„	...
... „ „ „ „ „ 1d	„	...
2. 1 Filter einsetzen in einer Tiefe von ... m unter Tage	„	...
3. ... m Bohrrohr nach lfd. Nr. 4a	RM.	...
... „ „ „ „ „ 1b	„	...
... „ „ „ „ „ 1c	„	...
4. ... „ Filter nach lfd. m　5a	„	...
5. ... „ Filteraufsatzrohr nach lfd. m 6a	„	...
	Summe RM.	...

5. Kostenanschlag für das Herausziehen und Instandsetzen des Filters.

1. ... Monteurstunden (zum Nachweis der Anzahl) zur Untersuchung der Pumpen- und Brunnenanlage　...

2. ... Bohrmeisterstunden (zum Nachweis der Anzahl) zum Ausbau der Pumpe, Herausziehen des Filters, Wiederherunterbohren bis zur alten Brunnentiefe unter Niederbringung der vorhandenen Bohrrohre, Wiedereinsetzen des instandgesetzten Filters und Emporziehen der Rohre um die Länge des Filters　...

3. ... Arbeiterstunden (zum Nachweis der Anzahl) für die unter
2 genannten Arbeiten.   ...

4. ... Instandsetzen des Filters von ... mm Durchmesser
und ... m Länge, und zwar von dem Filter das bisherige Unterlagsgewebe und das bisherige Filtergewebe
zu entfernen, den Filterkörper gründlich zu reinigen
und ihn mit neuem kupfernen Unterlagsgewebe und
neuem kupfernen Filtergewebe zu umziehen, einschließlich der Beförderungskosten von der Verwendungsstelle bis zur Fabrik und zurück   ...

5. ... Reisekosten des Bohrmeisters für Hin- und Rückreise   ...

6. ... Frachtkosten für Beförderung der Geräte hin und
zurück   ...

Summe RM.   ...

6. Quellenverzeichnis.

I. Einzelwerke.

Geologie und Grundwasserkunde (Hydrologie).

Nr.
1. A. Perényi, Anleitung zur Beurteilung und Bestimmung der Brunnen-
ergiebigkeit. Wien 1900.
2. G. Thiem, Hydrologische Methoden. Leipzig 1906.
3. F. Pantucek, Das Grundwasser und die Errichtung von Wasserleitungen.
Wien 1910.
4. J. Gust. Richert, Die Grundwasser, mit besonderer Berücksichtigung der
Grundwasser Schwedens. München-Berlin 1911.
5. O. Smreker, Das Grundwasser, seine Erscheinungsformen, Bewegungsgesetze
und Mengenbestimmung. Leipzig, Berlin 1914.
6. H. Höfer von Heimhalt, Anleitung zum geologischen Beobachten, Kartieren
und Profilieren. Braunschweig 1915.
7. Fr. Schöndorf, Wie sind geologische Karten und Profile zu verstehen und
praktisch zu verwerten? Braunschweig 1916.
8. W. Salomon, Über einige im Kriege wichtige Wasserverhältnisse des Bodens
und der Gesteine. München-Berlin 1916.
9. W. Kranz, Geologie und Hygiene im Stellungskrieg. Stuttgart 1916.
10. K. Keilhack, Lehrbuch der Grundwasser- und Quellenkunde, 2. Auflage.
Berlin 1917.
11. W. Kranz, Über Bodenfiltration, Lage und Schutz von Wasserfassungen.
Stuttgart 1917.
12. H. Höfer von Heimhalt, Grundwasser und Quellen, 2. Aufl. Braunschweig
1920.
13. R. Lummert, Neue Methode der Bestimmung der Durchlässigkeit wasserführender Bodenschichten. Braunschweig 1917.
14. P. Forchheimer, Grundriß der Hydraulik. Leipzig 1920.
15. K. J. Kriemler, Hydraulik. Stuttgart 1920.
16. J. Versluys, Voruntersuchung und Berechnung der Grundwasserfassungsanlagen. München-Berlin 1921.

17. E. Prinz, Handbuch der Hydrologie, 2. Aufl. Berlin 1923.
18. F. E. Geinitz, Brunnenbohrungen (Mitteilungen aus der Mecklenburgischen Geologischen Landesanstalt, Heft 35). 1924.
19. F. Schuh, Brunnenbohrungen und ihre geologische Auswertung. 1925.
20. H. Keller, Gespannte Wässer. Halle 1928.

Bohrtechnik.

21. Th. Tecklenburg, Handbuch der Tiefbohrkunde. Berlin und Leipzig 1887 bis 1900.
22. F. Rost, Tiefbohrtechnik. Hannover 1908.
23. R. Sorge, Tiefbohrtechnische Studien. Berlin 1908.
24. H. Bansen, Das Tiefbohrwesen. Berlin 1912.
25. P. Stein, Verfahren und Einrichtungen zum Tiefbohren. Berlin 1913.
26. Erkelenzer Bohrhilfsbuch der Fa. Alfred Wirth & Co. Erkelenz 1922.
27. V. Iscu, Die Wasserabsperrung bei Tiefbohrungen auf Erdöl. 1925.
28. A. Schwemann, Das Tiefbohrwesen, 3. Aufl. Berlin 1925.
29. C. Schneider, Flachbohrtechnik. Berlin 1925.
30. B. Schweiger, Die Wassersperrarbeiten bei Bohrungen auf Erdöl. Berlin 1927.

Brunnenbau.

31. E. Herzog, Wasserbeschaffung mittels artesischer Brunnen. Wien 1895.
32. A. Perényi, Rationelle Konstruktion und Wirkungsweise des Druckluft-Wasserhebers für Tiefbrunnen. Wiesbaden 1908.
33. Erich Bieske, Über Kalkulation im Brunnenbau auf Grund der im Maschinenbau üblichen Kalkulationsverfahren. Selbstverlag Königsberg (Pr.) 1917.
34. P. Brinkhaus, Anlagen zur Gewinnung von natürlichem und künstlichem Grundwasser. München-Berlin 1920.
35. W. Pengel, Der praktische Brunnenbauer, 3. Aufl. Berlin 1922.
36. Preisverzeichnis für Brunnenbau, 2. Aufl., herausgegeben vom Reichsverband für das deutsche Brunnenbau- und Bohrgewerbe. Berlin 1925.
37. R. Schmidt, Wichtige gesetzliche Bestimmungen für Brunnenbauer, herausgegeben für die Mitglieder der Zwangsinnung für das Brunnenbau-Gewerbe im Regierungsbezirk Köslin. 1925.
38. G. Thiem, Der gußeiserne Rohrbrunnen. Leipzig 1925.
39. Emil Bieske, Hilfstabellen für Brunnenbau, Pumpen und Wasserleitungen. Berlin.
40. F. Bösenkopf, Der Brunnenbau. Wien 1928.
41. G. Thiem, Der gewebelose gußeiserne Rohrbrunnen. Leipzig 1928.

Grundwassersenkung.

42. W. Kyrieleis, Grundwasserabsenkung bei Fundierungsarbeiten. Berlin 1913.
43. J. Schultze, Grundwasser-Abdichtung. Berlin 1913.
44. F. Bergwald, Grundwasser-Absenkungen. München-Berlin 1917.
45. J. Schultze, Die Grundwasserabsenkung in Theorie und Praxis. Berlin 1924.
46. W. Sichardt, Das Fassungsvermögen von Rohrbrunnen und seine Bedeutung für die Grundwasserabsenkung, insbesondere für größere Absenkungstiefen. Berlin 1928.
47. H. Weber, Die Reichweite von Grundwasserabsenkungen mittels Rohrbrunnen. Berlin 1928.

Wasserversorgung.

48. Anleitung für die Einrichtung, den Betrieb und die Überwachung öffentlicher Wasserversorgungsanlagen, welche nicht ausschließlich technischen Zwecken dienen, vom 16. 6. 1906.
49. U. Mohr, Die Wasserförderung, 7. Aufl. Leipzig 1907.
50. Lueger-Weyrauch, Die Wasserversorgung der Städte, 2. Aufl. Leipzig 1914 bis 1916.
51. R. Abel, Die Vorschriften zur Sicherung gesundheitsgemäßer Trink- und Nutzwasserversorgung. Berlin 1911.
52. F. Schlotthauer, Über Wasserversorgungsanlagen. München-Berlin 1923.
53. A. Heilmann, Neuzeitliche Wasserversorgung in Gegenden starker Bevölkerungsanhäufung in Deutschland. München-Berlin 1914.
54. Rubner, v. Gruber, Ficker, Handbuch der Hygiene, II. Band 2. Abteilung, Wasserversorgung. Leipzig 1916.
55. Weyls Handbuch der Hygiene, darin E. Götze, Wasserversorgung, 2. Aufl. Leipzig 1919.
56. R. Weyrauch, Wasserversorgung der Ortschaften, 3. Aufl. Berlin-Leipzig 1921.
57. A. Heinemann, Leitfaden und Normalentwürfe für die Aufstellung und Ausführung von Wasserleitungsprojekten für Landgemeinden. Berlin 1922.
58. O. Smreker, Die Wasserversorgung der Städte, 5. Aufl. Leipzig-Berlin 1914.
59. E. Groh, Wasserversorgung und Brunnenbau. Berlin 1925.
60. H. Grohnert, Die zentrale Wasserversorgung. Berlin-Hohen-Neuendorf 1927.
61. Technische Vorschriften für Bau und Betrieb von Grundstücksbewässerungsanlagen (Entwurf des deutschen Vereins von Gas- und Wasserfachmännern e. V., Berlin W 35). Das Gas- und Wasserfach 1927, Heft 28.
62. Schaars Kalender für das Gas- und Wasserfach II. Teil, Wassertechnischer Teil. München-Berlin 1929.
63. E. Groß, Handbuch der Wasserversorgung. München-Berlin 1928.

Wasserchemie und Wasserhygiene.

64. E. Leher, Das Wasser und seine Verwendung in Industrie und Gewerbe (Göschen). Leipzig 1905.
65. K. Opitz, Brunnenhygiene. Berlin 1910.
66. O. Anselmino, Das Wasser. Leipzig 1910.
67. F. Fischer, Das Wasser. Leipzig 1914.
68. A. Gärtner, Die Hygiene des Wassers. Braunschweig 1915.
69. K. Kisskalt, Brunnenhygiene. Leipzig 1916.
70. R. Hilgermann, Grundsätze für Wasserversorgungsanlagen. Jena 1918.
71. H. Bunte, Das Wasser, darin G. Anklam, die Wasserversorgung. Braunschweig 1918.
72. H. Klut, Trink- und Brauchwasser. Berlin 1924.
73. E. Maaß, Korrosion und Rostschutz. Berlin 1925.
74. A. Pollitt, Die Ursachen und die Bekämpfung der Korrosion. Braunschweig 1926.
75. Grundzüge der Trinkwasserhygiene, herausgegeben von der Landesanstalt für Wasser-, Boden- und Lufthygiene, Berlin-Dahlem. Berlin 1926.
76. H. Klut, Untersuchung des Wassers an Ort und Stelle, 5. Aufl. Berlin 1927.
77. H. Klut, Wasserversorgung, Handbücherei für Staatsmedizin, 9. Bd. Berlin 1928.

Wünschelrute.

78. G. Rothe, Die Wünschelrute. Jena 1910.
79. Graf Carl von Klinkowstroem, Bibliographie der Wünschelrute. München 1911.

80. Schriften des Verbandes zur Klärung der Wünschelrutenfrage,

Heft 1, 2, 3,	Stuttgart 1912.	Heft 9,	Stuttgart 1922.
„ 4, 5,	„ 1913.	„ 10,	„ 1924.
„ 6,	„ 1914.	„ 11,	„ 1927.
„ 7,	„ 1916.	„ 12,	„ 1929.
„ 8,	„ 1918.		

81. O. Edler von Graeve, Meine Wünschelrutentätigkeit. Gernrode 1913.
82. M. Benedikt, Leitfaden der Rutenlehre. Berlin-Wien 1916.
83. F. Behne, Die Wünschelrute, Teil 1—5. Hannover 1916—1919.

II. Zeitschriftenaufsätze.

84. Thiele, Die Herstellung von Anlagen zur Wassergewinnung. Journal f. Gasbel. 1905, S. 368.
85. E. Prinz, Bau und Lebensdauer von Brunnenanlagen. Journal f. Gasbel. 1908, S. 318.
86. G. Thiem, Abriß über die Grundlagen der Hydrologie. Internationale Zeitschrift für Wasserversorgung, Leipzig.
87. G. Thiem, Die Technik der Grundwasserversorgung. Das Gas- und Wasserfach 1925, S. 544.
88. H. Eigenbrodt, Bestimmung der Ergiebigkeit einer wasserführenden Schicht. Gesundheitsingenieur 1928, S. 421.
89. J. Behr, Richtlinien für Wasserversorgungen auf dem Lande. Illustr. Landwirtschaftl. Zeitung. Berlin 1928, Nr. 27.
90. H. Heß von Wichdorff, Über die radialen Aufpressungserscheinungen im diluvialen Untergrund der Stadt Naugard in Pommern und ihre Beziehungen zum Naugarder Stau-Os. Jahrbuch der Preuß. Geol. Landesanstalt. Berlin 1909, Teil I, Heft 1.
91. Ph. Forchheimer, Grundwasserspiegel bei Brunnenanlagen. Zeitschrift des V. D. I. 1899, S. 202.
92. E. Rutsatz, Die hydrologischen Vorarbeiten für den Bau und Betrieb von Wasserwerken. Zeitschrift des V. D. I. 1921, S. 1107.
93. G. Schäfer, Grundwasser und Quellen. Das Wasser 1915, S. 9.
94. O. Smreker, Die Bewegung des Grundwassers und das Darcysche Gesetz. Das Wasser 1915, S. 327.
95. A. H. Pareau, Über Gewinnung von Trinkwasser aus Dünen mit Hilfe der Feinsand-Drainage, System Stang. Journal f. Gasbel. 1911, S. 35.
96. W. Wagner, Das Wasserwerk und die Enteisenungsanlage der Stadt Vegesack. Journal f. Gasbel. 1909, S. 55.
97. J. Schultze, Reichweite und Ergiebigkeit einer Grundwassersenkung in Abhängigkeit von der Betriebsdauer. Bautechnik 1923.
98. Erich Bieske, Über Wasserversorgungen für Molkereien. Molkereizeitung, Hildesheim 1927, Nr. 2.
99. H. Blasendorff, Versickerungsbrunnen (Absorptionsbrunnen) mit Vorfiltern. Pumpen- und Brunnenbau, Bohrtechnik 1913, S. 5.
100. H. Blasendorff, Zur Frage des Ausbrennens verkrusteter Filter durch Salzsäure. Pumpen- und Brunnenbau, Bohrtechnik 1913, S. 113.
101. B. Bürger, Die Beschaffung einwandfreien Trinkwassers auf dem Lande. Pumpen- und Brunnenbau, Bohrtechnik 1927, Nr. 24/25.
102. R. Marschall, Brunnen mit auswechselbaren Filterrohren. Pumpen- und Brunnenbau, Bohrtechnik 1914, Nr. 32.

103. K. Meerbach, Mammutfilter für Rohrbrunnen. Das Gas- und Wasserfach 1926, Nr. 1.
104. Swyter, Neues Verfahren zur Reinigung von Rohrbrunnen. Das Gas- und Wasserfach 1922, Nr. 29.
105. P. Vatermann, Kiesschüttungsbrunnen mit Mammutfilter. Vertrauliche Mitteilungen des Zentralverbandes selbständiger deutscher Brunnenbauer, Bohrunternehmer und Pumpenbauer 1924, Nr. 1.
106. Erich Bieske, Normalisierung auch im Brunnenbau. Pumpen- und Brunnenbau, Bohrtechnik 1919, Nr. 20/21.
107. B. Röttinger, Gewinnung des für Wasserversorgungsanlagen erforderlichen Wassers aus dem Grundwasserstrom durch Mineralfilter-Rohrbrunnen. Das Wasser, Nr. 15.
108. Metscher, Neue Mineralfilter für Rohrbrunnen. Journal f. Gasbel. 1914, S. 397.
109. G. Thiem, Chemische und physikalische Zustandsänderungen gußeiserner Rohrbrunnen im Untergrunde. Das Gas und Wasserfach 1928, Nr. 51.
110. G. Thiem, Wirkung und Zweck von Schluckbrunnen. Gesundheitsingenieur 1923, Nr. 34.
111. Erich Bieske, Welcher artesische Brunnen besitzt die größte Überlaufmenge? Pumpen- und Brunnenbau, Bohrtechnik 1929, Nr. 2.
112. G. Thiem, Wahl des Filtergewebes für Rohrbrunnen. Das Wasser 1913, Nr. 18.
113. G. Thiem, Durchlässigkeit, Porenraum, Körnung und Lagerung von Kiesen und Sanden. Steinbruch und Sandgrube 1926, Nr. 8/9.
114 L. Silberberg, Hölzerne Brunnenrohre und Filter in Holland. Zeitschr. d. V. D. I. 1927, S. 1792.
115. K. Schreiber, Die chemische Untersuchung von Trinkwasser an der Entnahmestelle. Zeitschrift für Medizinalbeamte 1908, Nr. 1.
116. H. Klut, Die Angriffsfähigkeit des Wassers auf Bleirohre und die Schutzmaßregeln gegen Bleivergiftungen. Das Wasser 1920, Nr. 13.
117. H. Klut, Die Bedeutung der chemischen Beschaffenheit des Wassers bei Zentralversorgungen. Hygienische Rundschau 1920, Nr. 17.
118. H. Klut, Gegenwärtiger Stand unserer Kenntnisse über die Bedeutung der freien Kohlensäure im Leitungswasser. Zentralblatt f. d. ges. Hygiene 1923, Bd. III, Heft 4/5.
119. H. Klut, Über geeignetes Material für Rohrbrunnen. Hygienische Rundschau 1921, Nr. 3.
120. H. Klut, Rohrmaterial, Mörtel und Boden in ihrem gegenseitigen Verhalten. Hygienische Rundschau 1920, Nr. 5/6.
121. H. Klut, Die freie Kohlensäure im Trinkwasser und ihre Bestimmung an Ort und Stelle. Hygienische Rundschau 1920, Nr. 12.
122. H. Klut, Leitungswasser und Rohrmaterial. Wasser und Gas 1924, S. 304.
123. M. Neisser, Bedeutung des Kolibefundes bei Grundwasser- und Quellwasserversorgungen. Das Gas- und Wasserfach 1928, S. 1105.
124. L. W. Haase, Chemische und physikalische Eigenschaften des Wassers als Vorbedingung für die Korrosion und den Korrosionsschutz. Das Gas- und Wasserfach 1928, S. 1009.
125. H. Sauveur, Unterwasserpumpen. Zeitschrift des V. D. I. 1928, S. 441.
126. H. Metzger, Wasserförderung aus tiefen Brunnen. Kommunal- und Staatsbedarf, Berlin 1928, Nr. 33.
127. K. Waimann, Die SSW-Tauchmotorgruppen, ihr Aufbau und ihre Wirkungsweise. Siemens-Zeitschrift 1927, S. 476.
128. Hache, Pumpen für Bohrlöcher und Brunnen kleineren Durchmessers. Das Wasser 1914, Nr. 17/35.

129. E. Link und R. Schober, Geophysikalische Bodenuntersuchungen und Wasser-
     versorgung. Das Gas- und Wasserfach 1926, Nr. 12.
130. Piepmeyer & Co., Cassel, Die elektrische Bodenforschung 1922.
131. Piepmeyer & Co., Cassel, Geophysikalische Lagerstättenforschung 1927.
132. N. Gella, Elektrische Untersuchungen auf Ölfeldern von Texas. Petroleum,
     Berlin 1927, Nr. 21.
133. E. Storm, Die wirtschaftliche Seite von Lagerstätten-Untersuchungen. Monta-
     nistische Rundschau 1927, Nr. 18.
134. N. Gella, Geophysikalische Schürfungen auf Erdöl. Die Umschau, Frank-
     furt a. M. 1928, Nr. 6.
135. N. Gella, Geophysikalische Schürfungen auf Erdöl. Zeitschrift für praktische
     Geologie 1928, Heft 4.
136. F. Müller, Geophysikalische Untergrundforschung und Bauwesen. Zeitschrift
     d. Internationalen Bohrtechniker-Verbandes, Wien 1927.
137. K. Krüger, Geophysikalische Bodenforschung. Zeitschrift „Der neue Orient".
138. R. Krahmann, Geologisch-lagerstättenkundliche Gesichtspunkte zu den geo-
     elektrischen und erdmagnetischen Untersuchungen. XI. Bericht der Freiberger
     Geologischen Gesellschaft.
139. K. Kegel, Das Abloten von Bohrlöchern. Industrie und Technik 1914.
140. O. Martienssen, Der Kreiselkompaß im Schachtbau. Elektrotechn. Zeit-
     schrift 1920, Heft 24.

III. Patentschriften.

DRP. Nr.
141. 16394 F. C. Glaser, Berlin, Neuerungen an Rohrbrunnen.
142. 23245 Albert Allin & Sohn, Brandenburg a. H., Saugkorb für Rohrbrunnen.
143. 33824 Oscar Smreker, Mannheim, Saugkorb für Rohrbrunnen.
144. 40534 Carl Reuther, Mannheim, Neuerung an Seihern für Rohrbrunnen.
145. 74359 Berthold Steckel, Breslau, Brunnen mit Kalkfilter für eisenhaltiges
            Wasser.
146. 94218 Emmanuel Putzeys, Brüssel, Filterplatten für die Wandung von
            Brunnenkesseln.
147. 130456 Adolf Günther, Hamburg, Rohrbrunnenfilter mit Metallgewebemantel.
148. 131202 Johannes Brechtel, Ludwigshafen a. Rh., Rohrbrunnen.
149. 154794 Heinrich Lapp A.-G., Aschersleben, Rohrbrunnen, bei dem zwischen
            dem durchlochten Brunnenrohr und dem äußeren feinmaschigen Ge-
            webe ein Gitter angeordnet ist.
150. 156943 Richard Walter, Hamburg, Verfahren zum Herausziehen der Filter
            von Röhrenbrunnen.
151. 173767 Paul Desguin, Brüssel, Brunnen mit Filterkästen in den Wänden.
152. 180590 Carl Pfudel, Charlottenburg, Rohrbrunnen.
153. 181578 Heinrich Böttcher, Harburg, Verfahren zum Reinigen von Rohrbrunnen-
            filtern mittels Dampf.
154. 185584 Heinrich Scheven, Düsseldorf, Rohrbrunnen aus Tonrohren.
155. 207694 August Garde, Grünberg (Schles.), Filterkorb mit überdachten Wand-
            durchbrechungen für Rohrbrunnen.
156. 213569 Julius Hübener, Bremen, Verfahren und Vorrichtung zum Reinigen
            von Brunnen auf mechanischem Wege.
157. 217931 L. Otten, Achim b. Bremen, Vorrichtung zur Reinigung von Rohr-
            brunnen mittels eines durch die Filteröffnungen geführten Stichels.
158. 220046 Heinrich Remke, Hannover, Doppelmanteliger Filterkorb mit Kies-
            oder Sandfüllung für Rohrbrunnen.

159. 222 269 Rudolf Förster, Charlottenburg, Mit Gewebe zu umspannender Ring-
     rippenfilterkorb für Rohrbrunnen.
160. 231 373 Friedrich von Hof, Bremen, Langschlitziger Filterkorb für Rohr-
     brunnen.
161. 232 116 Ludwig Arendt Otten, Achim b. Bremen, Längsgerillter und nur auf
     dem Grunde der Rillen gelochter Filterzylinder für Rohrbrunnen.
162. 232 268 E. Rutsatz, Köln, Rohrbrunnen mit Filterkorbringen.
163. 250 072 Stanislaus von Kraszewski, Charlottenburg, Quer gewelltes Brunnen-
     filterrohr mit Schutzmantel.
164. 258 049 Heinrich Scheven, Düsseldorf, Vorrichtung zum Rückspülen des
     Filters von Rohrbrunnen.
165. 262 451 Christoph Boedecker, Berlin-Wilmersdorf, Vorrichtung zum Reinigen
     von Rohrbrunnenfiltern mittels Dampf.
166. 285 159 Richard Scholz, Berlin-Borsigwalde, Vorrichtung zur Filterbildung
     bei Tiefbrunnen.
167. 286 045 Eugen Götze, Bremen, Rohrbrunnen mit äußerem, zwischen zwei
     Metallgeweben eingebettetem Kies- oder Sandfilter.
168. 288 960 Stanislaus von Kraszewski, Charlottenburg, Brunnenfilter mit doppelten
     Wänden.
169. 289 643 Stanislaus von Kraszewski, Charlottenburg, Brunnenfilter mit doppelten
     Wänden.
170. 296 909 Alexander Pahl, Berlin, Verfahren zur Herstellung eines Kiesfilters
     für Tiefbrunnen.
171. 297 835 Wilhelm Werner, Grünberg (Schles.), Brunnenfilterrohr aus Holz-
     stäben oder -brettern.
172. 304 105 Siemens & Halske A.-G., Siemensstadt, Filterrohr mit daransitzender
     Vortreibspitze und einem Vortreibmantelrohr.
173. 311 518 Joseph Böhm, Grünberg (Schles.), Mit Längsrippen versehener Filter-
     mantel.
174. 311 913 August Garde, Grünberg (Schles.), Filterkorb für Rohrbrunnen.
175. 317 032 August Garde, Grünberg (Schles.), Filterkorb für Rohrbrunnen.
176. 324 911 Julius R. Müller, Bremen, Rohrbrunnenfilter aus Blech.
177. 332 326 Matthias Rehse, Rotenhahn b. Kiel, Brunnenfilterrohr mit in Löchern
     der Rohrwand gegen die Oberfläche versenkten Sieben.
178. 346 429 Georg Kolb, Berlin, Filterbrunnen.
179. 370 368 Albert Fahsold, Berlin, Filter aus übereinandergelagerten, mit Ankern
     zusammengeschlossenen, kegelstumpfartigen Ringen für Brunnen mit
     Kiesfilter.
180. 451 928 Gebrüder Hamann, Magdeburg, Rohrbrunnenfilter aus einem einzigen
     schraubenförmig zu einem Zylinder aufgewickelten gewellten Blech-
     streifen.

Ein ausführliches Verzeichnis des Schrifttums der Wasserversorgung befindet sich in
     Lueger-Weyrauch, Die Wasserversorgung der Städte. Leipzig 1916
     II. Bd. S. 627.

7. Sachverzeichnis.

Handbuch der Wasserversorgung

Von

Professor Erwin Groß

Abteilungsleiter der Landesanstalt für Wasser-, Boden- und
Lufthygiene in Berlin-Dahlem

436 Seiten, 187 Abbildungen. Gr.-8°. 1928
Broschiert M. 20.—, in Leinen gebunden M. 22.—

Inhalt:

Ausführlicher Prospekt kostenlos vom Verlag:

R. Oldenbourg / München 32 und Berlin W 10

Anlagen zur Gewinnung von natürlichem und künstlichem Grundwasser. Die Vorarbeiten, der Entwurf und Bau. Von Paul Brinkhaus. 242 S. 158 Abb., 8°. 1920. Gebunden M. 6.—.

Das Rohrnetz städtischer Wasserwerke, dessen Berechnung, Bau und Betrieb. Von Paul Brinkhaus. 2., verbesserte Auflage. 335 S., 182 Abb., 13 Tafeln, 37 Tabellen. 8°. 1919. Gebunden M. 7.20.

Neuzeitliche Wasserversorgung in Gegenden starker Bevölkerungsanhäufung in Deutschland. Von Dr.-Ing. A. Heilmann. 168 S., 21 Abb., 7 Tabellen, 2 Tafeln. 8°. 1914. Broschiert M. 2.40.

Die Berechnung von Rohrnetzen städt. Wasserleitungen. Von Dr.-Ing. Hermann Mannes. 2. Auflage. 59 S., 17 Abb., 1 Tafel. 8°. 1912 Broschiert M. 1.60.

Über Wasserversorgungsanlagen. Praktische Anleitung zu ihrer Projektierung, Berechnung und Ausführung. Von Ing. Ferd. Schlotthauer. 3. Aufl. 162 S., 10 Abb., 8°. 1923. Broschiert M. 3.—.

Voruntersuchung und Berechnung der Grundwasserfassungsanlagen. Von Dr. J. Versluys. 40 S., 3 Abb., 8°. 1921. Broschiert M. 1.20.

GWF Das Gas- und Wasserfach. Wochenschrift des Deutschen Vereins von Gas- und Wasserfachmännern e. V., der Zentrale für Gasverwertung e. V. — Der Gasverbrauch G. m. b. H., der Wirtschaftlichen Vereinigung deutscher Gaswerke, Gaskokssyndikat A.-G. und der Vereinigung der Fabrikanten im Gas- und Wasserfach e. V. Herausgegeben von: Prof. Dr. phil. K. Bunte, Prof. Dr. phil. H. Thiesing, Prof. Dr.-Ing. R. Drawe, Prof. Chr. Eberle, Prof. Dr.-Ing. E. Terres. 72. Jahrg. 1929. Erscheint wöchentlich. Bezugspreis viertelj. M. 6.50.

Gesundheits-Ingenieur. Zeitschrift für die gesamte Städtehygiene. Organ der Versuchsanstalt für Heiz- und Lüftungswesen der Techn. Hochschule Berlin, des Verbandes der Centralheizungs-Industrie e. V., der Vereinigung behördl. Ingenieure des Maschinen- und Heizungswesens und des Vereins deutscher Heizungs-Ingenieure e. V., Bezirk Berlin. Herausgegeben von: Geh. Ober-Med.-Rat Prof. Dr. med. R. Abel, Geh. Reg.-Rat v. Boehmer, Direktor G. Dieterich, Prof. Dr.-Ing. A. Heilmann, Reg.-Baurat H. Spitznas. 52. Jahrg. 1929. Erscheint wöchentlich. Bezugspreis vierteljährlich M. 5.50.

Wasserkraft und Wasserwirtschaft. Zeitschrift für die gesamte Wasserwirtschaft. Offizielles Organ des Deutschen Wasserwirtschafts- und Wasserkraft-Verbandes Berlin.
Organ des Badischen Wasser- und Energiewirtschaftsverbandes e. V., des Württembergisch-Hohenzollerischen Wasserwirtschaftsverbandes e. V., des Sächsischen Wasserkraftverbandes e. V., der Vereinigung Westsächsischer Wassertriebwerksbesitzer e. V., der Arbeitsgemeinschaft der Wasserkraftbesitzer Thüringens e. V., des Ruhrtal-Sperrenvereins, der Emschergenossenschaft, des Ruhrverbandes, der Wuppertalsperrengenossenschaft, der Innerste Interessen-Gemeinschaft, des Bober- und Queis-Vereins, des Weserbundes, ferner des Vereins zur Verbesserung der Wasserstandsverhältnisse im Regierungsbezirk Mittelfranken und vieler anderer Organisationen sowie Nachrichtenstelle des Wasserwirtschaftlichen Ausschusses beim Bayerischen Industriellen-Verband. Herausgegeben von: Geh. Baurat Dr.-Ing. ehr. W. Soldan, Berlin, Geh. Reg.-Rat Prof. Dr.-Ing. ehr. E. Reichel, Berlin; Geh. Baurat Oberbaudirektor Prof. Dr.-Ing. ehr. K. Dantscher, Rektor der Techn. Hochschule München; Prof. H. Heiser, Dresden. 24. Jahrgang 1929. Erscheint monatlich zweimal. Bezugspreis vierteljährlich M. 4.—.

R. Oldenbourg / München 32 und Berlin W 10

www.ingramcontent.com/pod-product-compliance
Lightning Source LLC
Chambersburg PA
CBHW081537190326
41458CB00015B/5578